WISBOOK®
智慧图书

"十一五"国家计算机技能型紧缺人才培养培训教材
教育部职业教育与成人教育司
全国职业教育与成人教育教学用书行业规划教材

新编 中文版 Premiere Pro CS4 标准教程

策划／WISBOOK海洋智慧图书
编著／常　虹

光盘内容

随书附赠的光盘内容包括书中的所有范例的素材和源文件、综合实例的成品文件以及操作过程视频文件

海洋出版社
2010年·北京

内容简介

Premiere Pro CS4 是 Premiere Pro 软件的最新版本，作为高效的视频生产全程解决方案，它拥有广泛的格式支持，强大的项目、序列和剪辑管理，精确的音频控制，高效的无带化流程及元数据流程，以及与 Adobe 软件的空前协调性。无论是专业的节目制作人员还是视频制作的爱好者，都可以使用 Premiere Pro CS4 制作出满意的视频。

本书内容：全书共分为 9 章，内容分别为 Adobe Premiere Pro CS4 轻松入门、计算机影视制作的基础知识、Adobe Premiere Pro CS4 工作环境、制作字幕、视频特效、音频处理、视频切换、透明叠加技术与运动效果、综合实例；并配有示范案例。在随书附赠的光盘中还提供了实例采用的素材文件和大量的视频素材，并且作者为第 9 章综合实例的操作制作了视频演示文件，使读者更加方便快捷地进行学习。

本书特点：**1.** 全面地介绍了 Premiere CS4 的所有功能参数和时下流行的插件及应用；全面地展示了实现各种效果的详细步骤；使读者对 Premiere CS4 有系统而细致的了解，学习起来丝毫不费力气。**2.** 深入浅出，通过实例进行讲解，步骤详细，简单易懂。**3.** 实例众多。每一章，每一步，都可以参照书中的实例进行操作。**4.** 包含两个完整的商业实例的制作过程以及视频教学文件，无论您是 Premiere CS4 的从业人员还是 Premiere CS4 的爱好者，或者是想从事 Premiere CS4 的相关专业的学习者，本书都会对您有超值的学习和参考作用。

光盘内容：随书附赠的光盘内容包括书中的所有范例的素材和源文件、综合实例的成品文件以及操作过程视频文件。

适用范围：Premiere CS4 从业人员、Premiere CS4 爱好者和相关院校的学生和教师。

图书在版编目(CIP)数据

新编中文版 Premiere Pro CS4 标准教程/常虹编著. —北京：海洋出版社，2010.7
ISBN 978-7-5027-7726-5

Ⅰ.①新… Ⅱ.①常… Ⅲ.①图形软件，Premiere Pro CS4—教材 Ⅳ.①TP391.41

中国版本图书馆 CIP 数据核字（2010）第 089940 号

总 策 划：刘 斌
责任编辑：李 勤
责任校对：肖新民
责任印制：刘志恒
排 版：海洋计算机图书输出中心 晓阳
出版发行：海洋出版社
地 址：北京市海淀区大慧寺路 8 号（705 房间）100081
经 销：新华书店
技术支持：（010）62100023

发 行 部：（010）62174379（传真）（010）62132549
（010）62100075（邮购）（010）62173651
网 址：www.oceanpress.com.cn
承 印：北京华正印刷有限公司
版 次：2010 年 7 月第 1 版
2010 年 7 月第 1 次印刷
开 本：787mm×1092mm 1/16
印 张：15.5
字 数：396 千字
印 数：1～5000 册
定 价：32.00 元（含 DVD）

丛书序言

计算机技术是推动人类社会快速发展的核心技术之一。在信息爆炸的今天，计算机、因特网、平面设计、三维动画等技术强烈地影响并改变着人们的工作、学习、生活、生产、活动和思维方式。利用计算机、网络等信息技术提高工作、学习和生活质量已成为普通人的基本需求。政府部门、教育机构、企事业、银行、保险、医疗系统、制造业等单位和部门，无一不在要求员工学习和掌握计算机的核心技术和操作技能。据国家有关部门的最新调查表明，我国劳动力市场严重短缺计算机技能型技术人才，而网络管理、软件开发、多媒体开发人才尤为紧缺。培训人才的核心手段之一是教材。

为了满足我国劳动力市场对计算机技能型紧缺人才的需求，让读者在较短的时间内快速掌握最新、最流行的计算机技术的操作技能，提高自身的竞争能力，创造新的就业机会，我社精心组织了一批长期在一线进行电脑培训的教育专家、学者，结合培训班授课和讲座的需要，编著了这套为高等职业院校和广大的社会培训班量身定制的《"十一五"国家计算机技能型紧缺人才培养培训教材》。

一、本系列教材的特点

1. 实践与经验的总结——拿来就用

本系列书的作者具有丰富的一线实践经验和教学经验，书中的经验和范例实用性和操作性强，拿来就用。

2. 丰富的范例与软件功能紧密结合——边学边用

本系列书从教学与自学的角度出发，"授人以渔"，丰富而实用的范例与软件功能的使用紧密结合，讲解生动，大大激发读者的学习兴趣。

3. 由浅入深、循序渐进、系统、全面——为培训班量身定制

本系列教材重点在"快速掌握软件的操作技能"、"实际应用"，边讲边练、讲练结合，内容系统、全面，由浅入深、循序渐进，图文并茂，重点突出，目标明确，章节结构清晰、合理，每章既有重点思考和答案，又有相应上机操练，巩固成果，活学活用。

4. 反映了最流行、热门的新技术——与时代同步

本系列教材在策划和编著时，注重教授最新版本软件的使用方法和技巧，注重满足应用面最广、需求量最大的读者群的普遍需求，与时代同步。

5. 配套光盘——考虑周到、方便、好用

本系列书在出版时尽量考虑到读者在使用时的方便，书中范例用到的素材或者模型都附在配套书的光盘内，有些光盘还赠送一些小工具或者素材，考虑周到、体贴。

二、本系列教材的内容

1. 新编 Authorware 6.5 标准教程（含 1CD）
2. 新编中文版 Photoshop 7 标准教程（含 1CD）
3. 新编中文版 PageMaker 6.5 标准教程（含 1CD）
4. 新编 Authorware 7 标准教程（含 1CD）
5. 新编 Premiere Pro 标准教程（含 1CD）
6. 新编中文版 Photoshop CS 标准教程（含 1CD）
7. 新编中文 Illustrator CS 标准教程（含 1CD）
8. 新编中文 Premiere Pro 1.5 标准教程（含 2CD）
9. 新编中文版 CorelDRAW 12 标准教程（含 1CD）

10. 新编中文版 AutoCAD 2006 标准教程
11. 新编中文版 Photoshop CS2 标准教程（含 1CD）
12. 新编中文版 Flash 8 标准教程（含 1CD）
13. 新编中文版 Dreamweaver 8 标准教程（含 1CD）
14. 新编中文版 3ds Max 8 标准教程（含 1DVD）
15. 新编中文版 CorelDRAW X3 标准教程（含 1CD）
16. 新编 After Effects7.0 标准教程（含 1DVD）
17. 新编中文版 Photoshop CS3 标准教程（含 1CD）
18. 新编中文版 Illustrator CS3 标准教程（含 1CD）
19. 新编中文版 3ds Max 9 标准教程含（含 1DVD）
20. 新编中文版 Dreamweaver CS3 标准教程（含 1CD）
21. 新编中文版 Flash CS3 标准教程（含 1CD）
22. 新编中文版 InDesign CS3 标准教程（含 1CD）
23. 新编中文 Illustrator CS4 标准教程（含 1CD）
24. 新编中文版 Dreamweaver CS4 标准教程（含 1CD）
25. 新编中文版 CorelDRAW X4 标准教程（含 1CD）
26. 新编中文版 Photoshop CS4 标准教程（含 1CD）
27. 新编中文版 Flash CS4 标准教程（含 1CD）
28. 新编中文版 Premiere Pro CS4 标准教程（含 1CD）

三、读者定位

本系列教材既是全国高等职业院校计算机专业首选教材，又是社会相关领域初中级电脑培训班的最佳教材，同时也可供广大的初级用户实用自学指导书。

海洋出版社强力启动计算机图书出版工程！倾情打造社会计算机技能型紧缺人才职业培训系列教材、品牌电脑图书和社会电脑热门技术培训教材。读者至上，卓越的品质和信誉是我们的座右铭。热诚欢迎天下各路电脑高手与我们共创灿烂美好的明天，蓝色的海洋是实现您梦想的最理想殿堂！

希望本系列书对我国紧缺的计算机技能型人才市场和普及、推广我国的计算机技术的应用贡献一份力量。衷心感谢为本系列书出谋划策、辛勤工作的朋友们！

教材编写委员会

前　言

Premiere 出自 Adobe 公司，是一种基于非线性编辑设备的视音频编辑软件，可以在各种平台下和硬件配合使用，被广泛应用于电视台、广告制作、电影剪辑等领域，成为 PC 和 MAC 平台上应用最为广泛的视频编辑软件。它是一款相当专业的 DV(Desktop Video)编辑软件，专业人员结合专业系统的配合可以制作出广播级的视频作品。在普通的微机上，配以比较廉价的压缩卡或输出卡也可制作出专业级的视频作品和 MPEG 压缩影视作品。目前提供的最新版本是 Adobe Premiere Pro CS4。

Adobe Premiere Pro CS4 无论是从界面上还是性能上都有了很大的提高，它所支持的格式更加广泛，并且用 Adobe Bridge CS4 进行文件管理，输出使用另一个软件——Adobe Media Encoder CS4，这样就可以在输出时用 Premiere 做其他的工作，极大提高了工作效率。除此之外，Adobe Premiere Pro CS4 跟 Adobe 套件的其他软件结合更紧密了。

本书基本可以分为三大部分，结合具体内容，对 Adobe Premiere Pro CS4 的实际操作进行了详尽的剖析。首先是制作影片的基本流程和一些相关知识的介绍，让读者对 Adobe Premiere Pro CS4 的使用流程有一个较为全面的了解；第二结合实例对 Adobe Premiere Pro CS4 中各个部分的工具、界面和内容进行讲解，让读者对其有更加深刻的认识；最后是两个综合实例的制作和讲解，总结了前面所学的内容，带领读者对全书和 Adobe Premiere Pro CS4 进行了回顾和总结，加深了读者的学习印象。全书这三大部分共分为 9 章。

第 1 章简要介绍了 Adobe Premiere Pro 的主要特点、用途和 Adobe Premiere Pro CS4 的新功能。并且简单介绍了使用 Premiere 编辑影视项目的基本流程。

第 2 章简要介绍了计算机影视制作的基础知识，使读者对电影电视领域有一定程度的了解和认识。

第 3～8 章结合具体的实例对 Adobe Premiere Pro CS4 的基本功能进行讲解，包括 Adobe Premiere Pro CS4 工作环境、字幕的制作和控制、视频滤镜特效的应用和效果、过渡效果的应用、音频效果的添加和使用、透明叠加画面和运动效果的添加和使用等。

第 9 章的两个综合实例从建立到完成，带领读者对前面所学习的内容进行了总结和应用，希望读者能够从中学会完整的影视编辑技巧，多加练习，相信在不久的将来读者也能自己做出自己想要做的影片和效果。

本书由常虹编写，参与本书编辑和修改的还有史进、李若岩、刘斌、张满强、赵欣等人。在此，编者对以上人员致以最诚挚的谢意！

由于编者水平有限，缺点和错误之处在所难免，恳请专家和广大读者朋友不吝赐教。

编　者

2010 年 6 月

目　录

第 1 章　Adobe Premiere Pro CS4 轻松入门 1
1.1　简介 1
1.1.1　Adobe Premiere Pro 的主要特点 1
1.1.2　Adobe Premiere Pro CS4 新功能介绍 2
1.1.3　系统硬件要求配置 5
1.2　编辑影视项目的基本操作 5
1.2.1　Adobe Premiere Pro CS4 参数设置 5
1.2.2　项目参数设置 6
1.2.3　导入素材及素材管理 8
1.2.4　影片预览 11
1.2.5　输出影片 12
1.3　本章小结 13
1.4　本章习题 13
第 2 章　计算机影视制作的基础知识 14
2.1　帧、电视制式和场 14
2.1.1　帧和帧速率 14
2.1.2　常用电视制式 14
2.1.3　场 15
2.2　镜头 16
2.2.1　镜头概述 16
2.2.2　常用镜头类型介绍 21
2.3　转场 26
2.3.1　转场概述 26
2.3.2　常用转场类型介绍 26
2.4　影视制作的过程 31
2.5　常用图像文件格式介绍 33
2.6　本章小结 35
2.7　本章习题 35
第 3 章　Adobe Premiere Pro CS4 工作环境 36
3.1　工作区布局 36
3.2　菜单栏 37
3.3　时间线 44
3.4　监视器窗口 45
3.5　控制面板 47
3.6　本章小结 50
3.7　本章习题 50
第 4 章　制作字幕 51
4.1　字幕简介 51
4.2　简单实例：制作滚屏字幕 51
4.3　建立字幕 53
4.4　字幕编辑器窗口 54
4.4.1　工具箱 54
4.4.2　对象对齐/分布按钮 55
4.4.3　字幕属性框 56
4.4.4　字幕样式栏 56
4.4.5　属性栏 57
4.4.6　设置【字幕编辑器】窗口 57
4.4.7　字幕安全框和动作安全框 60
4.5　字幕制作的方法 61
4.6　字幕模板和样式 62
4.6.1　使用模板 62
4.6.2　创建字幕的文本和图形对象 65
4.6.3　创建字幕的文本对象 65
4.6.4　使用钢笔工具 67
4.6.5　创建字幕的图形对象 69
4.6.6　编辑字幕元素 70
4.7　本章小结 78
4.8　本章习题 79
第 5 章　视频特效 80
5.1　视频特效概述 80
5.2　视频特效实例 80
5.3　视频特效 84
5.3.1　GPU 特效 84
5.3.2　变换 85
5.3.3　噪波与颗粒 87
5.3.4　图像控制 89
5.3.5　实用 91

5.3.6 扭曲 92
5.3.7 时间 95
5.3.8 模糊与锐化 96
5.3.9 渲染 98
5.3.10 生成 99
5.3.11 色彩校正 103
5.3.12 视频 106
5.3.13 调整 107
5.3.14 过渡 109
5.3.15 透视 110
5.3.16 通道 111
5.3.17 键控 113
5.3.18 风格化 116
5.4 外挂滤镜 119
5.5 本章小结 120
5.6 本章习题 120
第 6 章 音频处理 122
6.1 音频概述 122
6.2 音频处理实例 123
6.3 音频特效 124
6.4 音频过渡 133
6.5 音频调节 134
6.6 本章小结 135
6.7 本章习题 135
第 7 章 视频切换 136
7.1 视频切换概述 136
7.2 一个简单的视频切换实例 136
7.3 控制转场特效 138
7.4 视频切换介绍 140
7.4.1 3D 运动 141
7.4.2 GPU 过渡 145
7.4.3 伸展 148
7.4.4 划像 150
7.4.5 卷页 153
7.4.6 叠化 156
7.4.7 擦除 159
7.4.8 映射 168
7.4.9 滑动 169
7.4.10 特殊效果 175
7.4.11 缩放 176
7.5 本章小结 179
7.6 本章习题 179
第 8 章 透明叠加技术与运动效果 180
8.1 透明叠加技术概述 180
8.2 一个简单的透明度叠加实例 181
8.3 各种透明叠加方式 183
8.3.1 Alpha 通道叠加方式 183
8.3.2 透明度叠加方式 188
8.3.3 色键透明叠加方式 189
8.3.4 遮罩透明叠加方式 191
8.4 其他叠加方式 192
8.4.1 字幕文件叠加方式 192
8.4.2 淡入淡出叠加方式 192
8.5 运动效果概述 192
8.6 一个简单的运动效果实例 193
8.7 运动方向设置 195
8.8 字幕的运动 197
8.9 运动中的变化 200
8.9.1 旋转与变形 200
8.9.2 镜头的推拉与平移 204
8.10 画中画效果 209
8.11 本章小结 214
8.12 本章习题 214
第 9 章 综合实例 215
9.1 实例 1 215
9.2 实例 2 226
9.3 本章小结 236
9.4 本章习题 236
习题参考答案 237

第 1 章　Adobe Premiere Pro CS4 轻松入门

教学目标

学习本章后能了解 Adobe Premiere Pro 的主要特点、用途和 Adobe Premiere Pro CS4 的新功能。了解使用 Premiere 编辑影视项目的基本流程。

教学重点与难点

- Premiere Pro CS4 的新特性
- 编辑影视项目的基本操作
- 项目设置参数
- 使用 Premiere 编辑影片的基本流程

1.1　简介

Adobe Premiere 是一款基于非线性编辑设备的视音频编辑软件，可以在各种平台下和硬件配合使用，被广泛地应用于电视台、广告制作、电影剪辑等领域，成为 PC 和 MAC 平台上应用最为广泛的视频编辑软件。它是一款相当专业的 DTV（Desktop Video）编辑软件，专业人员结合专业系统的配合可以制作出广播级的视频作品。在普通的微机上，配以比较廉价的压缩卡或输出卡也可制作出专业级的视频作品和 MPEG 压缩影视作品。

在 Premiere 6.0 之前，Adobe 公司相继推出了 4.0、4.2、5.0、5.1 和 5.5 版本。其中，5.0 以后的版本都同时支持 Windows 95/98、WindowsNT 及其升级版本 Windows 2000。Premiere 为视频节目的创建和编辑提供了更加强大的支持，在进行视频编辑、节目预览、视频捕获以及节目输出等操作时，可以在兼顾效果和播放速度的同时，实现更佳的影音效果。另外在 Premiere 6.0 中，首次加入了关键帧的概念，用户可以在轨道中添加、移动、删除和编辑关键帧，对于控制高级的二维动画来说游刃有余。Premiere 提供了兼容于 QuickTime 系统和其他系统的第三方插件，使用这些插件可以实现视频（滤镜）效果和过渡效果。由于提供了光盘刻录插件，可以轻松制作出适合光驱播放的影片。

自 Premiere 6.0 之后，Adobe 公司又相继推出了 Premiere 6.5，Premiere Pro 1.0、1.5、2.0，Premiere Pro CS3 和 Premiere Pro CS4。

Adobe Premiere 目前已经成为主流的 DV 编辑工具，它为高质量的视频提供了完整的解决方案，作为一款专业非线性视频编辑软件在业内受到广大视频编辑专业人员和视频爱好者的好评。

最新的 Adobe Premiere Pro CS4 和 Adobe cs4 master 一起为专业人员提供了更好的创作流程。

1.1.1　Adobe Premiere Pro 的主要特点

- 全解析度画面：以 NTSC 和 PAL 格式，或者对 VGA monitors 提供编辑时的实时全解析度画面。

- 实时效果：内置上百种实时音视频特效以供选择使用。
- 实时运动路径：关键帧控制以及内建子像素定位生成更加流畅准确的运动路径。
- 实时色彩校正：校正色调、饱和度、亮度以及其他色彩要素都可以得到实时的画面反馈。
- 实时字幕：以实时、全解析度方式生成广播级质量的字幕。
- 提供多重、可套用的时间线。
- 支持 5.1 声道环绕立体声。
- 增加制作多声道音频信号支持功能；增强音频混音器特性；直接录制音频信号到时间线上，对整个音频轨、音频子轨或者更多音频素材添加混音器特效；帧内采样控制：允许以 1/96 000s 为单位精确调节音频片段。可以进行更为精确的降噪工作；VST 插件支持：支持 VST 高级音频插件体系，内置 17 种 VST 插件增强音频编辑特性；音频注解录制：监视话筒，按照顺序把制作者的话音录制到专门的叙述轨中；音频注解产生了，不用再费力地书写编辑注解。
- 支持高采样率音频文件：导入、编辑、输出音频文件质量可达 24 bit、96kHz；增强色彩控制特性。
- 本地 YUV 键值处理：利用本地 YUV 键值处理保护视频文件制式转换过程中的色彩带宽，避免转制以及编辑中色彩失真。
- 高级色彩校正：校正色调、饱和度、亮度以及其他色彩要素都可以得到实时的画面反馈。
- 波谱图与矢量监视器：内建波谱图与矢量监视器，提供广播级的色彩监视效果，观察色彩光谱与衰减。
- 可固定位置的调色板：让你很容易地组织你的工作空间，使用可固定位置的调色板在编辑面板之间很快地转换功能。
- 增强的交互式项目窗口：用增强的交互式项目窗口调整入点与出点，生成定制的列表选择区域。还有通过缩略图指示的文件编辑细节，故事板以及标准的定位栅格。
- 重新设计的预览窗口，改进显示流畅性以及增强控制特性。
- 独立素材修剪面板（Trim Window）：设置单独的修剪面板，实时观察修剪效果。通过修剪面板控制倒转、分割、交迭。增强 DV 采集特性。

目前 Adobe Premiere Pro 广泛应用于电视台、广告制作、电影剪辑等领域，成为 PC 和 MAC 平台上应用最为广泛的视频编辑软件。许多业余爱好者也利用它开始了自己的影视之旅，使自己的生活充满了情趣。近几年，随着 DV 技术的普及，用普通的计算机加上 Premiere 软件就能够对拍摄的 DV 视频资料进行处理。因此，如果读者想在数码影视制作中大显身手，相信 Premiere 能够帮助你成为生活电影中的大师。

1.1.2 Adobe Premiere Pro CS4 新功能介绍

（1）广泛的格式支持

Adobe Premiere Pro CS4 支持完整的视频格式兼容，它几乎可以处理任何格式，包括对 DV、HDV、Sony XDCAM、XDCAM EX、Panasonic P2 和 AVCHD 的原生支持。支持时间线上的混合格式编辑，支持大部分流行的无带摄录机，无需转码或二次打包，支持所有大的媒体类型，支持导入和导出 FLV、F4V、MPEG-2、QuickTime、Windows Media、AVI、BWF、AIFF、JPEG、

PNG、PSD、TIFF等，并且兼容ASIO。

（2）内嵌终极制作流程

Adobe Premiere Pro CS4支持AAF项目交换，支持超大屏幕4K电影制作，可导入、编辑和导出4 096×4 096像素的图像序列，支持Feet + Frames时码。

（3）可在任何地方发布

Adobe Premiere Pro CS4新的批量编码器可以自动处理同一内容的不同编码的版本。使用任意序列和剪辑的组合作为来源，可以编码为大量视频格式，并且可在后台编码时继续工作，从而极大地提高了工作效率。它拥有带有名称/数值对的FLV/F4V队列点，统一化的标记对话框，对移动设备输出所做的优化设置。可以把一个项目文件发布为多个格式，并且支持交互查看的视频发布，交互编辑到多种格式，增强了移动设备输出。Adobe Premiere Pro CS4可以发布网络视频，并且可以对应电影输出的序列进行编辑。

（4）高效的工具

Adobe Premiere Pro CS4拥有豪华的新软件界面，并且可定制用户界面，它拥有多个项目面板、快速搜索素材和项目管理器，可以用Adobe Bridge CS4直接进行文件管理。Adobe Premiere Pro CS4可根据用户需求自由定制键盘快捷键和分配面板快捷键。Premiere Pro CS4添加了滚动时间线和多嵌套时间线功能，并且完全实现了实时编辑，增强了子剪辑创建和编辑、波纹、滚动和滑动编辑与剪辑替换的功能。

（5）强大的项目、序列和剪辑管理

Adobe Premiere Pro CS4增强了RapidFind搜索功能，使其类似Vista的搜索，可在输入关键字时实时更新搜索结果。新增加了媒体路径保存在项目中、素材重置即当项目中的素材用更新的版本可用时，可通过重置素材来更新的新功能。并增加了单个序列的导入、每个项目的工作区设置可以分别保存，项目管理器中的单个序列剪切的功能。Adobe Premiere Pro CS4可更加自由地在项目中对每个序列应用不同的编辑和渲染设置，保留需要的，同时删除不需要的预览文件，以提高磁盘空间利用率，并且可以使用项目管理器存档修剪剪辑。

（6）精确的音频控制

Adobe Premiere Pro CS4新增了在源监视器中的垂直波形缩放。在源监视器中直接拖动播放波形，对应离线剪辑的灵活的音频通道映射控制和以仅音频或仅视频的方式重新采集A/V离线剪辑的功能。

（7）专业编辑控制

Adobe Premiere Pro CS4新增了轨道同步锁定控制和源内容控制，即显示剪辑的源内容，并把通道路由到时间线中的指定目的轨。根据需要切换音视频通道的开启和关闭功能。实现了多轨目标和拖放轨目标的功能。

（8）省时的编辑增强

Adobe Premiere Pro CS4可以快速粘贴多个剪辑到时间线。播放头跳到粘贴后的剪辑的结尾，随后粘贴的剪辑可以放置在它后面。可以从时间线创建子剪辑，只要从时间线向项目面板拖放即可创建新的子剪辑。增加了效果控制目标的关键帧吸附，时间线的垂直吸附，复制和粘贴转场，可对项目里的多个素材通过复制和粘贴来应用同样的转场功能。它可以使用快速缩放功能在细节和全局方式间切换查看时间线。只需按一个键，即可以查看全局，再按一下又可回到之前的缩放级别。新增了移除所有效果的功能，只需一个命令即可对选定的剪辑清除所有效果。

(9) 多个选择的更多选项

Adobe Premiere Pro CS4 可把常用的效果组合保存为一个预设以便此后重复使用。新增了多个剪辑的功能，只需一个操作即可把效果应用到多个剪辑。它可以实现对应多个剪辑的速度/长度调整，对应多个剪辑的默认转场应用，对应多个剪辑的音频增益设置的功能。

(10) 丰富的时码显示

Adobe Premiere Pro CS4 实现了即时时码信息框，在时间线里拖动素材时会即时显示素材所处的时码。它可显示所有可用的时码格式，并且可以在信息面板显示磁带名称。

(11) 键盘加速流程

Adobe Premiere Pro CS4 可以使用键盘快捷键在源监视器中浏览加载的剪辑，可在【特效控制台】面板中快速移动到剪辑的开始或结尾，拥有可以快速跳到剪辑的开始或结尾的快捷键。增加了标记剪辑的快捷键，通过可分配的键盘快捷键快速标记剪辑。实现了对应键盘用户的完整的界面导航。

(12) 高效的无带化流程

Adobe Premiere Pro CS4 新的媒体浏览面板可以显示所有系统中加载的卷的内容。在无带化摄录机中寻找剪辑非常简单，因为媒体浏览器显示了剪辑，而屏蔽了其他文件，并且拥有可定制的用于查看相应元数据的视窗。可以直接从媒体浏览器的源监视器中打开剪辑。支持 Panoasonic P2 的浏览导入和元数据的使用，支持 Panasonic P2 输出，支持 Sony XDCAM 和 XDCAM EX 导入、浏览以及元数据的使用，可以直接从 Sony XDCAM EX 摄录机中导入和编辑内容，无需二次打包和转码。可通过媒体浏览器浏览剪辑，并能使用摄录机元数据管理剪辑。支持无带化 HDV 的导入和浏览以及元数据的使用，支持 AVCHD 的编辑浏览。

(13) 高效的元数据流程

Adobe Premiere Pro CS4 可以在【项目】面板查看元数据，拥有【元数据】面板，可以通过【元数据】面板查看和编辑选定素材的元数据。它可以通过语音识别来添加元数据信息，并且通过内建的语音识别系统自动添加描述信息。Adobe Premiere Pro CS4 增加了在素材中进行语音搜索，对寻找素材的语音搜索和可以使用键盘登录操作的新功能。

(14) 与 Adobe 软件的空前协调性

Adobe Premiere Pro CS4 支持灵活的 Adobe Photoshop 层选项，支持带有视频的 Photoshop 文件，无需渲染所导入的包含视频的 Photoshop 文件，就可以直接将其作为视频剪辑使用。它支持 Photoshop 的混合模式，连接 Adobe Premiere Pro CS4 和 Encore CS4 的 Dynamic Link。增加了组剪辑传输到 Adobe After Effects CS4 的新功能，只需一个命令即可将一组剪辑传输到 Adobe After Effects CS4 中进行处理。Adobe Premiere Pro CS4 在 Adobe After Effects CS4 的合成层中重新创建该剪辑的结构，然后通过 Dynamic Link 把合成层导入到时间线。在 Dynamic Link 中及在 After Effects 中所做的更改会自动显示在 Adobe Premiere Pro 中，无需渲染。增强了与 Adobe After Effects CS4 的协同功能，可以在 Adobe Premiere Pro CS4 和 After Effects CS4 之间拖放、复制、粘贴剪辑和时间线。还可以在 After Effects 中打开完整的 Adobe Premiere Pro 项目，包括嵌套的序列。增强了与 Adobe Photoshop CS4 Extended 的协同。增强了与 After Effects CS4 插件的兼容性，增强了与 Adobe Illustrator CS4、Adobe Soundbooth CS4 的协同。支持 Adobe Creative Suite 组件间的文字复制和粘贴，所复制的文本可以保持格式，如字体、间距和风格等。

本软件提供以下语言版本：英语、法语、德语、意大利语、日语、朝鲜语（仅限 Windows）、西班牙语。

1.1.3 系统硬件要求配置

（1）Windows

- DV 需要 2GHz 或更快的处理器；HDV 需要 3.4GHz 处理器；HD 需要双核 2.8GHz 处理器。
- Microsoft® Windows® XP（带有 Service Pack 2，推荐 Service Pack 3）或 Windows Vista® Home Premium、Business、Ultimate 或 Enterprise（带有 Service Pack 1，通过 32 位 Windows XP 以及 32 位和 64 位 Windows Vista 认证）。
- 2GB 内存。
- 10GB 可用硬盘空间用于安装；安装过程中需要额外的可用空间（无法安装在基于闪存的设备上）。
- 1 280 × 900 屏幕，OpenGL 2.0 兼容图形卡。
- DV 和 HDV 编辑需要专用的 7 200 转硬盘驱动器；HD 需要条带磁盘阵列存储（RAID 0）；首选 SCSI 磁盘子系统。
- SD/HD 工作流程需要经 Adobe 认证的卡以捕获并导出到磁带。
- 需要 OHCI 兼容型 IEEE 1394 端口进行 DV 和 HDV 捕获、导出到磁带并传输到 DV 设备。
- DVD-ROM 驱动器（创建 DVD 需要 DVD+-R 刻录机）。
- 创建蓝光盘需要蓝光刻录机。
- Microsoft Windows Driver Model 兼容或 ASIO 兼容声卡。
- 使用 QuickTime 功能需要 QuickTime 7.4.5 软件。
- 在线服务需要宽带 Internet 连接。

（2）Mac OS

- 多核 Intel® 处理器。
- Mac OS X 10.4.11 - 10.5.4 版。
- 2GB 内存。
- 10GB 可用硬盘空间用于安装；安装过程中需要额外的可用空间（无法安装在使用区分大小写的文件系统的卷或基于闪存的设备上）。
- 1 280 × 900 屏幕，OpenGL 2.0 兼容图形卡
- DV 和 HDV 编辑需要专用的 7 200 转硬盘驱动器；HD 需要条带磁盘阵列存储（RAID 0）；首选 SCSI 磁盘子系统。
- DVD-ROM 驱动器（DVD 刻录需要 SuperDrive）。
- 创建蓝光盘需要蓝光刻录机。
- Core Audio 兼容声卡。
- 使用 QuickTime 功能需要 QuickTime 7.4.5 软件。
- 在线服务需要宽带 Internet 连接。

1.2 编辑影视项目的基本操作

1.2.1 Adobe Premiere Pro CS4 参数设置

Adobe Premiere Pro CS4 的启动和退出完全符合 Windows XP 系统的操作。当计算机中安装了 Premiere Pro CS4 以后，双击桌面上的 Premiere 图标，或者在 Windows 桌面下方的【开始】

菜单上选择【开始】→【所有程序】→【Adobe Premiere Pro CS4】就可以启动 Premiere Pro CS4 程序，如图 1-1 所示。

Premiere 程序占用内存比较大，启动需要等待几秒至十几秒的时间，具体视机器的速度而定。进入 Premiere Pro CS4 启动界面，如图 1-2 所示，细心的用户会发现启动界面中的黑色 Pr 是半透明的。

进入 Premiere 之后首先弹出来的是项目选择窗口，Premiere 很人性化地将最近使用过的 5 个项目罗列出来，使用户一目了然地看到自己使用过的项目，方便查找。如果想了解最近打开过的项目的详细目录，将鼠标在名称上做短暂的停留就会显示出项目的存储位置，如图 1-3 所示。用户可以单击【新建项目】和【打开项目】图标来进入下一菜单。当然如果需要使用帮助功能的话也可以单击【帮助】图标。

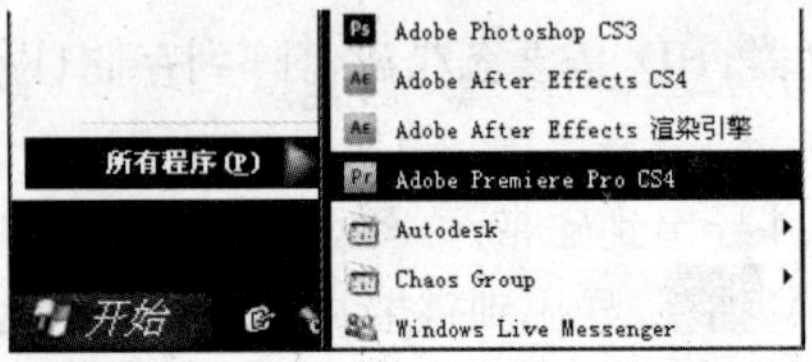

图 1-1　启动 Premiere Pro CS4 程序

图 1-2　Premiere Pro CS4 启动界面

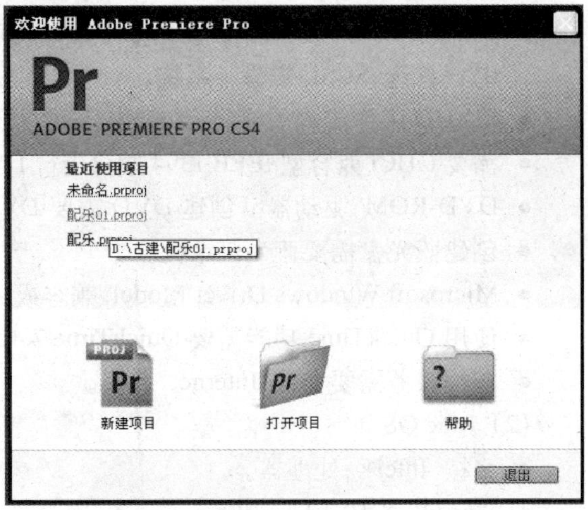

图 1-3　项目选择窗口

1.2.2　项目参数设置

单击【新建项目】图标之后，将弹出【新建项目】参数设置对话框，如图 1-4 所示。

在【新建项目】参数设置窗口菜单中，单击相应菜单中的下拉菜单按钮，从弹出的下拉菜单中对新建项目的视频显示格式、音频显示格式、采集格式、存储位置、存储名称以及暂存盘中的视频采集、音频采集、视频预览、音频预览的存储位置进行设置。设置好这些参数，便于日后对大量文件的管理和查找。

设置完成这些参数后，单击【确定】按钮进入新建序列的参数设置界面。在这个对话框中，用户可以对所要编辑的视频进行参数设置。选择相应的视频模式，可以看到它的相关信息显示在右边的选项区域中，如图 1-5 所示。Premiere 有几种常用的预设可以选择，如果这些预设不能满足用户的要求时，用户也可以自己定制项目设置。

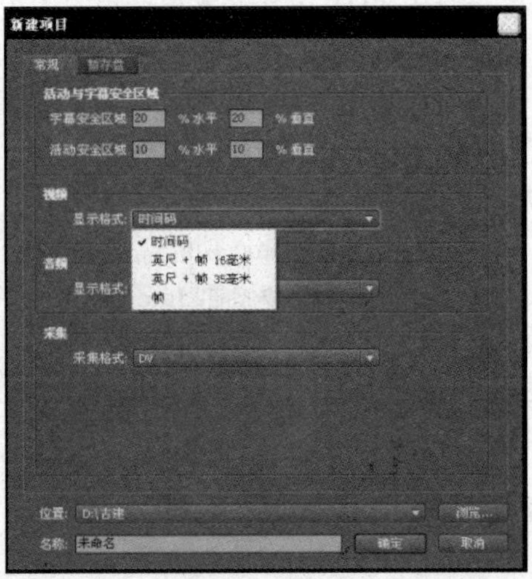

图 1-4　【新建项目】参数设置对话框

在常规设置中，用户同样可以通过下拉菜单选择合适的编辑模式和帧速率；自定义视频的尺寸，音频的采样和格式以及预览格式等。用户设置了这些参数后，还可以将其保存下来，方便以后使用，如图 1-6 和图 1-7 所示。

这里需要注意的一点是：一旦新项目建立完成后，常规参数中就有好几个参数变灰不能再更改，所以用户在建立一个新的项目之前，一定要了解自己所要制作的项目的参数，比如视频的帧速率和视频的分辨率等。主要是那些建立了就不能再改动的参数，以免给以后的制作和输出带来麻烦。

图 1-5　序列设置对话框

图 1-6　常规设置对话框

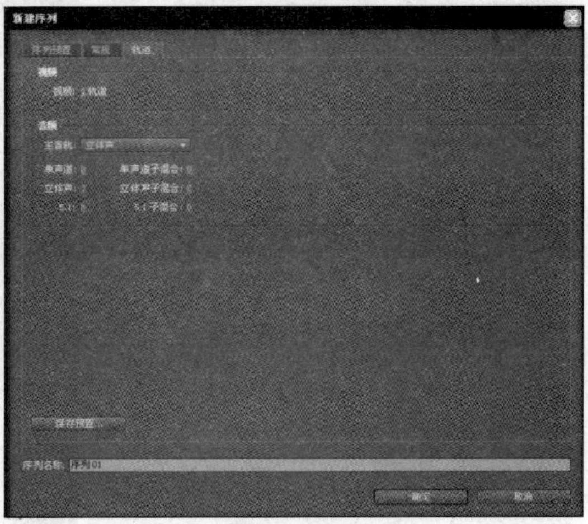

图 1-7　轨道设置对话框

设置完成后单击【确定】按钮即可新建一个项目，如图 1-8 所示。

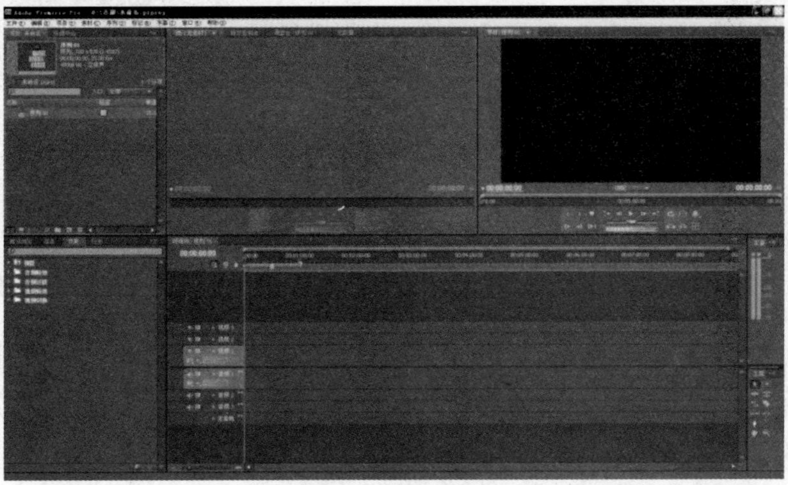

图 1-8　建立新项目

1.2.3 导入素材及素材管理

在创建好新的项目和对软件系统的工作参数设置完成后，即可导入文件，为视频的编辑工作做好准备。

（1）Premiere 支持的格式

Premiere CS4 支持多种格式的视频、音频、图像文件，如图 1-9 所示，这些支持格式极大地丰富了素材的来源，为挑选素材创造了极有利的条件，为制作出精彩的视频创造了优越的前提条件。

将音频和视频素材导入到 Premiere 中，素材文件会保持原来的属性，若要改变图像素材的持续时间则需要对其进行相应的设置，选择菜单栏中的【编辑】→【参数】→【常规】命令，弹出【参数】设置对话框，如图 1-10 所示。

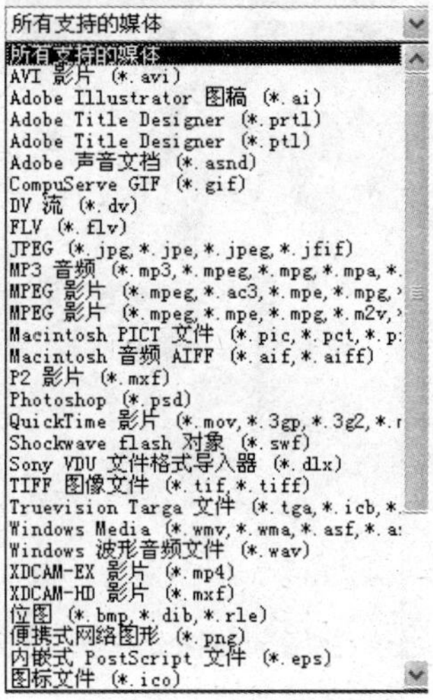

图 1-9 支持格式

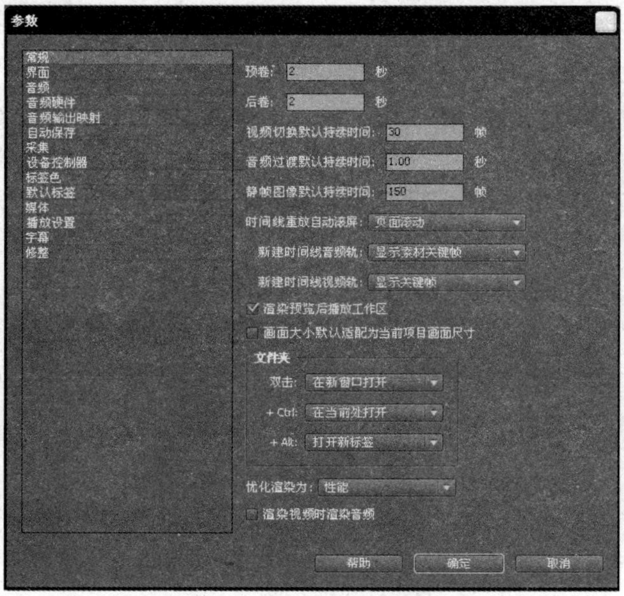

图 1-10 【参数】设置对话框

（2）导入文件

选择菜单栏中的【文件】→【导入】命令，如图 1-11 所示，或者双击【项目】窗口的空白处，或者右击【项目】窗口空白处，在弹出的快捷菜单中选择【导入】命令，就会弹出文件导入对话框，如图 1-12 所示。在【导入】窗口中可以单独选择一个素材，也可以同时选择多个 Premiere 支持的媒体类型的素材，将其加入到项目中。选中项目后，单击【打开】按钮或者直接双击所需要选择的项目，就可以将其导入到 Premiere 中。在弹出的【导入】文件选择窗口中，值得注意的是右下角的【导入文件夹】按钮，它可以将文件夹内全部文件一次性导入到 Premiere，对于不支持的文件格式，Premiere 会跳出提示信息提醒用户导入 Premiere 失败。如图 1-13 所示。

图 1-11 【导入】命令

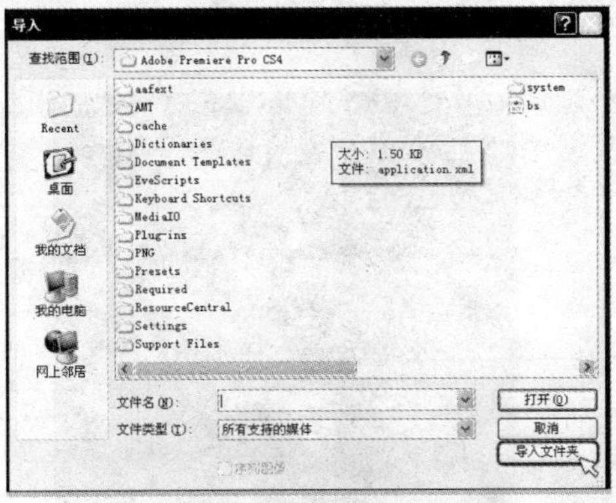

图 1-12　文件【导入】对话框

图 1-13　【导入文件失败】对话框

(3) 导入 PSD 文件

PSD 文件是 Adobe 公司图形设计软件 Photoshop 的专用格式，PSD 文件可以存储成 RGB 或 CMYK 模式，还能够自定义颜色数并加以存储，还可以保存 Photoshop 的层、通道、路径等信息，是目前唯一能够支持全部图像色彩模式的格式，但其体积庞大，在大多平面软件内部可以通用（如 CorelDraw、Illustrator、After Effects 等），另外在一些其他类型编辑软件内也可使用，例如 Office 系列。

Premiere 同样对 PSD 有很大程度的支持，在选择导入 PSD 分层文件时，弹出的默认窗口是合并 PSD 的所有图层，如图 1-14 所示。用户可以从【导入为】后的下拉菜单中选择单个图层导入或者其中的合并某几个图层后导入，如图 1-15 所示。用户在制作完 PSD 文件后，可以直接将 PSD 的最终效果或者其中的某一层甚至某几层导入 Premiere 进行编辑，而不再需要将其存储成不同的文件分次导入。这在极大程度上方便了用户，不仅节省了时间，而且方便文件的管理。

图 1-14　导入 PSD 文件

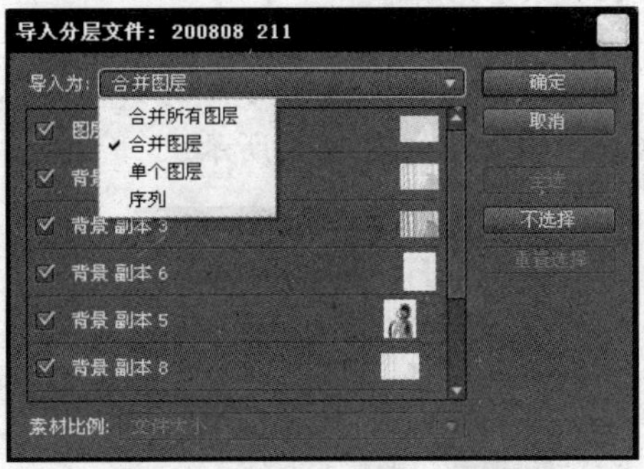

图 1-15　导入分层文件

(4) 导入序列文件

序列文件是一种较为特殊的素材文件，一般的视频文件是由其他软件输出的有多张具有同样编号的图像素材组成的，将这些具有统一编号的图像素材链接起来即可成为视频文件。其中，3DS MAX 输出的带 Alpha 通道的 TGA 序列动画文件即为典型的序列文件。

在导入序列文件时，应注意导入窗口中的【序列图像】复选框是否被选中，在没有选中的时候，选中文件单击【打开】按钮导入 Premiere 的将是单个文件，而选中后，导入 Premiere 的将是序列文件，如图 1-16 所示。在选中【序列图像】的情况下，无论用户选中的是哪个文件，只要名称一致，导入到 Premiere 的将是同一段素材。在导入 Premiere 后，用户可以在预览区看到导入素材的信息，如图 1-17 所示。

图 1-16　导入序列文件

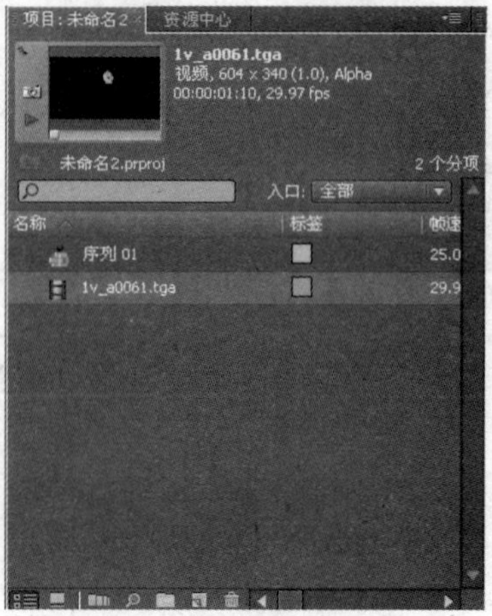

图 1-17　导入素材的信息

（5）导入音频文件

音频素材可以是音频、视频或者是包含了音频的视频素材。常用的有 MP3、MOV、AVI、MPG、WAV 等格式。

导入素材的方法和前面的方法一样，用户也可以打开素材文件夹，选中素材文件，按住左键将其拖到项目窗口中，这种方法更加方便快捷。

值得注意的是，同时包含了音频和视频的素材在拖入时间线后是关联的不可单独编辑的，也就是说选择了视频也就选择了音频，剪辑了视频那么音频也就要被剪掉。如果想单独对音频或者视频进行编辑，那就需要对其解除链接。拖入时间线后，在素材上右击，在弹出的快捷菜单中选择【解除视音频链接】命令后，视频素材和音频素材就不再是关联的，于是就可以单独进行编辑了，如图 1-18 所示。

在所有的素材都被导入 Premiere 中后，用户还可以通过【项目】窗口中的按钮以缩略图的方式显示素材，如图 1-19 所示。

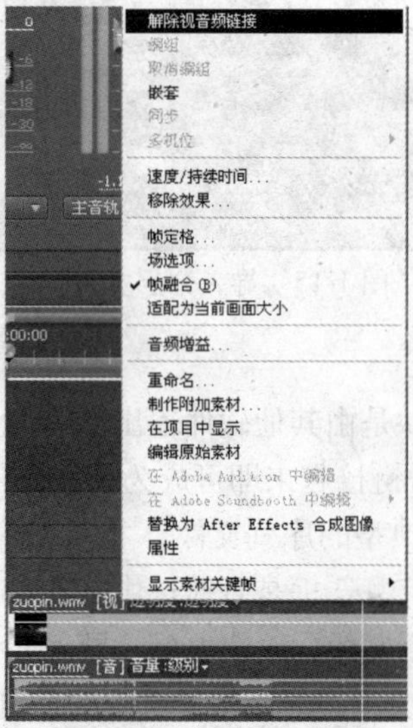

图 1-18　解除视音频链接

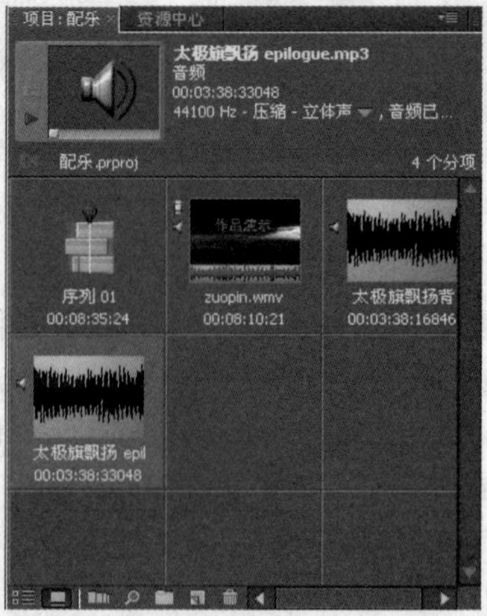

图 1-19　导入素材完成效果

(6) 素材管理

在制作视频的过程中，往往会用到相当数量和种类的素材，这个时候如果想在其中找到某一个素材就变得相当麻烦，如果能做好科学的项目和素材管理工作，就可以提高用户查找和调用用户使用素材的速度，提高工作效率。所以管理好素材是非常重要的。

在选中单个素材或多个素材时，单击图标，将会使素材在时间线上按一定的顺序自动排列好，免去了将素材一个个拖入时间线的麻烦。

当【项目】窗口中文件过多、层次复杂，不便于找到需要的素材时，用户可以单击查找图标或者在【项目】窗口的空白处右击，从弹出的快捷菜单中选择【查找】命令来查找所需要的文件，如图 1-20 所示。

单击图标，会新建一个文件夹，命名后在【项目】窗口中新建一个文件夹，可将素材整理到相应的文件夹中，方便查找和管理。

单击图标，弹出新建选项对话框，如图 1-21 所示。通过选择用户可以新建序列、字幕图层和黑场等。

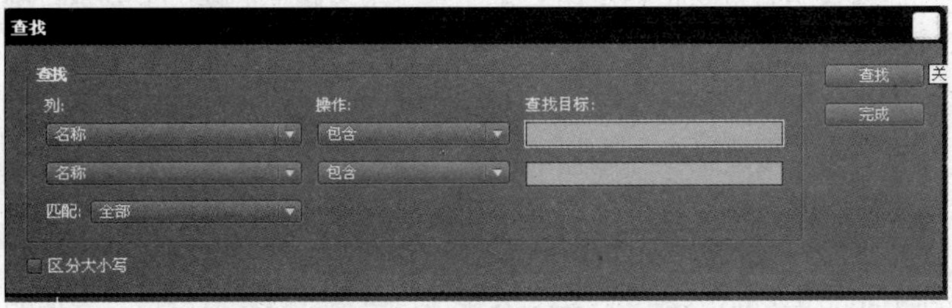

图 1-20　【查找】对话框

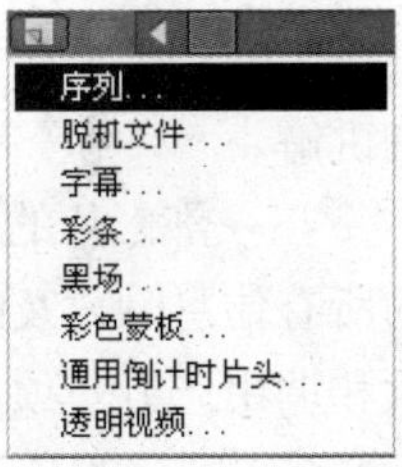

图 1-21　新建序列

在选中素材的情况下，单击图标可将素材直接删除，与键盘上的 Delete 键的效果相同。

1.2.4　影片预览

在 Premiere CS4 中有很多种方法可对素材的内容进行预览。【项目】窗口是进行素材管理的主要窗口，这里也可以对素材进行预览，极大地方便了用户查看素材的具体信息。

用户可以选中【项目】窗口中的某一素材，按住左键，拖入时间线，如图 1-22 所示。这样素材就会出现在【节目监视器】中。如果用户希望在未拖入时间线前对素材进行预览或者对素材进行裁切，就需要用到监视窗，可以把【项目】窗口的某一素材直接拖入监视窗口内，或者直接在项目栏中双击视频或者音频素材，也可以对素材进行直接预览，如图 1-23 所示。在监视器窗口拖动滑块可以对素材进行快速预览，也可以通过设置出入点对素材进行裁切。同时用户还可以根据需要调节监视窗口的大小。

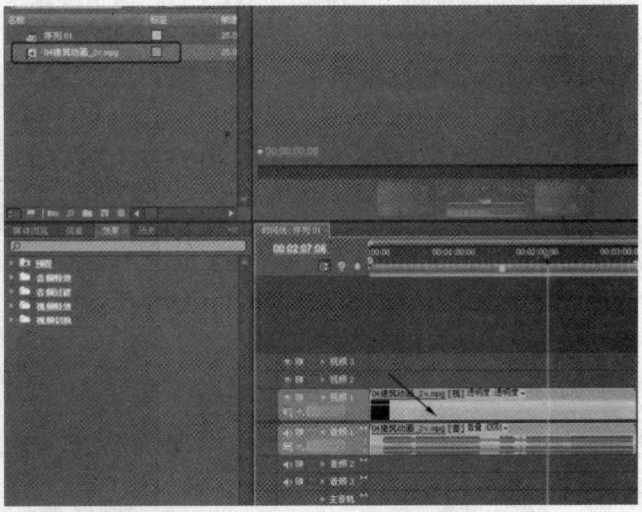
图 1-22　将素材拖入时间线

图 1-23　预览素材

1.2.5　输出影片

以上介绍的就是制作一部影片的简单流程和操作方法，在完成这些工作后，再对素材进行进一步的加工和修饰就可以完成一部自己的影片了，这些方法和技巧将在后面的章节中进行详细讲解。

在一部影片的最后，最重要的一步就是保存和输出影片。当一个项目保存了当前影片编辑的所有信息时，及时地保存文件能够完整地将整个项目保存在用户指定的位置内，方便以后修改和调用。万一项目出现“未保存”错误时，用户只能寄希望于 Premiere 自带的自动保存功能了，系统默认的自动保存的时间间隔为 20 分钟，分为 5 个文件。用户可以在保存项目文件的文件夹中找到名称为 Adobe Premiere Pro Auto-Save 的文件夹，自动保存的文件将存储在这个文件夹内，一旦发生了不可挽回的错误，从这里可以替用户减少些损失。这里，强烈建议用户养成定时保存项目的习惯，必要的时候还要将存储的文件进行备份，将因文件损坏或者文件丢失而造成的损失降到最低。

选择菜单栏中的【文件】→【导出】→【媒体】命令，如图 1-24 所示。

可以在导出窗口中对影片的格式进行选择，单击导出设置中的格式下拉菜单，可以看到有多种格式供用户选择，选择了一个格式后，还可以在下面的信息栏中看到将要导出的影片的参数以便选择合适的格式导出，如图 1-25 所示。

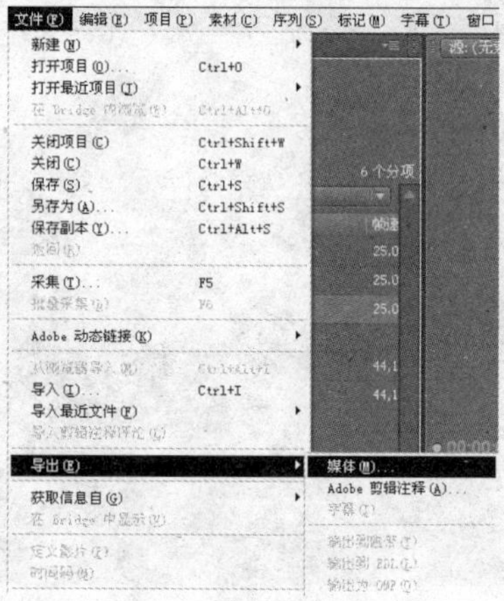

图 1-24　导出【媒体】命令

图 1-25　导出设置

单击菜单视频中的视频解码器下拉菜单，就会列出当前系统已经安装的解码器，如图 1-26 所示。用户可以选择合适的解码器，以便达到压缩比和影片质量要求最合适的效果。除了视频的解码，音频的采样类型和采样率同样可以在此选择。针对不同的用处对影片进行设置，就能达到预期的影片制作效果。设置完成后，单击【确定】按钮，影片就开始输出了。建议用户在单击【确定】按钮前再对项目进行一次保存，以免在输出过程中出现死机或者其他不可预知的错误从而导致项目文件崩溃。

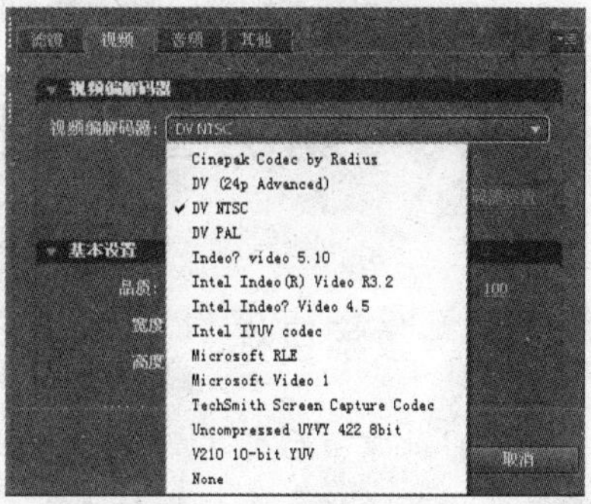

图 1-26　视频解码选择

1.3　本章小结

Premiere Pro CS4 是一款功能强大的视频编辑软件，这里介绍的只是 Premiere Pro CS4 的新功能，计算机硬件所要求的配置，制作影片的基本流程和一些相关知识及技巧，希望会对读者初识 Premiere Pro CS4 有一定的帮助。阅读和学习本章节的内容后，了解了 Premiere Pro CS4 制作影片的基本流程，再加上以后相关内容的认真学习，相信只要读者开动脑筋，自己动手再加上丰富的创造力，一定能够创造出精彩且令人难忘的影视作品。

1.4　本章习题

(1) Adobe Premiere Pro 广泛地应用于____________、____________、____________等领域，成为____________和____________平台上应用最为广泛的视频编辑软件。

(2) Adobe Premiere Pro CS4 支持____________，它几乎可以处理任何格式，包括对 DV、HDV、Sony XDCAM、XDCAM EX、Panasonic P2 和 AVCHD 的原生支持。

(3) 导入 Premiere 的音频素材可以是音频、视频或者是包含了音频的视频素材。常用的有____________、____________、____________、____________、____________等格式。

(4) Premiere 可将最近使用过的（　　）个项目罗列了出来，使用户一目了然地看到使用过的项目，方便用户查找。

A. 2　　B. 3　　C. 4　　D. 5

(5) 在创建一个新的影片项目时，以下（　　）项是错误的。

A. 选择文件/新建项目命令　　B. 按 Ctrl+N 组合键

C. 按 Ctrl+O 组合键　　D. 打开 Premiere 后选择新建项目

(6) 下面（　　）项不是 Adobe Premiere Pro CS4 的新增功能。

A. 媒体路径保存在项目中，素材重置即当项目中的素材用更新的版本可用时，可通过重置素材来更新的新功能

B. 支持超大屏幕 4K 电影制作，可导入、编辑和导出 4 096 × 4 096 像素的图像序列，支持 Feet + Frames 时码

C. 轨道同步锁定控制、源内容控制，即显示剪辑的源内容，并把通道路由到时间线中的指定目的轨。根据需要切换音视频通道的开启和关闭功能，实现了多轨目标和拖放轨目标功能

D. 可根据用户需求自由定制键盘快捷键，分配面板快捷键

第 2 章　计算机影视制作的基础知识

教学目标

学习此章节后可了解计算机影视制作中的帧、电视制式和场的相关知识；了解影视中常用的镜头语言、镜头类型和特点；了解电影、电视中常用的转场类型；了解影视制作的过程和常用图像的文件格式，对计算机影视制作有全面和较为深刻的认识。

教学重点与难点

- 帧、电视制式和场的知识
- 镜头语言、分类、特点的基本知识
- 影视制作的过程
- 常用图像文件格式的介绍

2.1　帧、电视制式和场

2.1.1　帧和帧速率

20 世纪最后 10 年，无论是广播电视还是电影行业，都在数字化的大潮中发展。的确，由于数字技术的发展和广泛应用，不仅使这些领域引入了全新的技术和概念，而且也给这些领域的节目制作、传输和播出带来了革命性变化。数字技术的发展速度已经超出了一般人的预料和想象。

像电影一样，视频是由一系列的单独图像（称为帧）组成的，并放映到观众面前的屏幕上，每秒钟放映若干张图像，因为人脑可以暂时保留单独的图像，所以就会产生动态的画面效果。典型的帧速率范围是 24～30 帧/秒，这样才会产生平滑和连续的效果。在正常情况下，一个或者多个音频轨迹与视频同步，并为影片提供声音。

帧速率也是描述视频信号的一个重要概念，对每秒钟扫描多少帧有一定的要求，这就是帧速率。对于 PAL 制式电视系统，帧速率为 25 帧，而对于 NTSC 制式电视系统，帧速率为 30 帧。虽然这些帧速率足以提供平滑的运动，但它们还没有高到足以使视频显示避免闪烁的程度。根据实验，人的眼睛可觉察到以低于 1/50 秒速度刷新图像中的闪烁。然而，要求帧速率提高到这种程度和显著增加系统的频带宽度，这是相当困难的。为了避免这样的情况，全部电视系统都采用了隔行扫描方法。

2.1.2　常用电视制式

电视信号的标准也称为电视的制式。目前各国的电视制式不尽相同，制式的区分主要在于其帧频（场频）的不同、分解率的不同、信号带宽以及载频的不同、色彩空间的转换关系不同等。电视制式就是用来实现电视图像信号、伴音信号，或其他信号传输的方法，以及电视图像的显示格式和这种方法与电视图像显示格式所采用的技术标准。严格来说，电视制式有很多种，对于模拟电视，有黑白电视制式、彩色电视制式，以及伴音制式等；对于数字电视，有图像信号、音频信号压缩编码格式（信源编码）和 TS 流（Transport Stream）编码格式（信道编码），还有数字信号调制格式，以及图像显示格式等制式。

黑白电视制式　黑白电视制式的主要内容为：图像和伴音的调制方式、图像信号的极性、图像和伴音的载频差、频带宽度、频道间隔、扫描行数等。目前世界各国所采用的黑白电视制式有：A、B、C、D、E、F、G、H、I、K、K1、L、M、N 共计 13 大类（其中 K、K1 为一大类；A、C、E 已不采用），我国使用其中的 D、K 制。

黑白电视制式使用时间最长，现在的彩色电视制式也是在黑白电视制式基础上发展起来的，并且向下兼容，因此黑白电视制式到现在还具有非常重要的意义。

彩色电视制式　是在满足黑白电视技术标准的前提下研制的。目前世界上彩色广播电视制式最主要的有 3 种。

1）NTSC 制：正交平衡调幅制——National Television Systems Committee，简称 NTSC 制。1953 年由美国创立，日本、加拿大等国相继采用；其特点是解码线路简单、成本低。

2）PAL 制：正交平衡调幅逐行倒相制——Phase-Alternative Line，简称 PAL 制。1963 年联邦德国为降低 NTSC 制的相位敏感性而发展的一种制式，于 1967 年正式广播；英国、意大利、荷兰等西欧国家以及北欧各国也都采用它；其特点是对相位偏差不敏感，并在传输中受多径接收而出现重影彩色的影响较小。

3）SECAM 制：行轮换调频制——Sequential Coleur Avec Memoire，简称 SECAM 制。1967 年由法国创立，苏联和东欧各国也都采用它。其特点是受传输中的多径接收的影响较小。

NTSC 制优点是电视接收机电路简单，缺点是容易产生偏色，因此 NTSC 制电视机都有一个色调手动控制电路供用户选择使用；PAL 制和 SECAM 制可以克服 NTSC 制容易偏色的缺点，但电视接收机电路复杂，要比 NTSC 制电视接收机多一个一行延时线电路，并且图像容易产生彩色闪烁。因此，三种彩色电视制式各有优缺点，互相比较结果，谁也不能战胜谁，所以，三种彩色电视制式互存已经 50 多年。

另外，NTSC 标准还规定视频源每秒钟需要发送 30 幅完整的图像（帧）。假如不作其他处理，闪烁现象会非常严重。为解决这个问题，每帧又被均分为两部分，每部分 2 62.5 行。一部分全是奇数行，另一部分则全是偶数行。显示的时候，先扫描奇数行，再扫描偶数行，就可以有效地改善图像显示的稳定性，减少闪烁。世界上彩色电视上的 NTSC、PAL 和 SECAM 三种制式目前尚无法统一，我国采用的是 PAL-D 制式，一般影碟机都兼容 NTSC 和 PAL 制式，也有很多产品兼容以上三种制式。

2.1.3　场

场是以水平隔线的方式保存帧的内容，在显示时先显示第一个场的交错间隔内容，然后再显示第二个场来填充第一个场留下的缝隙。

根据实验，人的眼睛可觉察到以低于 1/50 秒速度刷新图像中的闪烁。一个不停闪烁的光源，如果其频率达到每秒钟 50 次（也就是所说的频率 50Hz），在人眼中是不闪烁的。根据这个原理，最初电视机每秒要传输的图像被定为 50 帧，认为这样图像在眼中才不闪烁。但是根据技术能力，要每秒钟传输 50 帧图像很难办到，这就是产生上场和下场的最初原因——科学家们利用视觉的滞留性，让电子枪不按顺序发射电子，而是每发射一行隔一行，利用两次扫描来完成一幅图像，因为视觉的滞留性使看到的效果差不多。这种隔行的画面称为场，每一帧画面分为两场。一般称为奇场偶场或上场下场，至于是上场优先还是下场优先是硬件设备和视频标准的硬性定义。每一个 NTSC 视频的帧大约显示 1/30 秒，每一场大约显示 1/60 秒，而 PAL 制式视频的一帧显示时间是 1/25 秒，每一个场显示为 1/50 秒。

"上场优先"和"下场优先"：一个视频信号在传送时，无论用上场优先还是下场优先都是可以的，重要的是要让接收设备知道所接收的信号是用哪种场序，才能把图像正确显示出来。无论视频是什么场序，播放时都是把视频所包涵的图像按顺序显示出来。唯一不同的是在传送每个单位的图像时先传奇数场还是偶数场。这就是视频的场序。

在视频编辑软件中，经常会碰到奇场或上场优先，还是偶场或下场优先的设定。这个设定对最终作品的输出质量是有很大影响的，如何设置呢？其实很简单，在视频编辑卡采集原始素材的过程中，就已经规定好了到底谁优先。不同的视频编辑卡，其优先顺序不同。只要将采集的视频内容导入视频编辑软件中，查看其属性，即可知道哪一场优先了。

2.2 镜头

2.2.1 镜头概述

电影镜头是电影摄像机在一次开机到停机之间所拍摄的连续画面片断，也是电影构成的基本单位，简称镜头。镜头由以下几个因素构成。

- 画面，包括一个或数个不同的画面。
- 景别，包括远景、全景、中景、近景和特写。
- 拍摄角度，包括平、仰、俯、正、反、侧几种。
- 镜头的运动，即摄像机的运动，包括摇、推、拉、移、跟、升、降和变焦，有时几种方式可结合使用。
- 镜头的长度。
- 镜头的声音，包括画面内的和画面外的。

镜头的组接是电影构成的方式，又称蒙太奇（法文 montage 的音译,原为建筑学术语,意为构成、装配。电影创作的主要叙述手段和表现手段之一)。组接基本上分为切分和组合两种。它根据影片内容的要求、情节的发展以及观众心理合乎逻辑、有节奏地切分或组合，从而起到引导、规范观众注意力，支配观众思想与情绪的作用。镜头的组接方式表现出影片的风格。

下面介绍镜头语言的基本知识。

镜头语言：顾名思义就是用镜头像语言一样去表达拍摄者或者讲述者的意思，通常可由摄像机所拍摄出来的画面看出拍摄者的意图，因为可从它拍摄的主题及画面的变化，去感受拍摄者透过镜头所要表达的内容，这就是所谓的"我的镜头会说话"，也就是一般所讲的"镜头语言"。在影像的世界里，虽然和平常讲话的表达方式不同，但目的是一样的，所以说镜头语言没有规律可言，只要用镜头表达你的意思,不管用何种镜头方式，都可称为镜头语言。读者可以通过下列内容对镜头语言有一定程度的了解。

（1）景别

根据景距和视角的不同，一般分为以下几种。

- 极远景：极端遥远的镜头景观，人物小如蚂蚁。如图 2-1 所示。

图 2-1　极远景

- 远景：深远的镜头景观，人物在画面中只占有很小位置。广义的远景基于景距的不同，又可分为大远景、远景和小远景三个层次。如图 2-2 所示。

图 2-2　远景

- 大全景：包含整个拍摄主体及周围大环境的画面，通常用来作影视作品的环境介绍，因此被叫做最广的镜头。如图 2-3 所示。

图 2-3　大全景

- 全景：摄取人物全身或较小场景全貌的影视画面，相当于话剧、歌舞剧场“舞台框”内的景观。在全景中可以看清人物动作和所处的环境。如图 2-4 所示。

图 2-4　全景

- 小全景：演员“顶天立地”，所处环境比全景小得多，又保持了相对完整的规格。如图 2-5 所示。

图 2-5　小全景

- 中景：俗称“七分像”，指摄取人物小腿以上部分的镜头，或用来拍摄与此相当的场景的镜头，是表演性场面的常用景别。如图 2-6 所示。

图 2-6　中景

- 半身景：俗称“半身像”，指从腰部到头的景致，也称为“中近景”。如图 2-7 所示。

图 2-7　中近景

- 近景：指摄取胸部以上的影视画面，有时也用于表现景物的某一局部。如图 2-8 所示。

图 2-8　近景

- 特写：指摄像机在很近距离内摄取对象。通常以人体肩部以上的头像为取景参照，突出强调人体的某个局部，或相应的物件细节和景物细节等。如图 2-9 所示。

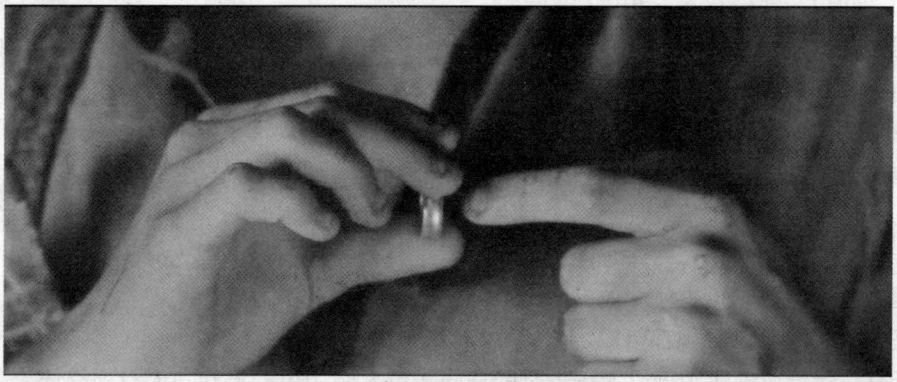

图 2-9　特写

- 大特写：又称“细部特写”，指突出头像的局部，或身体、物体的某一细部，如眉毛、眼睛、枪栓、板机等。如图 2-10 所示。

图 2-10　大特写

(2) 摄像机的运动（拍摄方式）

- 推：即推拍、推镜头，指被摄体不动，由拍摄机器作向前的运动拍摄，取景范围由大变小，分快推、慢推和猛推，与变焦距推拍存在本质的区别。
- 拉：被摄体不动，由拍摄机器作向后的拉摄运动，取景范围由小变大，也可分为慢拉、快拉和猛拉。
- 摇：摄像机位置不动，机身依托于三角架上的底盘作上下、左右、旋转等运动，使观众如同站在原地环顾、打量周围的人或事物。
- 移：又称移动拍摄。从广义来说，运动拍摄的各种方式都为移动拍摄。但在通常的意义上，移动拍摄专指把摄像机安放在运载工具上，沿水平面在移动中拍摄对象。移拍与摇拍结合可以形成摇移拍摄方式。
- 跟：指跟踪拍摄。除了跟移外，还有跟摇、跟推、跟拉、跟升、跟降等，即将跟摄与拉、摇、移、升、降等 20 多种拍摄方法结合在一起。总之，跟拍的手法灵活多样，它使观众的眼睛始终盯牢在被跟摄人体和物体上。
- 升：上升摄像。
- 降：下降摄像。
- 俯：俯拍，常用于宏观地展现环境和场合的整体面貌。
- 仰：仰拍，常带有高大和庄严的意味。
- 甩：甩镜头，也即扫摇镜头，指从一个被摄体甩向另一个被摄体，表现急剧的变化，作为场景变换的手段时不露剪辑的痕迹。
- 悬：悬空拍摄，有时还包括空中拍摄。它有广阔的表现力。
- 空：亦称空镜头、景物镜头，指没有剧中角色（不管是人还是相关动物）的纯景物镜头。
- 切：转换镜头的统称。任何一个镜头的剪接都是一次“切”。
- 综：指综合拍摄，又称综合镜头。它是将推、拉、摇、移、跟、升、降、俯、仰、旋、甩、悬、空等拍摄方法中的几种结合在一个镜头里进行拍摄。
- 长：指长镜头。影视都可以界定在 30 秒以上的连续画面。
- 反打：指摄像机在拍摄二人场景时的异向拍摄。例如拍摄男女二人对坐交谈，先从一边拍男，再从另一边拍女（近景、特写、半身均可），最后交叉剪辑构成一个完整的片段。
- 变焦拍摄：摄像机不动，通过镜头焦距的变化，使远方的人或物清晰可见，或使近景从清晰到虚化。

- 主观拍摄：又称主观镜头，即表现剧中人的主观视线和视觉的镜头，常有可视化的心理描写作用。

2.2.2 常用镜头类型介绍

运动摄像：就是在一个镜头中通过移动摄像机机位，或者变动镜头光轴或者变化镜头焦距所进行的拍摄。用这种方式拍摄的镜头称为运动镜头，它分为以下几种。

- 内部运动——是活动的画面内容，表现的是运动着的事物被称为画面内部的运动。
- 外部运动——是移动摄像机变动焦距和剪辑形式的镜头运动被称为画面外部的运动。

根据摄像机运动的方式可分为：推、拉、摇、移、跟、升降、综合几种运动方式。

（1）推镜头

1）推镜头的概念

推摄是指摄像机向被摄主体方向推进，或者变动镜头焦距，使画框由远而近向主体接近的一种拍摄方法，用这种方法拍摄的镜头叫推镜头。如图 2-11 和图 2-12 所示。

图 2-11 推镜头一

图 2-12 推镜头二

推镜头的两种情况：

①摄像机沿光轴方向向前移动。

②采取变焦距镜头，从短焦距调至长焦距。

2）推镜头的特点

①具有大景别转换成小景别的各种特点，即远—全—中—近—特。

②推镜头分为起幅、推进、落幅三个部分。

③推镜头造成画框向前的运动趋向。

④主体：不清晰——清晰。

⑤物体面积：小——大。

⑥景别：大——小。

3）推镜头的功用和表现力

①突出主体人物，突出重点形象。

②体现细节。

③突出一个重要的戏剧元素。

④在一个镜头中介绍整体与局部、环境与主体人物的关系。

⑤推镜头的景别不断变化，有连续前进式蒙太奇句子的作用。

⑥推进速度的快慢可以影响和调整画面节奏。

⑦可以加强或减弱运动物体的动感。

4）推镜头的拍摄及应注意的问题

①推镜头应有其明确的表现意义。

②注意起幅和落幅的静态结构。

③留有足够的长度。

④推进过程中注意始终保持主体在画面结构中心的位置，即保持主体在画面结构上的优势。

⑤在移动机位的推镜头中要注意跟焦点。

⑥推镜头要做到准、匀。

⑦起动和停止应果断、干净、利索、流畅。

⑧最好选择有一定动作幅度的形象作为起动点和停止点，以克服人为的操作痕迹。

(2) 拉镜头

1）拉摄

指摄像机逐渐远离被摄主体或变动镜头焦距（从长焦调至广角）使画框由近而远与主体脱离的一种拍摄方法。用这种方法拍摄的镜头叫拉镜头。如图 2-13 和图 2-14 所示。

图 2-13　拉镜头一

图 2-14　拉镜头二

2）拉镜头的特点

①具有小景别转换成大景别的各种特点。

②拉镜头分为起幅、拉出、落幅三部分。

③拉镜头造成画框向后的运动趋向。

3）拉镜头的功用和表现力

①表现主体和主体所处环境的关系。

②使画面结构形成多结构变化，镜头表现富有层次。

③拉镜头使纵向方位上的两个具有相关的事物形成某种对比、反衬或比喻的效果。

④调动观众对整体形象的想象和猜测。

⑤拉镜头有连续后退式蒙太奇句子的作用。

⑥拉镜头内部节奏由紧到松，能发挥感情上的余韵。

⑦拉镜头的画面空间不断扩展，有一种退出感和结束感。

⑧用特写拉成全景的方式进行转场。

(3) 摇镜头

1）摇镜头

指摄像机位置不动，借助于云台或拍摄者自身，水平或垂直移动摄像机光学镜头轴线所拍摄的镜头。从运动形式上分有：水平横摇、垂直纵摇、中间带有几次停顿的间歇摇、摄像机旋转一周的环形摇、各种角度的倾斜摇摇速极快地“甩”镜头。如图 2-15 和图 2-16 所示。

2）摇摄镜头画面的特点

①其画面造型是在画框空间与镜头运动时间的结合中共同完成的。

②使被摄物体在画面内停留的时间相对于静态画面来说减少了，人们观察画面内景物的时间相对短了。

③一个完整的摇镜头包括：起幅、摇动、落幅三个部分。

④摇镜头对观众观看景物具有某种强制性。

图 2-15 摇镜头一

图 2-16 摇镜头二

3）摇镜头的功用和表现力

①展示空间扩大视野。

②摇镜头扩展了画面的表现空间，可以包容更多的视觉信息。

③介绍交代同一场景中两个物体或事物的内在联系。

④利用性质意义相反或相近的两个事物通过摇镜头形成对比，表示某种暗喻、比喻、并列、因果关系等。

⑤在表现三个以上物体或事物间的联系时，镜头摇过每一点时，速度减慢或者有一个短暂的停顿，在一个镜头中形成若干段落和间歇，构成一种间歇摇。

⑥有一个稳定的起幅画面，后面的摇动速度极快，使画面上的景物全部虚化，这种镜头称为甩镜头。

⑦表现运动主体的动态、动势、运动方向和运动轨迹。

⑧对一组外形相同或相似的物体用摇的方式可以形成一种积累的效果。

⑨通过对某个活动物体的追摇，引出被摄主体，其镜头的契机是追摇物的转换。

⑩摇出意外之物，制造悬念，在镜头内形成视觉注意力的起伏。

⑪表现一种主观性镜头。

⑫用非水平的倾斜摇、旋转摇表现一种特定的情绪和气氛。

⑬加快运动物体在画面框架中的位移。

⑭画面转场的手法之一。

4）摇镜头的拍摄及要求

①要有明确的目的性。

②把握好摇摄速度。

③拍摄摇镜头要做到稳、准、匀、平。

（4）移动摄像

1）移动摄像

指将摄像机架在（依附在）活动物体上随之运动而进行的拍摄。用这种方法拍摄的镜头称为移动镜头。如图 2-17 和图 2-18 所示。

图 2-17 移动摄像一

图 2-18 移动摄像二

移动摄像分为如下两种情况。

①人不动，摄像机动；

②人和摄像机都动（接近“跟”，但是速度不一样）。

2）移动镜头的特点

①画面不再是一种呆板的框框，而变成一种流动而活跃的表现元素，各景物表现出连续运动的状态。

②在一个镜头中形成一种多构图的造型效果。

③摄像机运动唤起了人们行走时的视觉体验。

④移摄可分为前、后、横和曲线移四种。

3）移动摄影的功用和表现力

①移动摄影在开拓画面空间方面具有其独特的艺术效果。

②移动镜头在表现大场面、大纵深、多景物、多层次等复杂场景方面具有气势恢宏的造型效果。

③移动摄影适宜表现某种主观视向，可以创造出具有强烈主观色彩的镜头，从而表现出更加生动的真实感和现场感，比剪辑更富有主观性。

④移动摄影可以引起被摄主体背景、角度和视向轴线的变化。

⑤移动摄影摆脱了定点摄影的束缚，形成了多样化的视点，可以表现出各种运动条件下的视觉效果。

4）移动摄影拍摄时应注意的问题

①力求画面平稳。

②应用广角镜头的优点是画面动感强，且平稳。

③注意随时调整焦点，以确保被摄主体在景深范围内。

（5）跟镜头

1）跟摄

指摄像机跟随运动的被摄体一起运动而进行的拍摄。用这种方式拍摄的镜头叫跟镜头。如图2-19和图2-20所示。

图2-19　跟镜头一

图2-20　跟镜头二

2）跟镜头的特点

①被摄主体在画框中处于一个相对稳定的位置上，而背景和环境则始终处于变化中。

②跟镜头的景别相对稳定。

③跟镜头与推镜头和移镜头在画面造型上有明显的不同。

3）跟镜头的功用和表现力

①跟镜头能够连续而详尽地表现运动中的被摄对象，既可以突出运动中的主体，又能交代

运动主体的运动状态。

②跟镜跟随主体一起移动，形成一种运动的主体不变、静止的背景变化的造型效果。常被用来通过人物引出环境。

③从人物背后跟随拍摄的跟镜头，由于观众与被摄人物视点的统一（合一），可以表现出一种主观性镜头。

④跟镜头对人物、事件、场面的跟随记录，在纪实性作品中有着重要的纪实性意义。

4）拍摄跟镜头应该注意的问题

①要跟上、追准（如同摇跟的要求相同），将其稳定在画面的某个位置上。

②应基本上保持或平行，或垂直的直线性运动，不能幅度和次数过大过频地跳动。

③注意焦点和光线的变化。

（6）升降镜头

1）升降镜头

指摄像及借助升降装置一边升降一边拍摄的方式叫做升降拍摄，用这种方法拍摄的镜头叫做升降镜头。如图 2-21 和图 2-22 所示。

图 2-21　升降镜头一

图 2-22　升降镜头二

2）升降镜头的特点

①升降镜头使画面的视域得到了扩展和收缩。

②镜头运动形式的特殊性形成了画面构图的多样性。

3）升降镜头的功用及其艺术表现力

①有利于表现高大物体的各个局部。

②常用来展示事件或场面的规模、气势和氛围。

③有利于表现形式与内容和谐的情感韵律。

④利用镜头的升降可实现一个镜头内的内容转换与调度。

4）升降镜头拍摄时需注意的问题

①升降镜头的升降幅度要足够大。

②拍摄升降镜头时要有一定的速度。

③拍摄升降镜头时要有韵律感。

（7）综合运动镜头

1）综合运动镜头

指在一个镜头中把推、拉、摇、移、跟、升降等多种运动摄影方式不同程度地有机结合起来拍摄的镜头。

2）综合运动镜头的特点

①综合运动镜头的镜头综合运动产生了更为复杂多变的画面造型效果。

②由镜头的综合运动所形成的电视画面，其运动轨迹是多方向、多方式运动合一后的结果。

3）综合运动镜头的共同特点分析

①多样的形式有秩序地统一在整体的形式美之中构成了一种活跃而流畅，连贯而富有变化的表现样式。

②复杂的综合运动镜头为人们展示了一种新的视觉效果，开拓了一种观赏和认识自然景物的新的造型形式。如：摇——推——升——移。

③运动镜头在运动中不断改变造型的结构和画面的主体及环境，使画面中流动着一种韵律是形成画面造型形式美的有力手段。

④画面结构的多元性，形成表意方面的多义性，丰富了镜头的表现含义。

⑤综合运动镜头在较长的连续画面中可以与音乐的旋律变化相互“合拍”，形成画面形象与音乐一体化的节奏感。

4）需要注意的问题

①除特殊要求外，镜头的运动应力求平稳流畅。

②镜头运动的每一次转换应力求与人物的动作和方向转换、情节中心和情绪发展的转换相一致，使画面外部的变化与画面内部的变化完美结合。

③注意焦点的变化，摄录人员应默契配合“人化”，使观众有浓重的主观色彩和现场感。

④防止“穿帮”（如拍摄者的影子）由于运动的多样和场景的复杂，必须更加注意“穿帮”问题。

穿帮指拍摄中与画面造型有关的各部门工作漏出破绽的现象。如：超出了布景的范围露出了假的真相，如照明灯架、移动轨道和现场工作人员等，或是前后拍摄时道具、演员服饰与化妆有所出入。

为了更加深刻地了解这些镜头语言，读者可以通过一些优秀的影片来综合观察影片的各种影视元素，培养其在影视创作中综合运用多种镜头语言的能力，并且学习影视语言的叙事手法。

2.3 转场

2.3.1 转场概述

构成电视片的最小单位是镜头，一个个镜头连接在一起形成的镜头序列叫做段落。每个段落都具有某个单一的、相对完整的意思，如表现一个动作过程，表现一种相关关系，表现一种含义等。它是电视片中一个完整的叙事层次，就像戏剧中的幕和小说中的章节一样，一个个段落连接在一起，就形成了完整的电视片。因此，段落是电视片最基本的结构形式，电视片在内容上的结构层次是通过段落表现出来的。而段落与段落、场景与场景之间的过渡或转换，就叫做转场。转场特技指的是电视和电影节目中，在视频编辑时，不同的镜头之间切换中加入的特技。转场的方法分为技巧转场和无技巧转场。

2.3.2 常用转场类型介绍

(1) 无技巧转场

无技巧转场有以下 13 种。

1）两级镜头转场

前一个镜头的景别与后一个镜头的景别恰恰是两个极端。前一个特写，后一个是全景或远景；前一个是全、远景，后一个是特写。

即特—远、特—全、全—特、远—特。

效果：强调对比。

2）同景别转场

前一个场景结尾的镜头与后一个场景开头的镜头景别相同。

即全—全、特—特。

效果：观众注意力集中，场面过渡衔接紧凑。

3）特写转场

无论前一组镜头的最后一个镜头是什么，后一组镜头都是从特写开始的。

其特点是，对局部进行突出强调和放大，展现一种平时在生活中用肉眼看不到的景别，称为“万能镜头”、“视觉的重音”。

4）声音转场

用音乐、音响、解说词、对白等和画面的配合实现转场。

5）空镜头转场

空镜头是指一些以刻画人物情绪和心态为目的的，只有景物，没有人物的镜头。空镜头转场具有一种明显的间隔效果。作用是渲染气氛、刻画心理，有明显的间离感。另外为了叙事的需要，表现时间、地点和季节变化等。

6）封挡镜头转场

封挡是指画面上的运动主体在运动过程中挡死了镜头，使观众无法从镜头中辨别出被摄物体对象的性质、形状和质地等物理性能。

影片《穿 Prada 的女王》里面就有一组很精彩的封挡。

7）相似体转场

①非同一个但同一类。

②非同一类但有造型上的相似性。

如飞机和海豚，汽车和甲壳虫。影片《007》片头也有一组相似体转场。

8）地点转场

满足场景的转换。比较适合新闻类节目。根据叙事的需要，不顾及前后两幅画之间是否具有连贯因素而直接切换（使用硬切）。

9）运动镜头转场

摄影机不动，主体运动或摄像机运动，主体不动。或者两者均为运动。

作用：转场真实、流畅，可以连续展示一个有一个空间的场景，是纪实纪录片创作的有力武器。

10）同一主体转场

前后两个场景用同一物体来衔接，上下镜头有一种承接关系。

11）出画入画

前一个场景的最后一个镜头走出画面，后一个场景的第一个镜头主体走入画面。

12）主观镜头转场

前一个镜头是人物去看，后一个镜头是人或物所看到的场景，具有一定的强制性和主观性。此转场要慎用。

13）逻辑因素转场

前后镜头具有因果、呼应、并列、递进、转折等逻辑关系，这样的转场合理自然、有理有据，在电视片、广告片中运用较多。

(2) 技巧转场

技巧转场有以下 8 种。

1) 淡入淡出

用于大段落之间的转换，有明显的间隔作用。一般长度为一秒半或两秒。淡入，也称显，指的是影片从全黑的背景中渐渐地显出画面的下一个镜头。这个过程一般需 2~3 秒的时间。在 Premiere Pro CS4 中可以扩大或缩短淡入的长度，也可以控制它的程度。淡出，也称隐，指的是影片镜头由明晰渐渐隐去，变成全黑的一个镜头。淡入淡出是 Adobe Premiere Pro CS4 中常用的转场效果。

2) 缓淡—减慢

强调抒情、思索、回忆等情绪，可以放慢渐隐速度或添加黑场。

3) 闪白—加快

掩盖镜头剪辑点的作用，增加视觉跳动。

4) 划像（二维）

划，也称“划变”，即前一个镜头渐渐划去的同时，空着的位置上出现下一个镜头。这也是前后两个镜头交替的过程，但它是经过“划”的状态来实现的。

划变按方式可分为圈入圈出和帘入帘出等，顾名思义，若是前一个镜头画面由一个整圈渐变成一个点后，下一个画面由这个点，以圆的形式逐渐变成整张画面，就称为镜头的圈入圈出；若是不以圆的形式，而以卷帘放帘的形式实现前后两个镜头画面交替的划变，就称为帘入帘出。很多影片中都运用划变，以使影片简练而增添色彩。

5) 翻转（三维）

画面以屏幕中线为轴转动，前一段落为正面画面消失，而背面画面转到正面开始另一画面。翻转用于对比性或对照性较强的两个段落。

6) 定格

将画面运动主体突然变为静止状态。

作用如下：

① 强调某一主体的形象和细节；

② 可以制造悬念表达主观感受；

③ 强调视觉冲击力，一般用于片尾或较大段落结尾。

7) 叠化

前一个镜头逐渐模糊到消失，后一个镜头逐渐清晰，直到完全显现。两个镜头在化入化出的过程中有几秒的重叠，有柔和舒缓的表现效果。镜头质量不佳时，可借助缓叠来冲淡镜头缺陷。

8) 多画屏分割

效果：产生空间并列对比的艺术效果，通过多画屏分割的有机运用来对列，深化内涵。

(3) 镜头组接的一般规律和方法.

无论什么影视节目都是由一系列的镜头按照一定的排列次序组接起来的。这些镜头所以能够延续下来，使观众能从影片中看出它们融合为一个完整的统一体，是因为镜头的发展和变化要服从一定的规律，这些规律将在下面的内容里作详细的叙述。

1) 镜头的组接必须符合观众的思想方式和影视表现规律

镜头的组接要符合生活逻辑和思维逻辑。不符合逻辑观众就会看不懂。做影视节目要表达的主题与中心思想一定要明确，在这个基础上才能根据观众的心理要求，即思维逻辑选用哪些镜头，怎么将它们组合在一起。

2）景别的变化要采用“循序渐进”的方法

一般来说，拍摄一个场面的时候，“景”的发展不宜过分剧烈，否则就不容易连接起来。相反，“景”的变化不大，同时拍摄角度变换亦不大，拍出的镜头也不容易组接。由于以上原因，在拍摄的时候，“景”的发展变化需要采取循序渐进的方法。循序渐进地变换不同视觉距离镜头，可以造成顺畅的连接，形成了各种蒙太奇句型。

- 前进式句型：这种叙述句型是指景物由远景、全景向近景、特写过渡。用来表现由低沉到高昂向上的情绪和剧情的发展。
- 后退式句型：这种叙述句型是由近到远，表示有高昂到低沉、压抑的情绪，在影片中表现由细节扩展到全部。
- 环行句型：是把前进式和后退式的句子结合在一起使用。由全景——中景——近景——特写，再由特写——近景——中景——远景，或者也可反过来运用。表现情绪由低沉到高昂，再由高昂转向低沉。这类的句型一般在影视故事片中较为常用。

在镜头组接的时候，如果遇到同机位、同景别又是同一主体的画面是不能组接的。因为这样拍摄出来的镜头景物变化小，一幅幅画面看起来雷同，接在一起好像同一镜头不停地重复。另一方面这种机位、景物变化不大的两个镜头接在一起，只要画面中的景物稍有变化，就会在人的视觉中产生跳动或者好像一个长镜头断了好多次，有“拉洋片”、“走马灯”的感觉，破坏了画面的连续性。

如果遇到这样的情况，除了把这些镜头从头开始重拍以外（这对于镜头量少的节目片可以解决问题），对于其他同机位、同景物的时间持续长的影视片来说，采用重拍的方法就显得浪费时间和财力了。最好的办法是采用过渡镜头。如从不同角度拍摄再组接、穿插字幕过渡，让表演者的位置和动作变化后再组接。这样组接后的画面就不会产生跳动、断续和错位的感觉。

3）镜头组接中的拍摄方向，轴线规律

主体物在进出画面时，拍摄需要注意拍摄的总方向，即从轴线一侧拍，否则两个画面接在一起主体物就要“撞车”。

所谓的“轴线规律”是指拍摄的画面是否有“跳轴”现象。在拍摄的时候，如果拍摄机的位置始终在主体运动轴线的同一侧，那么构成画面的运动方向和放置方向都是一致的，否则应是“跳轴”了，跳轴的画面除了特殊的需要以外是无法组接的。

4）镜头组接要遵循“动接动”和“静接静”的规律

如果画面中同一主体或不同主体的动作是连贯的，可以动作接动作，达到顺畅和简洁过渡的目的，简称为“动接动”。如果两个画面中的主体运动是不连贯的，或者它们中间有停顿时，那么这两个镜头的组接必须在前一个画面主体做完一个完整动作停下来后，接上一个从静止到开始的运动镜头，这就是“静接静”。“静接静”组接时，前一个镜头结尾停止的片刻叫“落幅”，后一镜头运动前静止的片刻叫做“起幅”，起幅与落幅时间间隔大约为一二秒钟。运动镜头和固定镜头组接同样需要遵循这个规律。如果一个固定镜头要接一个摇镜头，则摇镜头开始要有起幅；相反一个摇镜头接一个固定镜头，那么摇镜头要有“落幅”，否则画面就会给人一种跳动的视觉感。为了特殊效果，也有静接动或动接静的镜头。

5）镜头组接的时间长度

在拍摄影视节目的时候，每个镜头的停滞时间长短首先是根据要表达的内容难易程度和观众的接受能力来决定的，其次还要考虑画面构图等因素。如由于画面选择景物不同，包含在画面的内容也不同。远景、中景等镜头大的画面包含的内容较多，观众需要看清楚这些画面上的内容，所需要的时间就相对长些，而对于近景和特写等镜头小的画面，所包含的内容较少，观众只需要短时间即可看清，所以画面停留时间可短些。

另外，一幅或者一组画面中的其他因素也对画面长短起到制约作用。如同一个画面亮度强的部分比亮度暗的部分能引起人们的注意。因此如果该幅画面要表现亮的部分时，长度应该短些，如果要表现暗的部分时，则长度应该长一些。在同一幅画面中，动的部分比静的部分先引起人们的视觉注意。因此，如果重点要表现动的部分时，画面要短些；表现静的部分时，则画面持续长度应该稍微长一些。

6）镜头组接影调色彩的统一

影调是指以黑的画面而言。黑的画面上的景物，不论原来是什么颜色，都是由许多深浅不同的黑白层次组成软硬不同的影调来表现的。对于彩色画面来说，除了一个影调问题还有一个色彩问题。无论是黑白还是彩色画面组接都应该保持影调色彩的一致性。如果把明暗或者色彩对比强烈的两个镜头组接在一起（除了特殊的需要外），就会使人感到生硬和不连贯，影响内容通畅表达。

7）镜头组接节奏

影视节目的题材、样式、风格以及情节的环境气氛、人物的情绪、情节的起伏跌宕等是影视节目节奏的总依据。影片节奏除了通过演员的表演、镜头的转换和运动、音乐的配合、场景的时间空间变化等因素来体现外，还需要运用组接手段，严格掌握镜头的尺寸和数量。整理调整镜头顺序，删除多余的枝节才能完成。也可以说，组接节奏是教学片总节奏的最后一个组成部分。

处理影片节目的任何一个情节或一组画面，都要从影片表达的内容出发来处理节奏问题。如果在一个宁静祥和的环境里用了快节奏的镜头转换，就会使观众觉得突兀跳跃，心理难以接受。然而在一些节奏强烈、激动人心的场面中，就应该考虑到种种冲击因素，使镜头的变化速率与青年观众的心理要求一致，以增强青年观众的激动情绪达到吸引和模仿的目的。

8）镜头的组接方法

镜头画面的组接除了采用光学原理的手段以外，还可以通过衔接规律，使镜头之间直接切换，使情节更加自然顺畅，下面介绍几种有效的组接方法。

- 连接组接：相连的两个或者两个以上的一系列镜头表现同一主体的动作。
- 队列组接：相连镜头但不是同一主体的组接，由于主体的变化和下一个镜头主体的出现，观众会联想到上下画面的关系，起到呼应、对比、隐喻烘托的作用，往往能够创造性地揭示出一种新的含义。
- 黑白格的组接：为造成一种特殊的视觉效果，如闪电、爆炸、照相馆中的闪光灯效果等。组接的时候，可以将所需要的闪亮部分用白色画格代替，在表现各种车辆相接的瞬间组接若干黑色画格，或者在合适的时候采用黑白相间画格交替，有助于加强影片的节奏、渲染气氛和增强悬念。
- 两级镜头组接：是将特写镜头直接跳切到全景镜头或者从全景镜头直接切换到特写镜头的组接方式。这种方法能使情节的发展在动中转静或者在静中变动，给观众的直感极强，节奏上形成突如其来的变化，产生特殊的视觉和心理效果。

- 闪回镜头组接：用闪回镜头，如插入人物回想往事的镜头，这种组接技巧可以用来揭示人物的内心变化。
- 同镜头分析：将同一个镜头分别在几个地方使用。运用该种组接技巧的时候，往往是出于这样的考虑：或者是因为所需要的画面素材不够；或者是有意重复某一镜头，用来表现某一人物的青丝和追忆；或者是为了强调某一画面所特有的象征性的含义以引发观众的思考；或者还是为了造成首尾相互接应，从而达到艺术结构上给人一种完整而严谨的感觉。
- 拼接：有些时候，在户外虽然多次拍摄，拍摄的时间也相当长，但可以用的镜头却是很短，达不到所需要的长度和节奏。在这种情况下，如果有同样或相似内容的镜头话，就可以把它们当中可用的部分组接，以达到节目画面必须的长度。
- 插入镜头组接：在一个镜头中间切换，插入另一个表现不同主体的镜头。如一个人正在马路上走着或者坐在汽车里向外看，突然插入一个代表人物主观视线的镜头（主观镜头），以表现该人物意外的看到了什么、直观感想和引起联想的镜头。
- 动作组接：借助人物、动物、交通工具等动作和动势的可衔接性以及动作的连贯性相似性，作为镜头的转换手段。
- 特写镜头组接：上个镜头以某一人物的某个局部（头或眼睛）或某个物件的特写画面结束，然后从这一特写画面开始，逐渐扩大视野，以展示另一情节的环境。目的是为了在观众注意力集中在某一个人的表情或者某一事物的时候，不知不觉中就转换了场景和叙述内容，而不会使人产生陡然跳动的不适应感觉。
- 景物镜头的组接：在两个镜头之间借助景物镜头作为过渡，其中有以景为主、物为陪衬的镜头，可以展示不同的地理环境和景物风貌，也表示时间和季节的变换，又是以景抒情的表现手法。另一方面，是以物为主、景为陪衬的镜头，这种镜头往往作为镜头转换的手段。
- 声音转场：用解说词转场，这个技巧一般在科教片中比较常见。用画外音和画内音互相交替转场，像一些电话场景的表现。此外，还有利用歌唱来实现转场的效果，并且利用各种内容换景。
- 多屏画面转场：这种技巧有多画屏、多画面、多画格和多银幕等多种叫法，是近代影片影视艺术的新手法。把银幕或者屏幕一分为多，可以使双重或多重的情节齐头并进，极大地缩短了时间。如在电话场景中，打电话时，两边的人都有了，打完电话，打电话人的戏没有了，但接电话人的戏开始了。

镜头的组接技法是多种多样的，按照创作者的意图，根据情节的内容和需要而创造，也没有具体的规定和限制。在具体的后期编辑中，可以尽量根据情况发挥，但不要脱离实际情况和需要。

2.4　影视制作的过程

一般来说，通过计算机进行的后期制作，包括把原始素材镜头编织成影视节目所必需的全部工作过程。它包括以下几个步骤。

（1）整理素材

所谓素材指的是用户通过各种手段得到的未经过编辑（或者称剪接）的视频和音频文件，

它们都是数字化的文件。制作影片时，需将拍摄到的胶片中包含的声音和画面图像输入计算机，转换成数字化文件后再进行加工处理。这里的素材指以下几种。

- 从摄像机、录像机或其他可捕获数字视频的仪器上捕获到的视频文件；
- Adobe Premiere 或其他软件建立的 Video for Windows 或 Quick Time Video；
- Adobe Photoshop 文件；
- Adobe Illustrator 文件；
- 数字音频、各种数字化的声音、电子合成音乐以及音乐；
- 各种动画文件（.Fli 和.Fic）；
- 不同图像格式的文件，如 BMP、TIF 和 GIF 等。

（2）确定编辑点和镜头切换的方式

编辑时，选择所要编辑的视频和音频文件，对它设置合适的编辑点，就可达到改变素材时间长度和删除不必要素材的目的。镜头的切换是指把两个镜头衔接在一起，使一个镜头突然结束，下一个镜头立即开始。在影视制作上，这既指胶片的实际物理接合（接片），又指人为创作的银幕效果。Premiere Pro CS4 可以对素材中的镜头进行切换，实际上是软件提供的过渡效果，操作过程是这样的，素材被放在时间线视窗（Timeline Windows）中分离的 Video1A 和 Video1B 轨道中，然后将从过渡效果视窗中选择的过渡效果放到 T 轨道中即可。

（3）制作编辑点记录表

传统的影片编辑工作离不开对磁带或胶片上的镜头进行搜索和挑选。编辑点实际上就是指磁带上和某一特定的帧画面相对应的显示数码。操纵录像机寻找帧画面时，数码计数器上都会显示出一个相应变化的数字，一旦把该数字确定下来，它所对应的帧画面也就确定了，就可以认为确定了一个编辑点（一般称它为帧画面的编码，将 Premiere 的节目输出成为一系列的帧画面时就会涉及到这个问题，这部分内容将在后面的章节进行介绍）。编辑点分两个，分别是切入点和切出点。以往影片在进行传统编辑时，对剪辑师的要求非常严格。剪辑师必须把剪辑室整理得井井有条，以便于进行编辑工作。在和导演或制片人磋商剪辑问题后，将所有要进行编辑的胶片号码和影片的编号都登记在记录卡上。使用计算机编制编辑点记录表的工作和剪辑师作记录卡的工作一样。用 Adobe Premiere Pro CS4 编辑素材后，编制一个编辑点的记录表（EDL），记录对素材进行的所有编辑，一方面有利于在合成视频和音频时使两种素材的片断对上号，使片断的声音和画面同步播放。另一方面作一个编辑点记录表，有助于识别、编排视频和音频的每个片断。制作大型影片而要编辑大量的素材时，它的优势就更为明显了。

（4）把素材综合编辑成节目

剪辑师将实拍到的分镜头按照导演和影片的剧情需要组接剪辑，选准编辑点才能使影片在播放时不出现闪烁。在 Premiere Pro CS4 的时间线视窗中，可按照指定的播放次序将不同的素材组接成整个片断。素材精准的衔接可以通过在 Premiere 中精确到帧的操作来实现。

（5）在节目中叠加标题字幕和图形

Adobe Premiere Pro CS4 的标题视窗工具为制作者提供了展示自己艺术创作与想象能力的空间。利用这些工具，能为自己的影片创建和增加各种有特色的文字标题（仅限于二维）或几何图像，并对它实现各种效果，如滚动、产生阴影和渐变等。而以往的传统字幕制作或图形效果的制作必须先拍摄实物，然后制作成为所谓的插片，由剪辑师将插片添加到胶片中才能实现。

（6）添加声音效果

这个步骤可以说是第三点的后续工作。在第三项工作中，不仅进行视频的编辑，也要进行音频的编辑。一般来说应先把视频剪接好，最后才可进行音频的剪接。添加声音效果是影视制作不可缺少的工作。使用 Premiere 可以为影片增加更多的音乐效果，而且能同时编辑视频音频。

(7) 合成输出

2.5　常用图像文件格式介绍

图形图像文件大致可以分为两大类：一类为位图文件；另一类为矢量类文件。前者以点阵形式描述图形图像，后者是以数学方法描述的一种由几何元素组成的图形图像。位图文件在有足够文件量的前提下，能真实细腻地反映图片的层次和色彩，缺点是文件体积较大。一般来说，适合描述照片；矢量类图像文件的特点是文件量小，并且任意缩放而不会改变图像质量，适合描述图形。Premiere Pro CS4 中常用的图像文件格式总共有 12 种，现在分别对它们进行简单介绍。

(1) GIF 格式

GIF 格式（图形交换格式）形成一种压缩的 8 位图像文件，这种格式的文件目前多用于网络传输，它可以指定透明的区域，以使图像与页背景很好地融为一体。GIF 图像可以随其下载过程，从模糊到清晰逐渐演变显示在屏幕上。Animated GIF（动画 GIF）图像可使网页生动活泼，上网的人肯定已经有所体会。利用 GIF 动画程序，把一系列不同的 GIF 图像集合在一个文件里，这种文件可以和普通 GIF 文件一样插入网页中，GIF 格式的不足之处在于它只能处理 256 色，不能用于存储真彩色图像。

(2) BMP 格式

BMP 格式是微软 Windows 应用程序所支持的，特别是图像处理软件，基本上都支持 BMP 格式。BMP 格式可简单分为黑白、16 色、256 色、真彩色几种格式，其中前 3 种有彩色映像。在存储时，可以使用 RLE 无损压缩方案进行数据压缩，既能节省磁盘空间，又不牺牲任何图像数据。随着 Windows 操作系统的广泛普及，BMP 格式的影响也越来越大，不过其劣势也比较明显，因为其图像文件的大小比 JPG 等格式要大得多。

(3) JPG 格式

JPG 是 JPEG 的缩写，几乎不同于当前使用的任何一种数字压缩方法，它无法重建原始图像。JPG 利用 RGB 到 YUV 色彩的变换，以存储颜色变化的信息为主，特别是亮度的变化，因为人眼对亮度的变化非常敏感。只要重建后的图像在亮度上有类似原图的变化，对人眼来说，它看上去将会非常类似于原图，因为它只是丢失了那些不会引人注目的部分。

无损 JPEG 并没有在颜色和具有尖端边缘的图像上做什么特别好的工作，对计算机生成的动画图像而言，其他的压缩方法（如 TGA）可能效率更高，所以没有特别声明的话，其一般代表有损压缩。

(4) PSD 格式

PSD 格式是 Photoshop 的一种专用存储格式，采用了一些专用的压缩算法，在 Photoshop 中应用时，存取速度很快。Adobe Premiere 作为 Adobe 公司的又一产品，和 Photoshop 有着密切的联系。在制作字幕、静态背景和自定义的滤镜时，图像存为 PSD 格式在交换中较为方便。

(5) PIC 格式

PIC 格式是 PICT 的缩写，是用于 Macintosh Quick Draw 图片的格式，全称为 QuickDraw Picture format。Adobe Premiere 支持 PIC 是因为它原本是在苹果机上运行的，移植到 PC 机后，对过去大量的素材理应兼容。

（6）PCX 格式

PCX 格式最早是 Zsoft 公司的 PC Paintbrush 图像软件所支持的图像格式，它的历史较长，是一种基于 PC 机绘图程序的专用格式。它得到广泛的支持，在 PC 机上相当流行，几乎所有的图像类处理软件都支持它。Zsoft 由一个专门的图像处理软件 PhotoFinish 来管理。它的最新版本支持 24 位彩色，图像大小最多达 64K 像素，数据通过行程长度编码压缩。对存储绘图类型的图像（例如大面积非连续色调的图像），合理而有效；而对于扫描图像和视频图像，其压缩方法可能是低效率的。

（7）FLM 格式

FLM 格式是 Premiere 的一种输出格式。Adobe Premiere 将视频片断输出成一个长的竖条，竖条由独立方格组成，每一格即为一帧。每帧的左下角为时间编码，SMPTE 时间编码标准显示，右下角为帧的编号。可以在 Photoshop 中对其进行处理，但是千万不可改变 FLM 文件的尺寸大小，否则这幅图片就不能再存放回 FLM 格式，也就不能返回 Premiere 了。

（8）EPS 格式

EPS 格式是许多高级绘图软件都有的一种矢量方式，如 CorelDraw、Freehand、Illustrator 等软件。对 Adobe Premiere 而言，主要支持 Adobe Illustrator 插图软件的平滑连接。

处理静态图像的很多技术时，同样适用于动态图像。静态图像对 Adobe Premiere 而言，是一种必不可少的素材。当绘制 Adobe Premiere 影片时，很多背景图案完全可以从丰富的素材光盘中或国际互联网上下载。目前市场上有数百种素材光盘，包括山水、风光、体育、历史、人物和动物等多方面的内容，不但价格便宜，而且电子文件的形式可以直接使用，既快捷又方便。

素材光盘中图像的尺寸一般都较大，文件格式多种多样。如果是 Adobe Premiere 不接受的格式也没有关系，利用 Adobe Photoshop 等图像处理软件进行格式转换即可。

（9）FLC 格式

FLC 格式是 Autodesk 公司的动画文件格式，使用过 3D Studio、3DS MAX 的人一定不陌生，FLC 格式从早期的 FLI 格式演变而来的，是一个 8 位动画文件，其尺寸大小可任意设定。实际上，它的每一帧都是一个 GIF 图像，但所有的图像都共用同一个调色板。

（10）WMF 格式

WMF 格式与其他位图格式有着本质的不同，它和 CGM、DXF 类似，是一种以矢量格式存放的元文件（Microsoft Windows Metafile）。所谓矢量图，主要是指用计算机绘制的图形，它存储于描述物体的轮廓、线条、色块之类的信息，一般可提供对直线、圆、椭圆、多边形、文本串的支持，在编辑时可以无级缩放而不影响分辨率。

WMF 被称为 Windows 下与设备无关的最好格式。由于高级的性能描述，文件可以比相应的位图小很多。

（11）TIF 格式

由 Aldus 公司（1995 年被 Adobe 公司收购）和 Microsoft 联合开发的 TIF 文件格式，最早是为了存储扫描仪图像而设计的。它的最大特点就是与计算机的结构、操作系统以及图形硬件系统无关。它可处理黑白、灰度和彩色图像。在存储真彩色图像时和 BMP 格式一样，直接存储 RGB 三原色的浓度值而不使用彩色映射（调色板）。对于介质之间的交换，TIF 称得上是位图格式的最佳选择之一。

TIF 的全面性也产生了不少问题，它的包罗万象造成结构较为复杂、变体很多、兼容性较差，它需要大量的编程工作来全面译码。例如，TIF 数据可以用几种不同的方法压缩，用一个程序读出所有的 TIF 几乎是不可能的。TIF 5.0 规程定义了 4 个测光度级别：TIF－B 为单色、TIF-G 为灰色、TIF-P 为基于调色板的彩色、TIF-R 为 RGB 彩色。TIF－X 是读出所有 TIF 级别的描述符。这些级别的定义使 TIF 提供了在各种平台和应用程序之间保持图像质量优秀的性能。

（12）TGA 格式

Truevision 公司的 TGA 文件格式已广泛地被国际上的图形和图像制作工业所接受，它最早由 AT&T 引入，用于支持 Targa 和 ATVISTA 图像捕获板。现已成为数字化图像以及光线跟踪和其他应用程序（典型的如 3DS）所产生的高质量图像的常用格式。美国 Truvision 公司是一家国际知名的视频产品厂商，它所生产的许多产品，如国内有名的 Targa1000、Targa2000、PRO、RTX 系列视频采集/回放卡，已被用于不少桌面系统。其硬件产品还被如 AVID 等著名的视频领域巨头所采用，TGA 的结构比较简单，属于一种图形、图像数据的通用格式。

目前大部分文件为 24 位或 32 位真彩色，在多媒体领域有着很大的影响。由于它是专门为捕获电视图像所设计的一种格式，所以，TGA 图像总是按行存储和进行压缩的，这使它同时也成为由计算机产生的高质量图像电视转换的一种首选格式。

2.6　本章小结

通过对本章的学习，读者应该对计算机影视制作中的帧、电视制式和场的相关知识有了基本的了解。并且可以了解影视中常用的镜头语言、镜头类型和特点；了解电影电视中常用的转场类型；了解影视制作的过程和常用的图像文件格式，对计算机影视制作有了全面和较为深刻的认识。

2.7　本章习题

（1）PAL 制式电视系统的帧速率是（　　）。

A. 20 帧/秒　　B. 24 帧/秒　　C. 25 帧/秒　　D. 30 帧/秒

（2）下列图像格式（　　）项不是 Premiere Pro CS4 支持的图像文件格式。

A. TGA 格式　　B. PSD 格式　　C. BMP 格式　　D. PDF 格式

（3）可导入 Premiere Pro CS4 的素材指的是用户通过各种手段得到的未经过编辑（或者称剪接）的视频和音频文件，都是数字化的文件，它们包括（　　）（多选）。

A. 从摄像机、录像机或其他可捕获数字视频的仪器上捕获到的视频文件

B. Adobe Premiere 或其他软件建立的 Video for Windows 或 Quick Time Video

C. Adobe Photoshop 文件和 Adobe Illustrator 文件

D. 数字音频、各种数字化的声音、电子合成音乐以及音乐

E. 各种动画文件（.Fli 和.Fic）

F. 不同图像格式的文件，如 BMP、TIF 和 GIF 等

（4）段落与段落、场景与场景之间的过渡或转换，就叫做__________。

（5）转场特技指的是电视和电影节目中，在视频编辑时，不同的镜头和镜头的切换中加入的特技。转场的方法分为____________和_______________。

（6）常用的彩色电视制式分为____________、____________和____________。

（7）在一个镜头中通过移动摄像机机位，或者变动镜头光轴或者变化镜头焦距所进行的拍摄，这种方式拍摄的镜头称为____________。

第 3 章　Adobe Premiere Pro CS4 工作环境

教学目标

学习此章节后了解 Adobe Premiere Pro CS4 的布局和工作环境。对 Adobe Premiere Pro CS4 的工具有全面的认识。能够熟练使用常用的各类工具。

教学重点与难点

- Premiere Pro CS4 的操作界面
- Premiere Pro CS4 的控制面板

3.1　工作区布局

当启动 Premiere Pro CS4 并打开一个项目文件时，初学者往往会对这个繁杂的窗口望而生畏，其实正是这些窗口为编辑视频文件提供了极大的方便。默认情况下把 Premiere Pro CS4 的工作界面分为 8 个部分。如图 3-1 所示。

图 3-1　工作区布局

（1）菜单栏

Adobe Premiere Pro CS4 菜单栏一共有 9 个菜单项，各项菜单命令的使用完全符合 Windows 标准。另外，大部分菜单命令可以通过右击实现。后面将详细介绍各项菜单命令的作用，以方便读者查阅。

(2)【项目】窗口

【项目】窗口是 Premiere Pro CS4 最重要的窗口，它是一个素材管理器，在进行视频编辑之前，所有的素材都要输入到项目窗口中。

(3)【素材源监视器】窗口、【特效控制台】、【调音台】面板

Premiere Pro CS4 的监视器窗口分为两部分，左侧部分即为【素材源监视器】窗口，可以在这里监视素材的内容，并且可以设置素材的入点和出点，改变静帧图像的持续时间及设置标记等。

(4)【节目监视器】窗口

监视器窗口的右侧部分为【节目监视器】窗口，它主要用于监视视频项目的合成效果。

(5)【信息】、【效果】【历史】面板

【信息】面板主要是显示所选素材的一些相关信息。它既可以显示【项目】窗口中素材的信息，也可以显示时间线上的素材信息。该面板中显示的信息随着媒体类型和当前活动窗口等因素的变化而不断变化。

【效果】面板主要提供了大量滤镜效果，针对音频和视频可制作各类不同效果。

【历史】面板用于记录用户的每一步编辑状态，提供了 99 步恢复功能，这使得用户可以尽情地发挥自己的创作能力，可方便地返回到前面的任意一个步骤。

(6)【时间线】窗口

时间线窗口是 Premiere Pro CS4 的核心窗口，视频节目的编辑就是在这个窗口中进行的。如果时间线窗口被关闭了，则可以在项目窗口中双击当前时间线重新打开。

(7)【音频】面板

用于显示所选素材的音频信息。

(8)【工具】面板

【工具】面板主要支持时间线上的一些操作，它提供了编辑影片的常用工具。

3.2 菜单栏

Adobe Premiere Pro CS4 菜单栏一共有 9 个菜单项，各项菜单命令的使用完全符合 Windows 标准。另外，大部分菜单命令可以通过右击来实现。下面将对各项菜单命令的作用进行详细介绍。

(1)【文件】菜单

【文件】菜单主要用于对项目文件的管理，如新建、打开、保存、导入等，另外还可用于采集外部视频素材，如图 3-2 所示。

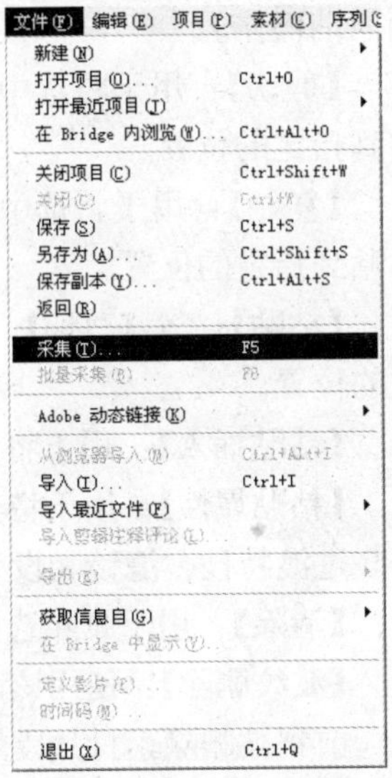

图 3-2 【文件】菜单

【新建】：主要用于创建一个新的项目、时间线、文件夹、离线文件、字幕、彩条、通用倒计时片头等。

【打开项目】：用于打开已经存在的项目。

【打开最近项目】：打开最近编辑过的 5 个项目。

【关闭】：用于关闭当前正在编辑的项目，但不退出 Premiere 系统。

【保存】：用于保存当前项目。

【另存为】：用于将当前项目重新命名保存，同时进入新文件编辑环境中。

【保存副本】：用于为当前项目存储一个副本，存储副本后仍处于原文件的编辑环境中。

【返回】：用于将最近一次编辑的文件或者项目恢复原状，即返回到上一次保存过的项目状态。

【采集】：用于通过外部的捕获设备获得视频/音频素材，即采集素材。

【批量采集】：通过外部的捕获设备批量地获得视频/音频素材，即批量采集素材。

【导入】：用于将硬盘上的多媒体文件输入到【项目】窗口中。

【导入最近文件】：用于直接将最近编辑过的素材导入到【项目】窗口中，不弹出【导入】对话框，方便用户更快更准地输入素材。

【导出】：用于将工作区域栏范围中的内容导出成视频。

【获取信息】：用于获取文件的属性或者选择内容的属性，它包括两个选项：一个是文件；另一个是选择。

【定义影片】：用于设置视频素材的信息，也可以重新设置视频素材的信息。该命令只有在选中【项目】窗口中的视频素材时才有效。

【时间码】：该命令只有在选中【项目】窗口中的视频素材时才有效。可以用来修改素材的时间码或者磁带名。

【退出】：用于退出 Premiere 系统，关闭程序。

(2)【编辑】菜单

【编辑】菜单中主要包括一些常用的基本编辑功能，如撤消、重做、复制、粘贴、查找等，另外还包括 Premiere 中特有的影视编辑功能，如波纹删除、编辑原始素材、标签等，如图 3-3 所示。

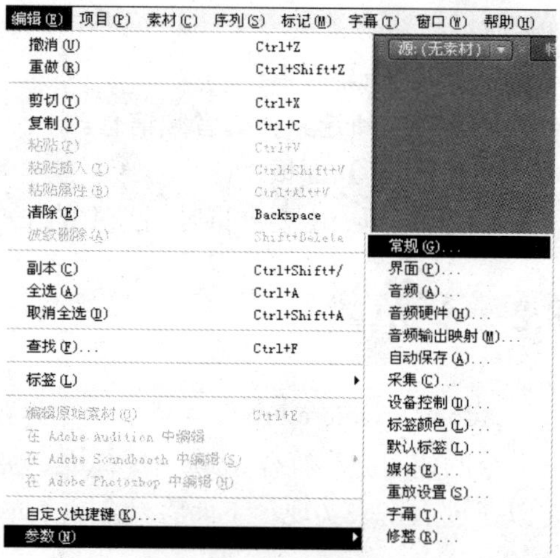

图 3-3 【编辑】菜单

【撤消】：该命令可以撤消上一步操作。

【重做】：该命令与撤销操作是相对立的，它只有在使用了【撤消】命令之后才被激活，可以取消撤消操作。

【剪切】：用于将选中的内容剪切掉，然后粘贴到指定的位置。

【复制】：用于将选中的内容复制一份，然后粘贴到指定的位置。

【粘贴】：与【剪切】命令和【复制】命令配合使用，用于将复制或者剪切的内容粘贴到指定的位置。

【粘贴插入】：用于将复制或者剪切的内容在指定的位置以插入的方式进行粘贴。

【粘贴属性】：用于将其他素材片段上的一些属性粘贴到选中的素材片段上，这些属性包括一些过渡特技、滤镜和设置的一些运动效果等。

【清除】：用于删除选中的内容。

【波纹删除】：使用该命令删除时间线上的素材片段时，被删除素材片段后面的内容将自动地提前到被删除素材片段的位置上。

【副本】：用于复制【项目】窗口中的素材，只有选中【项目】窗口中的素材时该命令才可用。

【全选】：用于选择当前窗口中的全部内容。

【取消全选】：与【全选】命令相对立，用于取消全部选择的内容。

【查找】：用于在【项目】窗口中查找定位素材。

【标签】：用于改变时间线上素材片段的颜色。它包括一个子菜单，选中时间线上的素材片段后，再选择【标签】子菜单中的任意一种颜色，可以改变素材片段的颜色。如图 3-4 所示。

【编辑原始素材】：用于将选中的素材在外部程序软件中进行编辑，如 Photoshop 等软件。

【自定义快捷键】：用于自定义键盘的快捷键。

【参数】：用于设置 Premiere 系统的一些基本参数，包括综合、音频、音频硬件、自动保存、采集、设备管理、临时存盘、字幕、修整等。如图 3-5 所示。

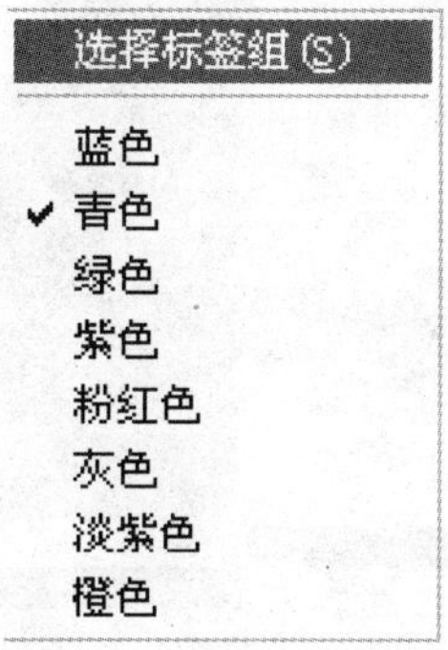

图 3-4　【标签】子菜单

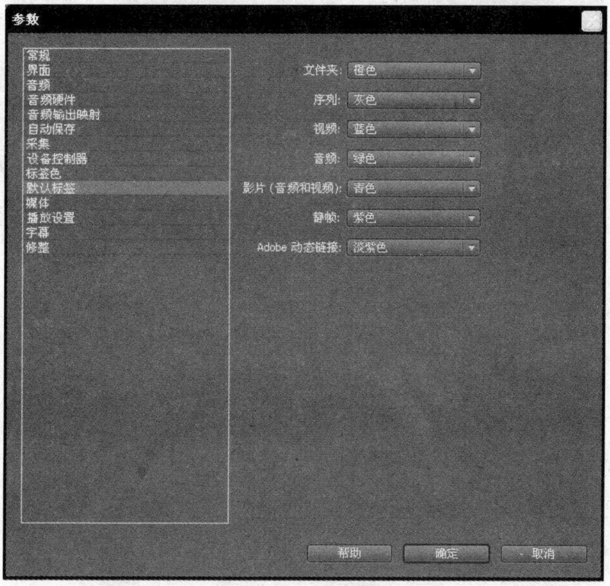

图 3-5　参数设置

(3)【项目】菜单

【项目】菜单主要用于管理项目以及项目中的素材，如链接媒体、导入批处理列表、项目管理、输出项目为 AAF 等。如图 3-6 所示。

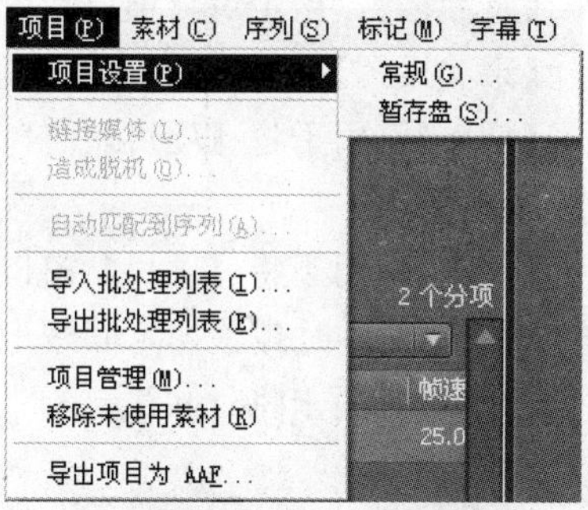

图 3-6　【项目】菜单

【项目设置】：用于设置当前项目的一些基本参数，包括项目的编辑模式、时码、视频、音频、采集素材的格式、视频渲染等方面的内容。

【链接媒体】：用于将项目中断开链接的媒体重新链接进来。

【造成脱机】：该命令与【链接媒体】命令相对立，即取消已经链接的媒体。

【自动匹配到序列】：用于将【项目】窗口选中的素材自动地排列到时间线上，它可以按照选择素材的先后顺序排列，也可以按照【项目】窗口中素材的排列顺序排列。

【导入批处理列表】：用于从硬盘中输入一个 Premiere 格式的批处理列表。

【导出批处理列表】：用于将批处理列表输出到硬盘上，只有视频/音频媒体数据才能输出成批处理命令列表。

【项目管理】：用于管理项目文件或使用的素材，它可以排除未使用的素材，并且可以将项目与使用的素材进行搜集并放置在同一个文件夹下。如图 3-7 所示。

【导出项目为 AAF】：用于将当前项目的内容输出成 AAF 格式，应先确定需要输出的项目内容，保存之后再执行此命令。

(4)【素材】菜单

【素材】菜单主要用于对【项目】窗口或【时间线】窗口中的各种素材进行编辑处理。如图 3-8 所示。

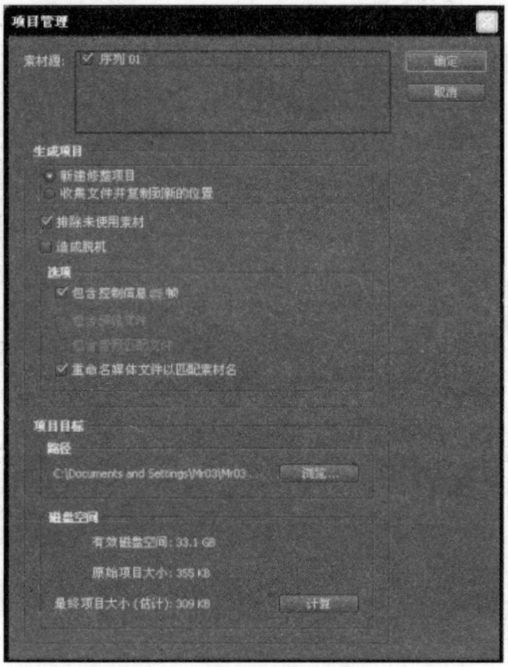

图 3-7 【项目管理】对话框

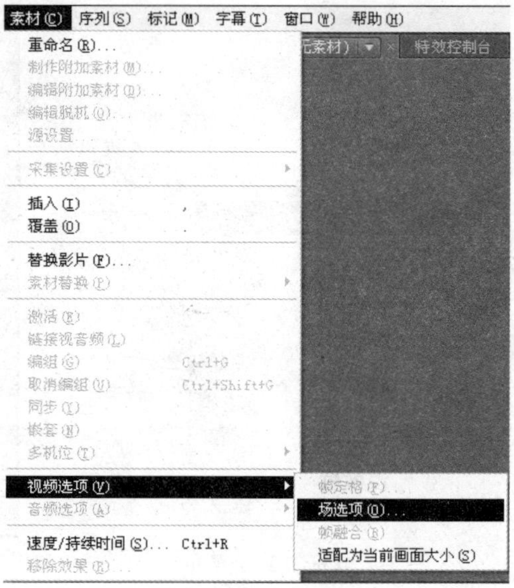

图 3-8 【素材】菜单

【重命名】：用于对【项目】窗口中的素材和【时间线】窗口中的素材片段进行重新命名。

【采集设置】：用于对外部的捕获设备进行设置。

【插入】：用于将【项目】窗口中的素材或素材监视器窗口中设置好入点与出点的素材插入到时间线上。

【覆盖】：用于将【项目】窗口中的素材或素材监视器窗口中设置好入点与出点的素材插入到时间线上，同时覆盖掉时间线上原来的素材片段。

【激活】：用于将时间线上的素材片段激活，只有激活的素材片段才能在节目监视器窗口中看到效果。

【链接视音频】：默认情况下，素材的视频和音频是结合在一起的，拖动素材时，视频和音频会一起被移动。在素材上右击可以将素材的视频和音频分开，以便单独进行编辑。而在选中视频和音频的情况想使用这个命令时可以重新将视频和音频链接起来。

【群组】：用于将选中的素材片段进行群组，群组之后可以对组进行移动或者编辑，快捷键为 Ctrl+G。该命令只用于【时间线】窗口中的素材片段。

【取消群组】：用于将群组的素材片段取消群组，即解组，快捷键为 Shift+Ctrl+G。

【视频选项】：用于设置视频素材的帧和场方面的参数，如图 3-9 所示。

【音频选项】：用于设置音频素材的各种参数，如单声道、双声道、音频增益等。

【速度/持续时间】：用于显示或者修改素材片段的播放速度或者保持长度，快捷键为 Ctrl+R。

（5）【序列】菜单

【序列】是 Premiere Pro 中新增加的概念，一个序列代表了一个时间轴上一系列素材之间的关系，一个项目中可以包含多个序列。对于序列，Premiere Pro 专门增加了一个菜单进行处理。序列下拉菜单的主要功能就是对项目中当前的活动序列进行编辑处理，如图 3-10 所示。

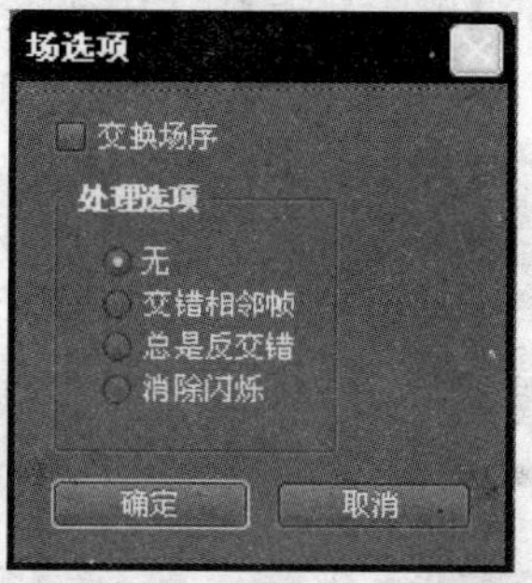

图 3-9 【场选项】对话框

【序列设置】：用于对序列的参数进行设置。

【渲染工作区内的效果】：此命令用来渲染当前序列所在的工作区，快捷键为 Enter。

【删除渲染文件】：选择该命令后将删除渲染后生成的文件。

【应用剃刀于当前时间标示点】：选择该命令后，编辑线标识所在位置所有轨道上的素材将被剃刀工具切割成两部分，快捷键为 Ctrl+K。

【提升】：用于将【时间线】窗口中选定轨道上由入点和出点确定的素材片段删除，与其相邻的素材片段不发生移动。

【提取】：用于将【时间线】窗口中选定轨道上由入点和出点确定的素材片段删除，其后的素材片段前移，以补充产生的空缺，而且对其他锁定轨道上位于该范围内的素材片段也同样进行删除。

【应用视频切换效果】：用于给视频素材添加转场特效，快捷键为 Ctrl+D。

【应用音频切换效果】：用于给音频素材添加转场特效，快捷键为 Shift+Ctrl+D。

【放大】：用于放大时间线上素材片段的显示比例，快捷键为=。

【缩小】：用于缩小时间线上素材片段的显示比例，快捷键为-。

【吸附】：选择该命令，在时间线上拖动素材片段时，将自动与其他素材片段的边缘对齐，快捷键为 S。

【添加轨道】：用于向时间线上添加视频/音频轨道，如图 3-11 所示。

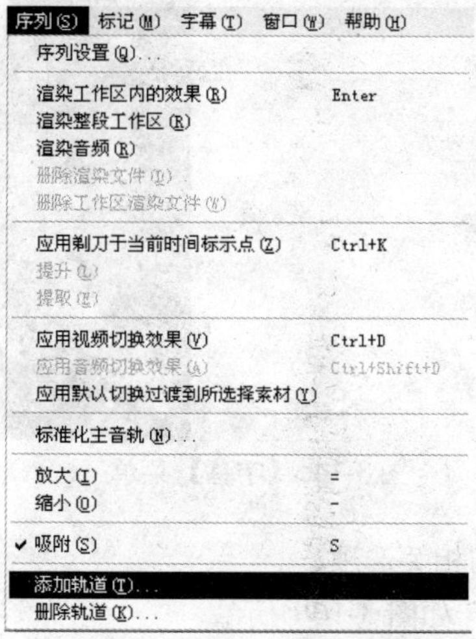

图 3-10 【序列】菜单

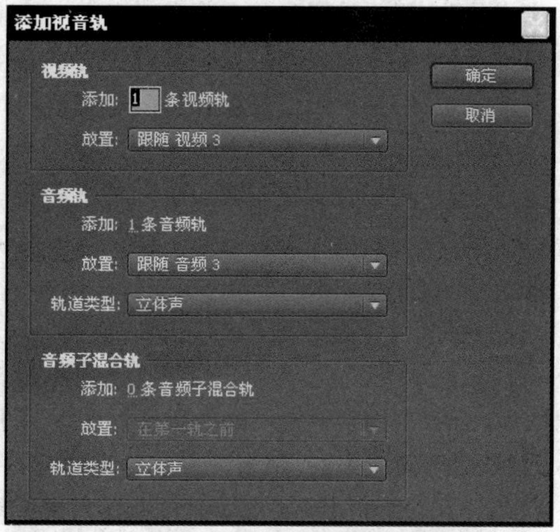

图 3-11 【添加视音轨】对话框

【删除轨道】：用于删除时间线上多余的或不再需要的视频或/音频轨道。

(6)【标记】菜单

【标记】菜单分为两组：上方的一组用于为素材监视器窗口中的素材作标记；下方的一组用于为时间线上的素材片段或节目监视器窗口中的素材作标记。如图 3-12 所示。

【设置序列标记】：用于为【素材监视器】窗口中的素材设置标记，可以设置入点、出点、视频入点、视频出点、音频入点、音频出点、编号等。如图 3-13 所示。

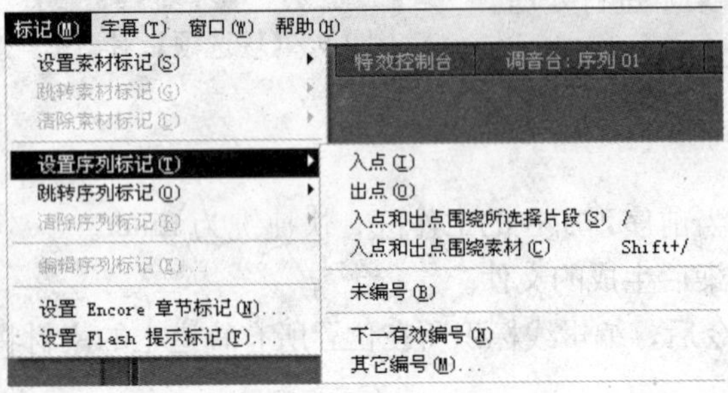

图 3-12 【标记】菜单

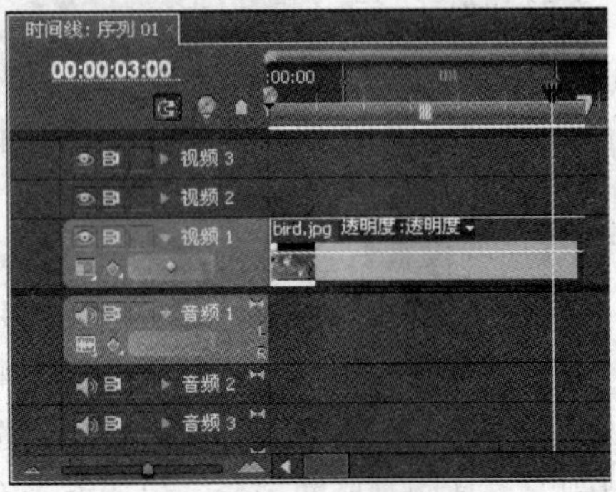

图 3-13 设置出入点

【跳转序列标记】：用于选择转到哪个素材的标记，分别是下一个、上一个、入点、出点、视频入点、视频出点、音频入点、音频出点、编号等。

【清除序列标记】：用于删除已设置的素材标记。

【编辑序列标记】：用于编辑已有的序列标记，包括添加注释、标记持续时间、目标帧等内容，在编辑之前需要先选中要编辑的标记。

【设置 Encore 章节标记】：用于设置音节标记。

【设置 Flash 提示标记】：用于设置 Flash 提示标记。

(7)【字幕】菜单

【字幕】菜单是专门针对 Premiere 自带的字幕窗口而设置的菜单，只有打开【Adobe 字幕设计】窗口后才可以使用该菜单，如图 3-14 所示。

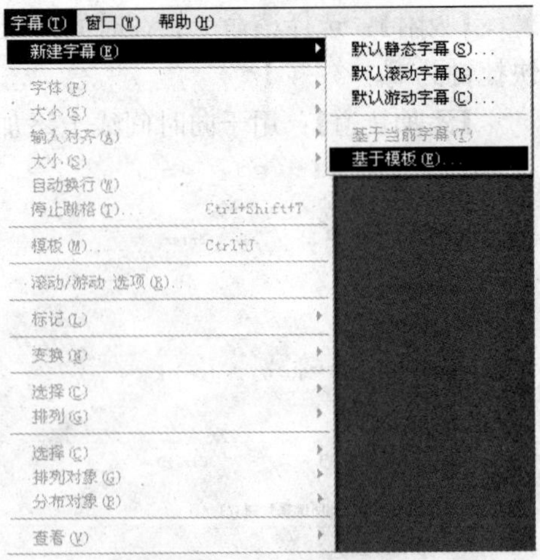

图 3-14 【字幕】菜单

【字体】：用于设置当前字幕窗口中文字的字体。

【大小】：用于设置当前字幕窗口中文字的字号。

【输入对齐】：用于设置字幕窗口中文字的对齐方式。

【标记】：用于设置字幕窗口中的插入标记。

【自动换行】：用于设置当前字幕窗口中文字的环绕方式，即是否自动换行。

【停止跳格】：用于设置文字的制作符。

【模板】：Premiere 为用户提供了丰富的模板，使用该命令可以调用系统提供的模板。如图 3-15 所示。

【滚动/游动选项】：用于设置字幕编辑窗口中滚屏字幕的相关选项。

【标记】：用于在当前字幕窗口中插入或编辑 Logo 标志。如图 3-16 所示。

【变换】：用于精确设置文字的位置、大小、旋转和透明度。包含的子菜单如图 3-17 所示。

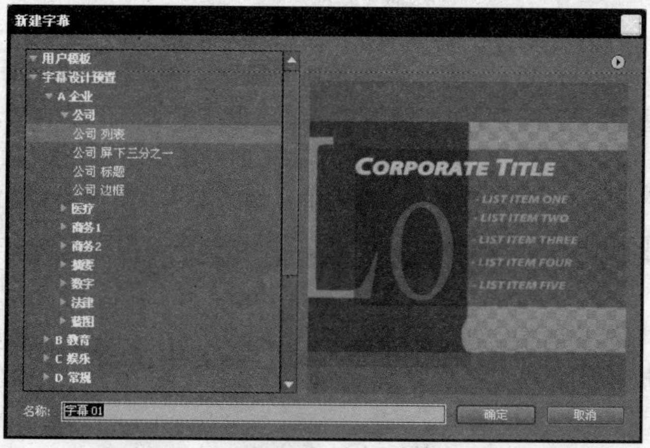

图 3-15 字幕模版

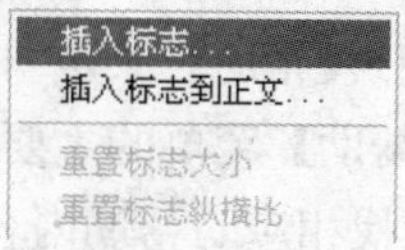

图 3-16 【标记】命令的子菜单

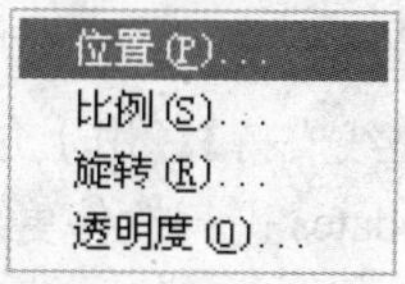

图 3-17 【变换】命令子菜单

【选择】：用于轮回选择当前字幕窗口中的对象。

【排列】：用于改变当前字幕窗口中对象的排列方式。

【选择】：用于设置当前字幕窗口中对象的初始位置，比如位于视频窗口中央或者低 1/3 处（这也是视频中字幕的常见位置）。

【排列对象】：用于设置当前字幕窗口中选定对象的对齐方式。这里要注意与前一个【输入对齐】命令的区别。

【分布对象】：用于设置当前字幕窗口中选中对象的分布方式。

【查看】：用于选择当前字幕窗口的查看方式，分别控制是否显示字幕安全框、活动安全框、文本基线，跳格标记和显示视频。

（8）【窗口】菜单

【窗口】菜单的主要功能是对各种工作窗口、控制面板进行管理，通过它可以打开或关闭各种工作窗口或者控制面板。该菜单与一般软件的窗口菜单十分相似，用户可以轻松上手。如图 3-18 所示。

【工作区】：用于对工作区域进行管理。用户可以通过这个菜单分别控制各种工作区的显示，也可以保存或者导入工作区。

【事件】：用于打开或关闭【事件】面板。

【信息】：用于打开或关闭【信息】面板。

【历史】：用于打开或关闭【历史】面板。

【工具】：用于打开或关闭【工具】面板。

【效果】：用于打开或关闭【效果】面板。

【时间线】：用于打开或关闭【时间线】窗口。

【特效控制台】：用于打开或关闭【特效控制台】面板。

【节目监视器】：用于打开或关闭【节目监视器】窗口。

【调音台】：用于打开或关闭【调音台】面板。

【项目】：用于打开或关闭【项目】窗口。

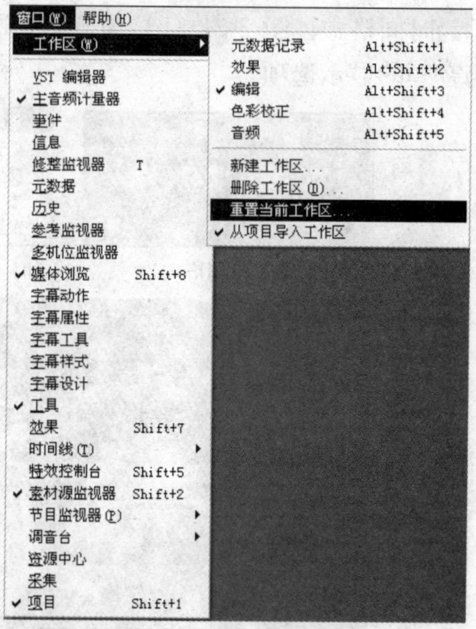

图 3-18 【窗口】菜单

(9)【帮助】菜单

【帮助】菜单的主要功能是在使用Premiere Pro软件时如果遇到了困难，可以通过【帮助】菜单查找相应的帮助内容。如果安装过程出错，有可能帮助安装不上，也没有任何提示信息，如果单击菜单项之后没有任何反应，就有可能是安装帮助时出错了。帮助菜单如图3-19所示。

【Adobe Premiere Pro 帮助】：执行该命令，可以打开Premiere Pro帮助系统，快捷键为F1。

【Adobe 产品改进程序】：用于在遇到困难时查找Premiere Pro帮助系统中的相应内容。如图3-20所示。

【键盘】：用于打开帮助系统中关于快捷键的说明内容。

【在线支持】：用于介绍如何使用帮助系统。

Updates 进行软件更新。

【关于 Adobe Premiere Pro】：用于显示Premiere Pro的版本信息。

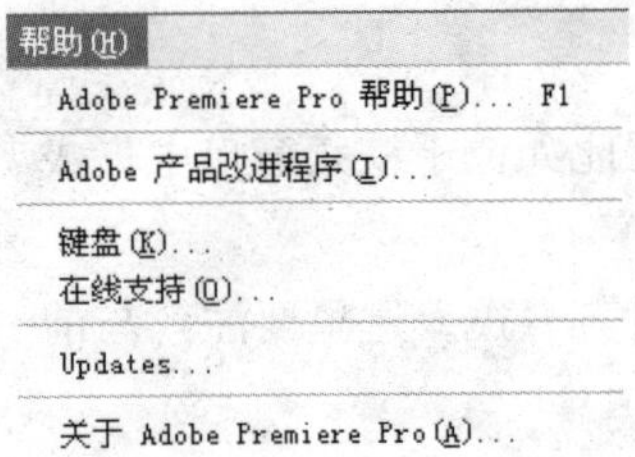

图3-19 【帮助】菜单

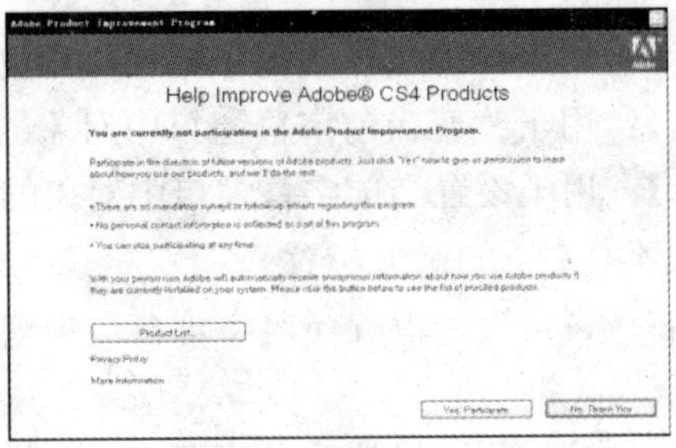

图3-20 改进窗口

3.3 时间线

【时间线】窗口是Premiere Pro CS4中最主要的编辑窗口，如图3-21所示。在这个窗口中可以按照时间顺序排列和连接各种素材，可以剪辑片段和叠加图层，设置动画关键帧和合成效果等。时间线还可以多层嵌套，该功能对制作影视长片或者复杂特效十分有利。图3-21 (a) 所示为时间格式，图3-21 (b) 为显示的选项，图3-21 (c) 为关键帧的显示选项，图3-21 (d) 为音频的显示选项。

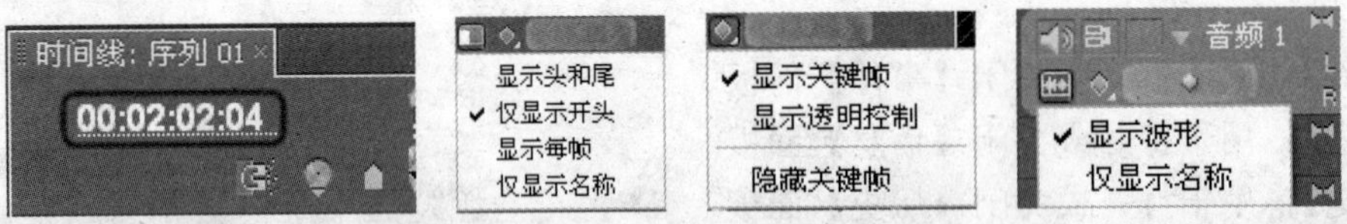

(a) 时间格式　(b) 显示选项　(c) 关键帧显示　(d) 音频显示

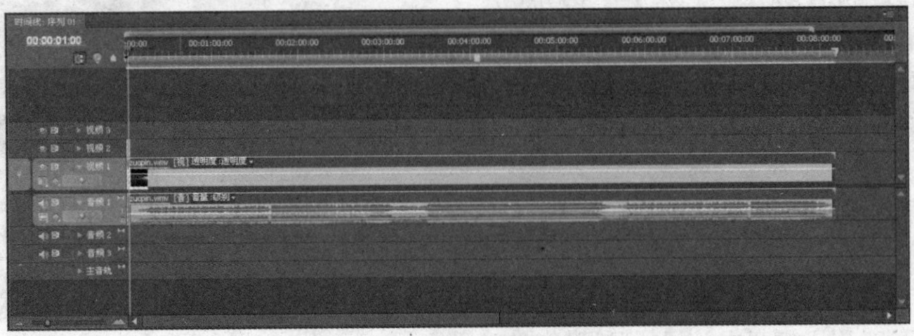

图3-21 【时间线】窗口

时间格式的切换和显示。在这里用户可以方便地看到当前编辑点的时间，也可以用单击来自行设定时间。用户可以按 Ctrl 键在几种不同的时间显示格式中切换。

- 吸附工具：切换素材之间是否采用粘合方式编辑。
- 设置 Encore 章节标记：在当前编辑线的位置设置 Encore 章节标记。
- 设置未编号标记：在当前编辑线的位置设置非数字标记。
- 显示图标：用来切换是否显示时间线。
- 切换同步锁定：用来切换是否同步锁定。
- 时间线锁定：用来选择是否锁定时间线。

【工具】面板是 Adobe Premiere Pro 新增加的控制面板，如图 3-22 所示。下面简单对【工具】面板上的按钮进行介绍。

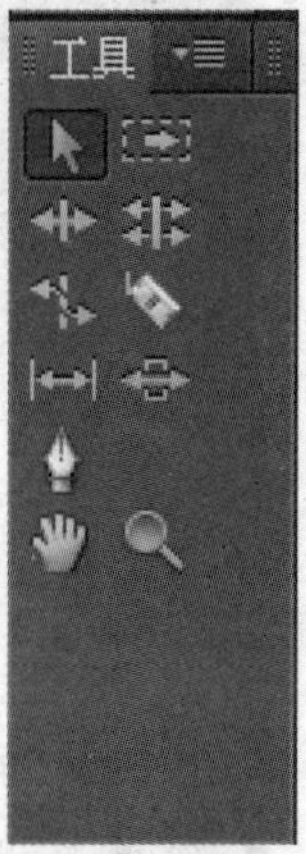

图 3-22　【工具】面板

- 选择工具：选择该工具，在【时间线】窗口中单击某个素材片段，可以选中该片段；另外也可以拖动鼠标框选多个素材片段。选择了素材片段后，使用该工具拖动素材片段可以改变其在时间线上的位置。
- 轨道选择工具：选择该工具，在某一轨道上单击，可以将该轨道上选择点位置（包括选择点）以后的所有素材片段全部选择。选择该工具后，如果按 Shift 键可以变为多轨道选择工具，这时可以对多轨道同时进行操作。
- 滚动编辑工具：用来增加片段的帧数，但节目总持续时间不会改变。
- 波纹编辑工具：选择该工具，在【时间线】窗口中左右拖动两个素材片段的边缘，可以修剪掉不需要的部分。通过【节目监视器】窗口可以直接观看修剪后的效果。其中左侧图表示交界处前面素材的出点帧，右侧表示交界处后面素材的入点帧。
- 速率伸缩工具：选择该工具，在原始素材的边缘拖动鼠标，可以改变原始素材的时间长度，从而调整素材片段的播放速率，以满足用户的需求。
- 剃刀工具：选择该工具，在素材片段上单击，可以将素材片段切割成两部分。
- 滑动工具：节目制作后期时，当项目已经基本完成，而且长度也已经确定，这时如果对某个镜头不满意，需要修改入点和出点，就要使用滑动工具来完成。使用滑动工具时，项目至少要由 3 个素材片段组成，首尾相接在同一轨道上，而且整体工作已经基本完成。
- 钢笔工具：如果用过 Adobe Photoshop，那么对其中的钢笔工具一定不会陌生。这里的钢笔工具与之类似，可以用来调节节点，比如音轨关键帧的音频变换点。
- 手形把握工具：用来平移当前编辑序列时间轴的整个时间。
- 缩放工具：用来放大或者缩小窗口的时间单位，改变轨道上的显示状态，选中该工具后在轨道上的片段单击则可放大该片段，假如单击的同时按 Alt 键，则缩小该片段的显示状态。

3.4　监视器窗口

监视器窗口也是影视制作中必不可少的工具。监视器窗口有几种表达形式，可能是单窗口，也可能是双窗口，视用户的需求而定。下面以双窗口为例介绍监视器窗口的主要按钮，如图 3-23 所示，这两个窗口的操作是相同的，通过下方的功能按钮也可以发现这一点，左右窗口的功能按钮几乎一致，只是用来监视或预览的对象不同而已。【素材源监视器】窗口用来预览素材的效果，而【节目监视器】窗口用来预览将各种素材编辑与合成后的效果。

图 3-23　监视器窗口

监视器窗口按钮从左到右依次如下。

- 设定入点按钮：单击该按钮，可以对素材或节目设置入点。按 Alt 键的同时单击该按钮，可以取消设置入点。
- 设定出点按钮：单击该按钮，可以对素材或节目设置出点，在入点和出点之间的片段可以进行插入或抽出操作。按 Alt 键的同时单击该按钮，可以清除已设置的出点。
- 设定未编号标记按钮：单击该按钮，可以对监视器窗口中的素材或节目设置非数字标记。如果设置的标记不只一个，使用数字标记更方便。
- 转到上一个标记按钮：单击该按钮，编辑线标识将跳到当前帧的上一个标记处。该按钮只出现在素材监视器窗口中。
- 单步后退按钮：单击该按钮，可以将时间线上的节目或者预演素材反向播放，单击一次，反向播放一帧。
- 播放/停止按钮：单击该按钮，可以播放时间线上的节目或预演素材。这时按钮将切换为停止按钮，单击停止按钮，可以停止播放时间线上的节目或预演素材。
- 单步前进按钮：单击该按钮，可以将时间线上的节目或者预演素材正向播放，单击一次，正向播放一帧。
- 转到下一个标记按钮：如果在同一段素材中设置了多个标记，单击该按钮可以跳到当前帧的下一个标记处。
- 循环按钮：单击该按钮，可以使时间线上的节目或者预演素材循环播放。
- 安全框按钮：单击该按钮，可以在【节目监视器】窗口或者【素材监视器】窗口中显示安全框。
- 输出按钮：用于设置监视器窗口的显示输出方式。通常情况下选择合成视频方式。如图 3-24 所示。
- 转到入点按钮：单击该按钮，监视器窗口中的标记将跳转到入点处。
- 转到出点按钮：单击该按钮，监视器窗口中的标记将跳到出点处。

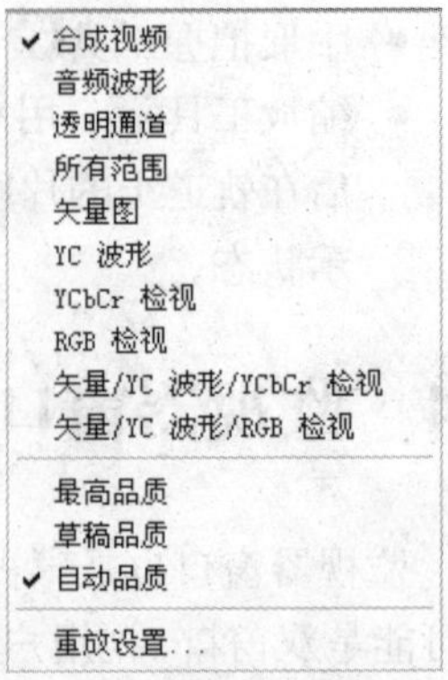

图 3-24　显示输出方式

- 从入点到出点播放按钮：单击该按钮，将播放入点与出点之间的视频音频内容。
- 微调按钮：拖动该按钮，可以手动【预览监视器】窗口中的预演素材或节目。
- 插入按钮：该按钮只出现在【素材源监视器】窗口中，用于将入点与出点之间的素材插入到时间线上指定的位置。
- 覆盖按钮：该按钮只出现在【素材源监视器】窗口中，用于将入点与出点之间的原始素材覆盖到时间线上指定的位置。
- 确定抓取音视频按钮：该按钮只出现在【素材源监视器】窗口中，用来切换素材的显示方式，分别为只有音频、只有视频和音视频都有。它将影响插入到时间线上的内容。
- 转到上一个编辑点按钮：单击该按钮，编辑线标识将跳转到当前帧的前一个编辑点处，该按钮只出现在【节目监视器】窗口中。
- 转到下一个编辑点按钮：单击该按钮，编辑线标识将跳转到当前帧的后一个编辑点处，该按钮只出现在【节目监视器】窗口中。
- 提升按钮：该按钮只出现在【节目监视器】窗口中，用于将时间线上的入点与出点之间的内容删除，删除之后仍然留有空间。
- 析取按钮：该按钮只出现在【节目监视器】窗口中，用于将时间线上入点与出点之间的内容删除，删除之后不留空间，后面的素材会自动连接上前面的素材。
- 修整按钮：单击该按钮将打开修整窗口，通过修整窗口可以直接在时间线上对素材进行剪辑。该按钮只出现在【节目监视器】窗口中。

3.5 控制面板

Adobe Premiere Pro CS4 的控制面板用来显示信息和帮助修改素材。事实上 Adobe Premiere Pro 已经去掉了几个功能冗余的控制面板，这样使用起来更加清晰方便也更加自由。使用浮动的控制面板来辅助设计是当前大多数多媒体编辑软件的普遍风格和发展趋势，用户可以根据自己的兴趣和习惯来进行显示、隐藏或者重新组合各个控制面板的操作。

(1)【信息】面板

【信息】面板显示了所选素材的一些信息，该面板中显示的信息随媒体类型和当前活动窗口等因素而不断变化。如果素材在时间线窗口中，那么信息面板将显示选中素材片段的名称、类型（视频、音频或图像等）、长度等信息；如果素材在项目窗口中，还能显示素材的入点和出点。素材的媒体类型不同，显示的信息也有差异。例如，选择了【时间线】窗口中的音频素材片段与选择了【项目】窗口中的视频素材时的【信息】面板，其显示信息是完全不同的。左侧的【信息】面板是只选择视频素材片段时显示的信息；中间的信息面板是只选择音频素材片段时显示的信息；右侧的信息面板是选择了带有音频的视频素材片段时显示的信息。如图 3-25 所示。

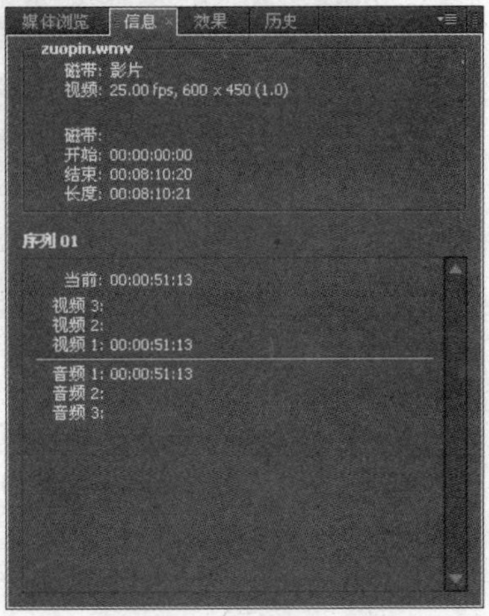

图 3-25 【信息】面板

(2)【历史】面板

【历史】面板是 Premiere Pro 新增的控制面板，它与 Photoshop 软件的历史面板具有相似的功能。【历史】面板中记录了每一步操作状态，提供了 99 步的恢复功能，使用户可以尽情地发挥自己的创作能力，并能够方便快捷地返回到以前的任意一步，然后重新进行创作。返回到前面某一状态时，位于该状态下面的操作将变成灰色，如果重新进行编辑，则变成灰色的操作步骤将被系统自动删除。如图 3-26 所示。

使用【历史】面板要注意以下几个问题。

- 对控制面板、窗口或环境参数所作的调整都不是对项目本身所作的改变，因此不会记录到【历史】面板中。
- 关闭并重新打开项目时，先前的编辑状态将不再显示在【历史】面板中，【历史】面板只记录当前项目的编辑状态。
- 关闭一个字幕窗口时，在该窗口中产生的状态将从【历史】面板中删除。
- 执行【重做】命令将删除该项目自上次保存以后的所有操作状态。
- 最初的操作状态显示在面板的顶部，最新的编辑状态显示在面板的底部。
- 选择一个状态后再编辑项目，将删除选定该状态之后的所有状态，记录当前新的状态。
- 如果要显示项目的某一状态，可以直接在【历史】面板中单击该状态的名称。
- 选择【窗口】→【历史】命令，可以打开或关闭【历史】面板。
- 如果要删除【历史】面板中的所有状态，可以单击面板右上角的按钮，从弹出的菜单中选择【清除历史】命令。

(3)【效果】面板

【效果】面板主要用于为【时间线】窗口中的素材片段添加效果，这些效果包括音频特效、音频过渡、视频特效和视频切换 4 大类。其中音频特效共 57 种、音频过渡 2 种、视频特效 94 种、视频切换 73 种。这些特效极大地丰富了 Premiere 的表现力，如图 3-27 所示。

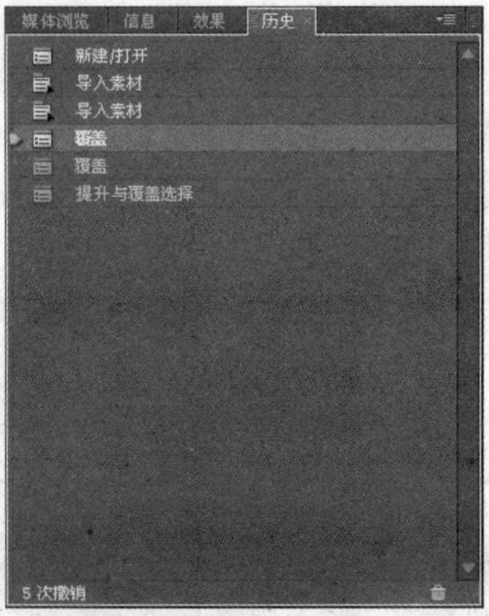

图 3-26 【历史】面板

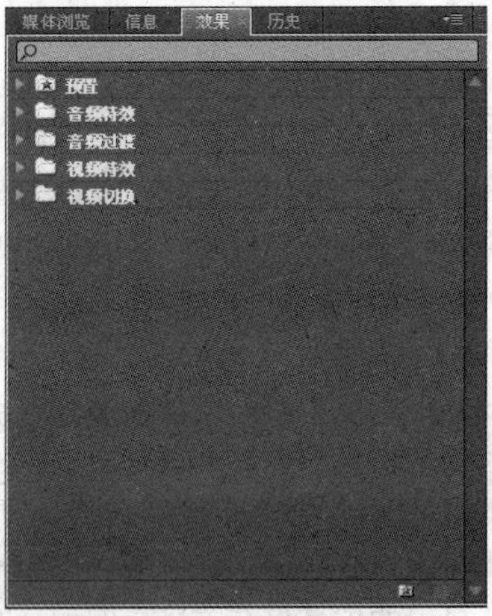

图 3-27 【效果】面板

选择【窗口】→【效果】命令，可以打开【效果】面板。

单击【效果】面板右上角的按钮，在打开的面板菜单中选择【新建自定义文件夹】命令，可以创建一个分类文件夹，用于存放自己喜欢的特效，这样再应用特效时就不必在若干的分类中查找了。当然，用户也可以将自己创建的自定义文件夹删除，还可以设置默认的过渡特效及默认过渡特效所占用的时间等。

使用特效的方法很简单，只需将所选择的特效直接拖动到【时间线】窗口中的素材片段上即可。

(4)【特效控制台】面板

在 Premiere Pro 中，【特效控制台】面板中显示了【时间线】窗口中选中素材片段所采用的一系列特效，用户可以方便地对各种特效进行设置与调整，以达到更好的效果。【特效控制台】面板中主要有两种特效：一种是固定的特效，包括运动和透明两种效果，可以直接在【特效控制台】面板中进行设置；另一种是视频特效，这部分特效都是通过【效果】面板添加的，在面板里可以调整特效的参数。如图 3-28 所示。

【特效控制台】面板中的按钮功能如下。

- 显示/隐藏时间线：该按钮用于控制右侧的时间线区域是否展开，右侧窗口是用来协助预览效果的，用户可以根据需要显示或隐藏它。
- 显示/隐藏特效：该按钮用于控制固定的特效或视频特效是否展开，只有展开后才可以设置特效的参数。
- 特效开关：该按钮用于控制是否应用特效，单击该按钮，当 fx 消失时表示关闭特效；单击该按钮，当 fx 出现时表示启用特效。该按钮的作用不影响输出，即使关闭了特效，输出后的视频仍然具有特效。
- 展开/折叠：单击该按钮，可以展开或折叠特效的详细参数。
- 复位：如果设置的参数不理想，单击该按钮可以复位当前的特效参数，回到初始状态。
- 固定动画：单击该按钮，可以在编辑线标识位置添加一个关键帧，这时就可以调整特效的参数了，否则设置的参数对整个素材有效。

(5)【调音台】面板

在 Premiere 中，用户可以对声音的大小和音阶进行调整。调整声音时可以在【特效控制台】面板中进行，也可以在【调音台】面板中进行。【调音台】面板是一个非常好用的工具，如图 3-29 所示。在该面板中可以方便地对每个轨道声音的音量和均衡等进行调整，由于 Premiere Pro 中增加了对 5.1 环绕立体声的支持，因此在【调音台】面板中还可以进行环绕立体声的调节。

图 3-28　【特效控制台】面板

图 3-29　【调音台】面板

【调音台】面板是一个专业的、完善的音频混合工具，利用【调音台】面板可以混合多个音频轨道，并且调整增益以及控制声音的左、右声道的转变。同时【调音台】面板又是与【节目监视器】窗口相联系的，使用【调音台】面板调试声音时，对应的视频画面将同时在【节目监视器】窗口中演播，这样可以体验到合成后的效果。

在【调音台】面板中可以在收听音频和视频的同时调整多条音频轨道的音量以及左右声道的均衡度。只要先激活按钮，Premiere 将自动记录这些调整，然后在播放剪辑时再应用它们。

在【时间线】窗口中选中音频轨道，右击，从弹出的快捷菜单中选择【添加轨道】命令，可以添加音频轨道，这时在【调音台】面板中会出现新增的轨道。

在【调音台】面板中，按键盘中的空格键可以播放音频素材，再次按空格键可以停止播放。

3.6 本章小结

学习本章后，可以对 Adobe Premiere Pro CS4 的工作环境和界面有初步的了解，同时也能够迅速掌握菜单栏、时间线、监视器窗口和控制面板的使用方法，有助于在实践中更方便快捷地达到预想中的编辑效果。

3.7 本章习题

(1)【历史】面板提供了（　　）步的“后退”。

A. 96　　B. 98　　C. 99　　D. 100

(2) 下列（　　）项不能在素材信息面板中被看到。

A. 视频素材尺寸　　B. 视频素材长度

C. 视频素材帧速率　　D. 视频素材和音频素材是否被链接

(3) 在 Premiere Pro CS4 中不能反映素材在时间轴窗口中的（　　）种设置。

A. 切换设置　　B. 运动设置

C. 各种滤镜设置　　D. 素材文件的排列组合方式

(4) 下面关于 Premiere Pro CS4 中混音器窗口的介绍，（　　）项是错误的。

A. 能在收听音频和观看视频的同时调整多条音频轨道的音量等级以及均衡度

B. Premiere Pro CS4 使用半自动化过程来记录编辑过程中的一些调整，然后在播放剪辑时应用它们

C. 混音器窗口就像一个音频合成控制台，为每一条音轨都提供了一套控制

D. 使用鼠标拖动每条轨道的音量变化可以调整其音量

(5)【项目】窗口是 Premiere Pro CS4 最重要的窗口，它是一个素材管理器，下列关于项目窗口的论述，不正确的一项是（　　）。

A. 双击【项目】窗口的空白处可以弹出导入素材窗口

B. 用户可以在【项目】窗口中看到素材的帧速率，开始、结束时间点以及持续时间等信息

C. 用户可以在【项目】窗口中看到素材被使用的次数

D. 用户在【项目】窗口中新建文件夹之后可以将素材拖拽进文件夹内

(6)【时间线】窗口是 Premiere Pro CS4 的核心窗口，视频节目的编辑就是在这个窗口中进行的。如果时间线窗口被关闭了，可以在________________中双击当前序列名重新打开。

(7) Premiere Pro CS4 的监视器窗口分为两部分，左侧部分即为________________，可以在这里监视素材的内容，并且可以设置素材的入点和出点，改变静帧图像的持续时间、设置标记等。右侧部分为________________，它主要用于监视视频项目的合成效果。

(8)【信息】面板主要是显示所选素材的一些相关信息。它既可以显示项目窗口中素材的信息，也可以显示时间线上素材的信息。该面板中显示的信息是随着________________和________________等因素的变化而不断变化的。

第 4 章　制作字幕

教学目标

通过学习本章，对制作 Adobe Premiere Pro CS4 的字幕有全面的认识，并能独立完成制作字幕的工作。

教学重点与难点

- 在 Premiere Pro CS4 中建立新的字幕
- 在 Premiere Pro CS4 中添加字幕效果
- 在 Premiere Pro CS4 中制作字幕动画
- 熟练应用 Premiere Pro CS4 中的字幕样式和模板

4.1　字幕简介

字幕是影视剧本制作和 DV 制作中一种重要的视觉元素，从大的方面来讲，字幕包括文字和图形两部分。漂亮的字幕设计制作，将会给影视和 DV 作品增色不少，因此掌握字幕的制作是非常必要的。本章将详细介绍字幕素材的创建及对字幕素材的修改、添加字幕效果、创建中文字幕和滚动字幕等。

在本章中主要介绍下列内容：

- 字幕的作用；
- 字幕窗口；
- 字幕制作的一般流程；
- 设置字幕的属性。

4.2　简单实例：制作滚屏字幕

在字幕窗口中，可以创建垂直滚动与水平滚动两种文字，通常也叫做滚屏字幕。字幕中文字移动的速度，将会取决于字幕片段在时间标尺面板中的长度。下面介绍创建滚动文字的步骤。

1 新建一个项目，并在项目面板中打开背景素材文件，可以是静止图片，也可以是动画文件。然后拖拽到【时间线】窗口中，为了便于读者浏览，这里使用实色图片，如图 4-1 所示。

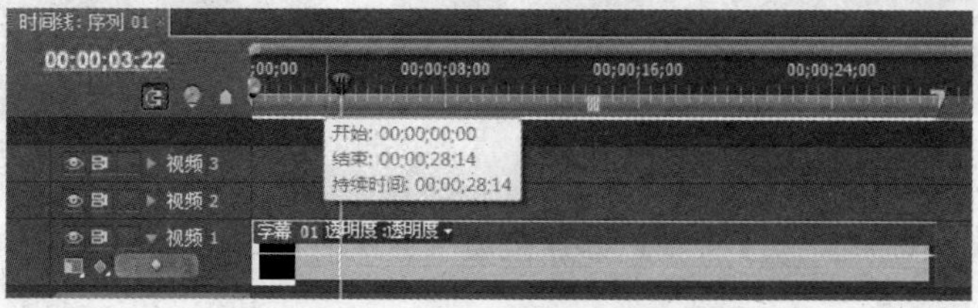

图 4-1　新建项目

TIPS 在【时间线】窗口中字幕的长度决定字幕滚动的速度，字幕越长，字幕滚动的速度越慢。

2 选择【字幕】→【新建字幕】→【默认垂直滚屏】命令，打开【新建字幕】对话框，如图 4-2 所示。

TIPS 如果要创建水平滚动的字幕，那么选择【字幕】→【新建字幕】→【默认水平滚屏】字幕默认为水平滚屏。

3 在弹出的对话框的名称栏中输入新的名称，单击【确定】按钮，打开字幕窗口，如图 4-3 所示。

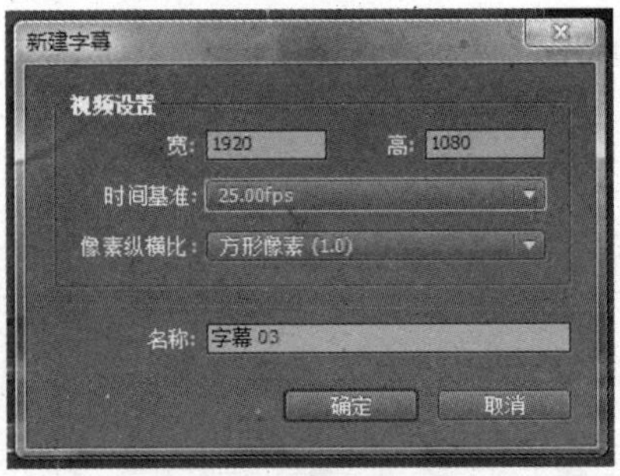

图 4-2　新建字幕

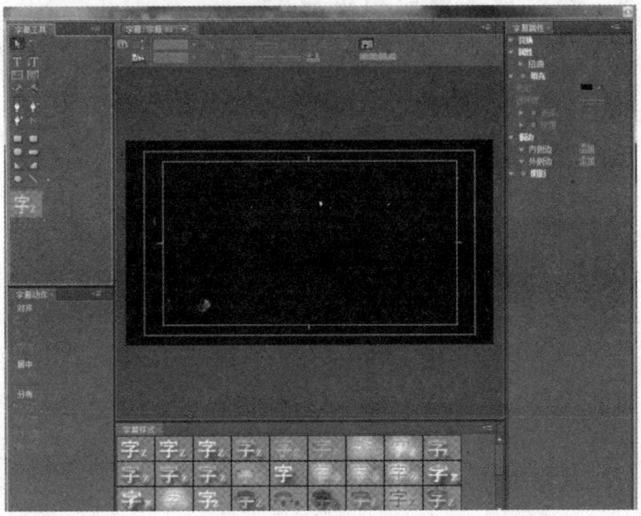

图 4-3　字幕窗口

4 使用文本工具输入文字，可以根据需要设置带有效果的文本，如图 4-4 所示。

5 选择【字幕】→【滚动／游动选项】命令，或者单击按钮，将会弹出【滚动／游动选项】对话框，选择设置如图 4-5 所示。

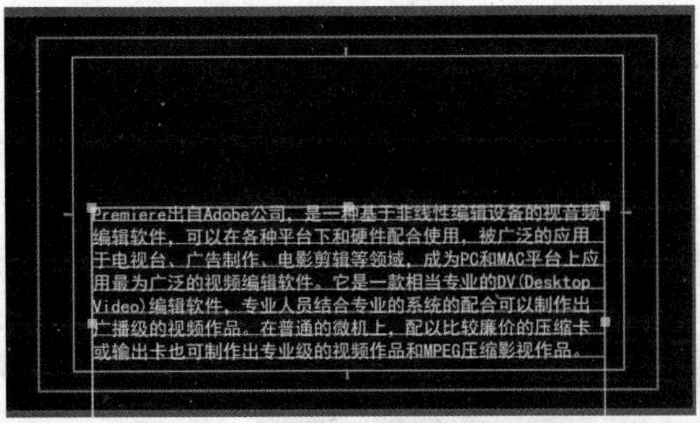

图 4-4　输入文字

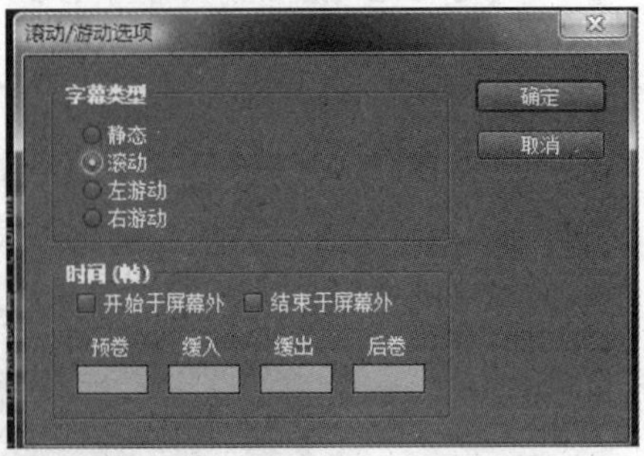

图 4-5　【滚动/游动选项】对话框

6 关闭字幕编辑窗口。从【项目】窗口拖动字幕文件到【时间线】窗口，预演滚屏字幕效果，如图 4-6 所示。

7 按 Ctrl + S 组合键保存字幕文件。如图 4-7 所示。

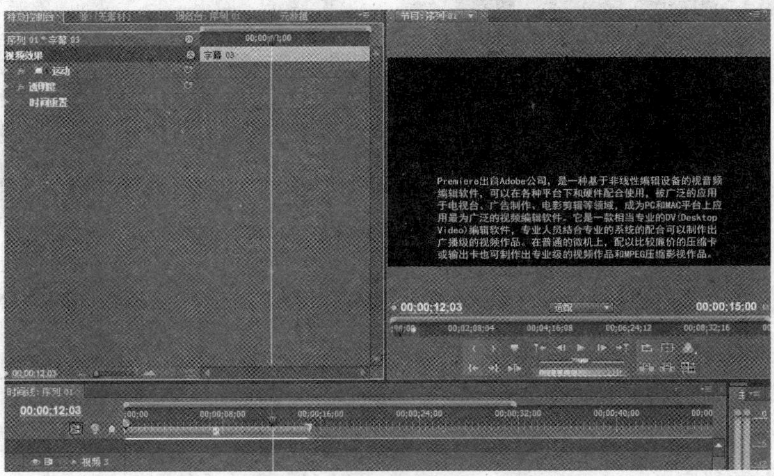

图 4-6　预演滚屏字幕效果

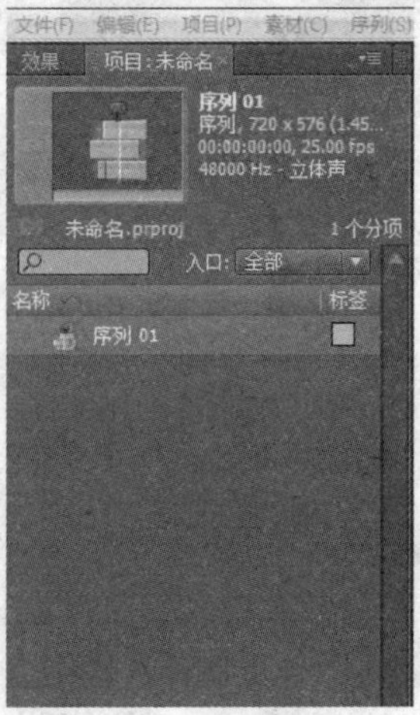

图 4-7　保存字幕文件

4.3　建立字幕

1）漂亮的字幕设计能为影视创作增色不少，另外它还为观众提供影视作品的相关信息，如影视名称、简介、故事背景、导演、灯光、摄像、制片人、编辑及演员等方面的信息，如图 4-8 所示。如果一部影视作品没有字幕的话，那么它不会是一部完整的作品，因此制作和使用字幕是非常重要的，而且它的应用也是非常广泛的。

2）Adobe Premiere Pro CS4 中的字幕制作窗口。

鉴于字幕的重要性和广泛性，在 Adobe Premiere Pro CS4 中专门提供了一个字幕编辑器窗口。使用该字幕编辑器可以制作出各种各样的字幕和图形。另外在字幕编辑器中含有制作字幕文件的一些常用工具。和字幕编辑器成对出现的还有【字幕】菜单。使用这些工具以及【字幕】菜单命令就可以随心所欲地制作出多姿多彩的字幕。如图 4-9 所示。

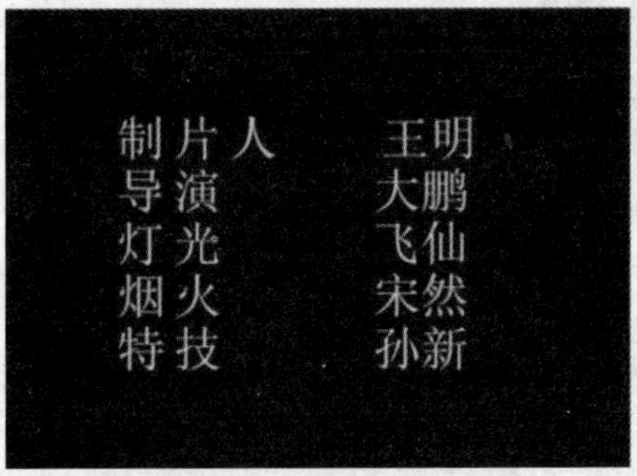

图 4-8　字幕效果

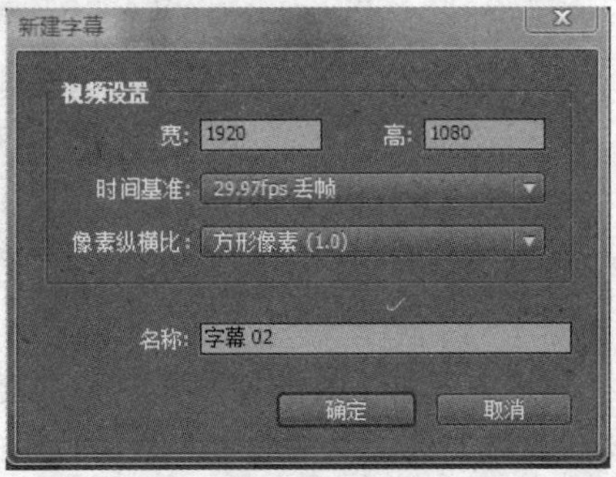

图 4-9　【新建字幕】对话框

在【名称】文本框中输入名称后，单击【确定】按钮，就会弹出文字编辑器窗口，它在 Adobe Premiere Pro CS4 中是制作字幕的唯一工具，如图 4-10 所示。

当然也可以选择【窗口】→【字幕设计】命令，如图 4-11 所示，弹出文字编辑器窗口。

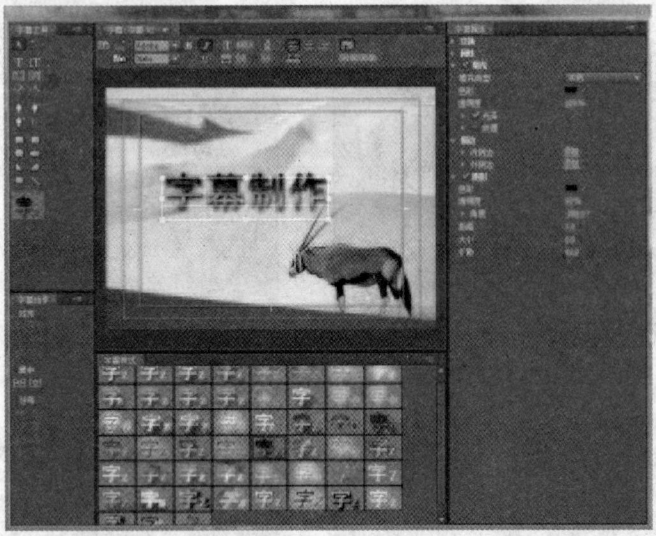

图 4-10　文字编辑器窗口

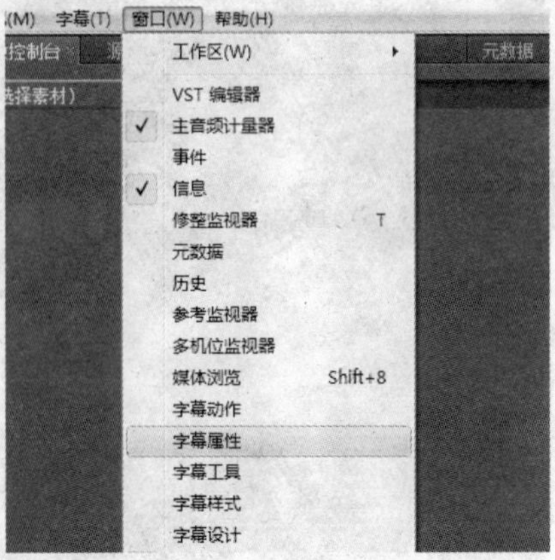

图 4-11　选择【字幕设计】命令

4.4　字幕编辑器窗口

4.4.1　工具箱

字幕编辑器窗口的左边是工具箱和各种编辑控制工具，可以用来编辑文字和各种图形的制作，如图 4-12 所示。

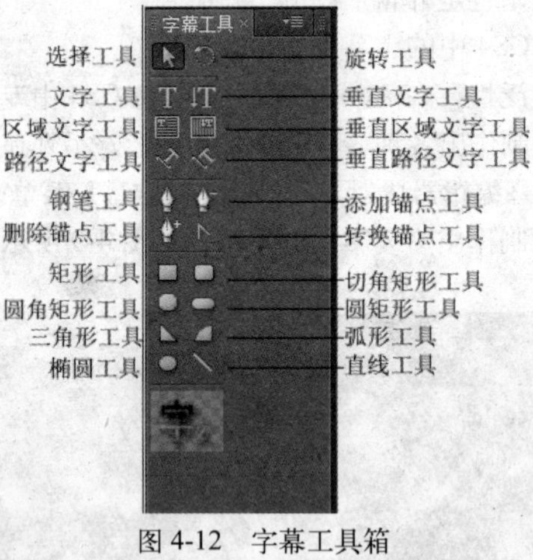

图 4-12　字幕工具箱

工具箱中各种工具的使用方法和功能如下。

1）选择工具：用来选中字幕窗口中的文字和图形对象。单击文字或者图形对象就可以对其进行选择，如果要选择多个对象的话，按 Shift 键，然后单击所需的各个图形对象或者文字。其快捷键为 V。另外使用选择工具还可以调整对象大小。

2）旋转工具：用来旋转选择的对象，包括文字和图形，快捷键为 O。

3）文字工具：用来输入文字，可以输入英文和中文文字，方向为水平。选择文字工具，在字幕窗口中对准备输入文字的位置单击，出现文字输入框（虚线的方框），可以在方框中输入文字或者编辑文字，输入完毕后在方框外单击，所有的设置将全部应用到文字上。快捷键是 T。如图 4-13 所示。

图 4-13　添加文字

4）垂直文字工具：用来输入文字，方向为垂直。

5）区域文字工具：用来输入成块的文字，方向为水平。

6）垂直区域文字工具：用来输入成块的文字方向为垂直。

7）路径文字工具：用来沿指定路径输入文字。

8）垂直路径文字工具：用来沿指定路径输入文字，方向为垂直。

9）钢笔工具：用来绘制路径或者图形。

10）添加锚点工具：用来在路径中添加锚点，添加锚点后可以更有效地控制路径的形状。

11）删除锚点工具：用来在路径中删除添加的锚点或者原有的锚点。

12）转换锚点工具：用来转换平滑锚点和锐角锚点，以便更好地调整图形形状。

13）矩形工具：用来绘制各种矩形形状，如果在右侧选中填充项，则会填充矩形或者正方形，快捷键是 S。在绘制的时候同时按 Shift 键可以画出正方形，如图 4-14 所示。

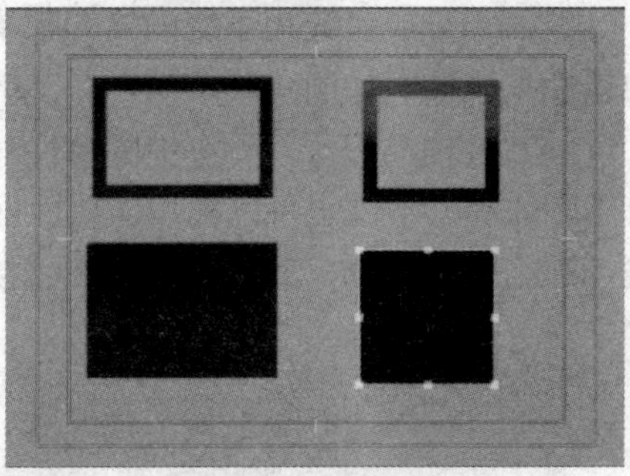

图 4-14　矩形效果

14）切角矩形工具：用来绘制各种带有切角的矩形。

15）圆角矩形工具：用来绘制各种圆角的矩形。

16）三角形工具：用来绘制各种三角形。

17）弧形工具：用来绘制各种圆弧形状。

18）椭圆工具：用来绘制各种椭圆形形状。在绘制过程中按 Shift 键，就可以画出正圆。快捷键是 E，效果如图 4-15 所示。

19）直线工具：用来在字幕窗口中绘制直线，绘制的时候同时按 Shift 键，则直线成 45°。选取直线工具以后，在直线的起点单击，再在终点单击即可绘制出一条直线。快捷键为 L。如图 4-16 所示。

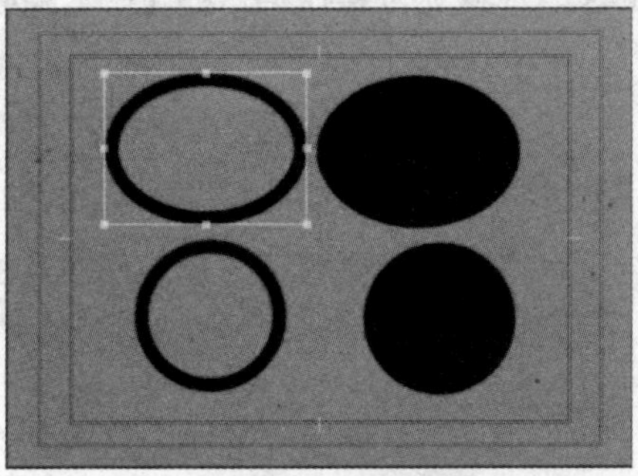

图 4-15　椭圆效果

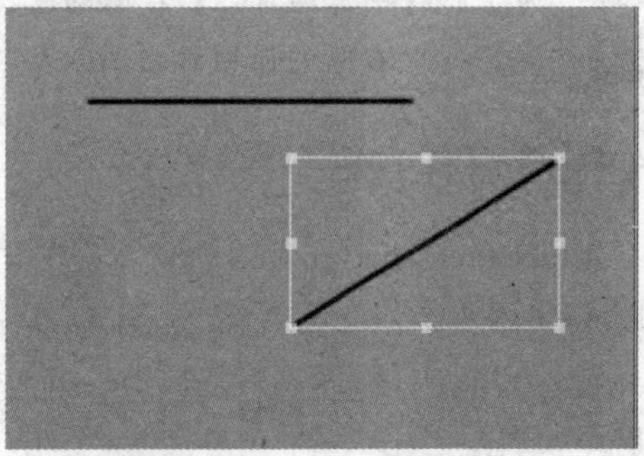

图 4-16　直线效果

4.4.2　对象对齐/分布按钮

图形对齐按钮位于工具箱下方，如图 4-17 所示。在选择好对象后，根据需要单击图形对齐按钮即可使对象处于相应位置。

比如，在输入几组文字后，它们的位置是不同的，如果想使它们左侧对齐，则单击【水平左对齐】按钮，那么文本的左侧就会对齐，如图 4-18 所示。

图 4-17 对齐与分布按钮

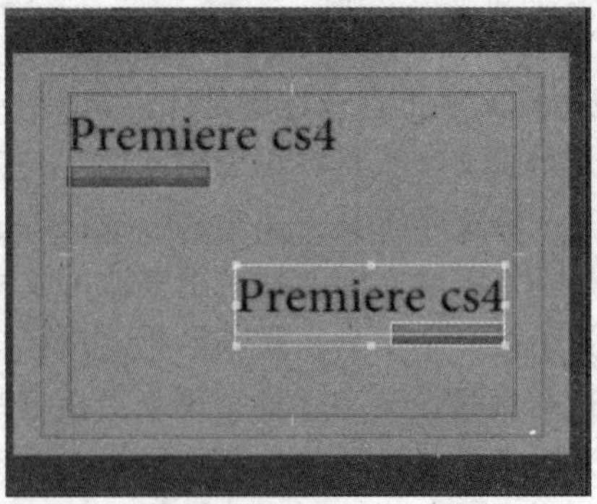

图 4-18 水平对齐

4.4.3 字幕属性框

在制作好或者应用系统内置的字幕之后，可以在【字幕编辑器】顶部的属性框中显示相关的属性。属性框如图 4-19 所示。

该属性框类似于 Word 中的属性对话框，如字体的对齐方式、大小、粗体、斜体及是否带有下划线等。不过也可以使用该属性框中的选项对字体对象进行设置。如果想使字体带有下划线，那么选中字体，然后单击下划线按钮即可，如图 4-20 所示。

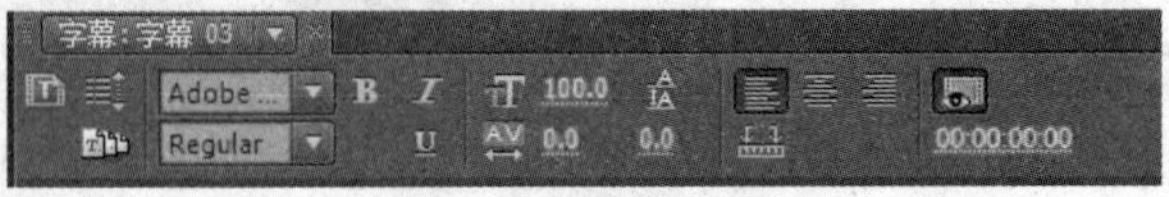

图 4-19 字幕属性框

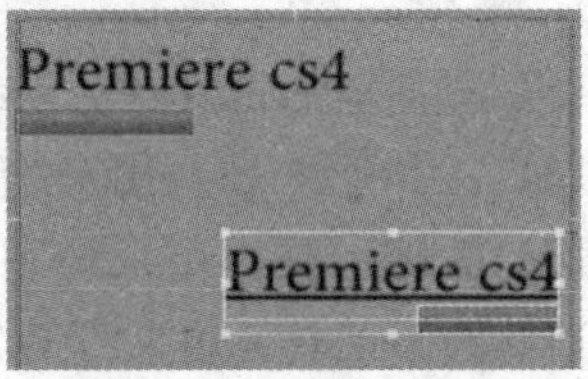

图 4-20 下划线效果

另外，选中文本或者其他字幕对象后，在属性框中单击其他按钮，如对齐方式、粗体、斜体等，那么也可以获得需要的效果。

TIPS 为了和【字幕编辑器】右侧的属性栏区别开，把这一区域称为属性框，把【字幕编辑器】窗口右侧的区域称为属性栏。

4.4.4 字幕样式栏

Adobe Premiere Pro CS4 内置了很多字幕样式。在【字幕编辑器】窗口的底部是字幕样式栏，如图 4-21 所示。

输入文本后，在字幕样式栏中单击一种样式即可应用该样式。如输入文本后，选中它，然后单击一种文字样式，效果如图 4-22 所示。

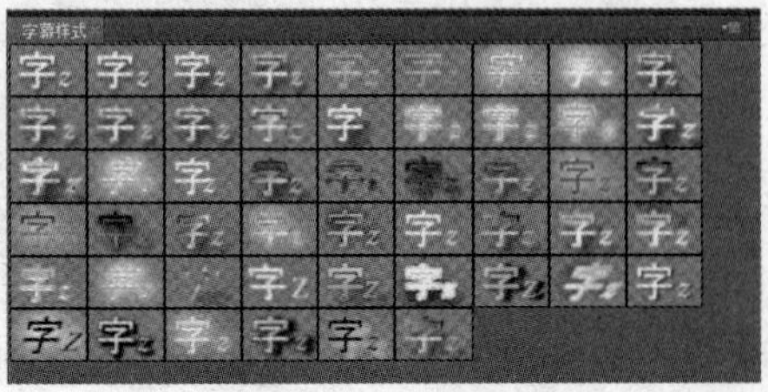

图 4-21 字幕样式栏

图 4-22 应用字幕样式效果

4.4.5　属性栏

在制作字幕时，如在制作文本和图形时，可以结合【字幕编辑器】右侧属性栏中的选项栏编辑文本和图形，属性栏如图 4-23 所示。

使用变换属性栏中的选项可以设置对象的位置、高度、宽度及旋转角度；使用属性栏中的选项可以设置文本对象的大小、字体、字距、行距及是否有下划线等；使用填充栏中的选项可以设置文本对象的颜色，如图 4-24 所示。

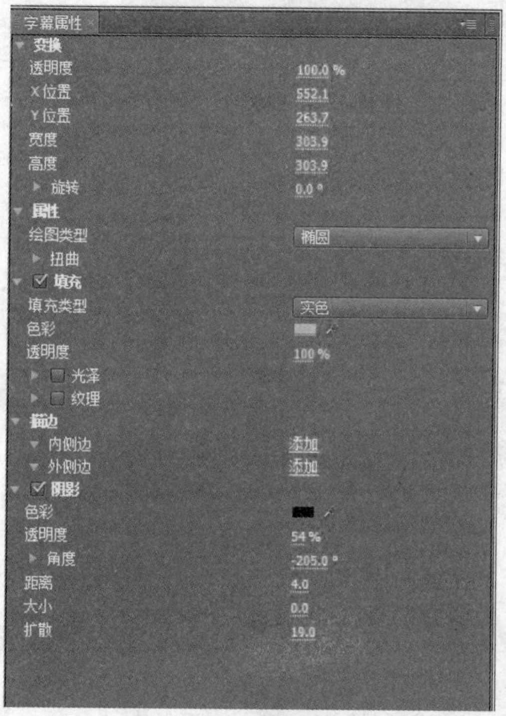

图 4-23　字幕属性栏

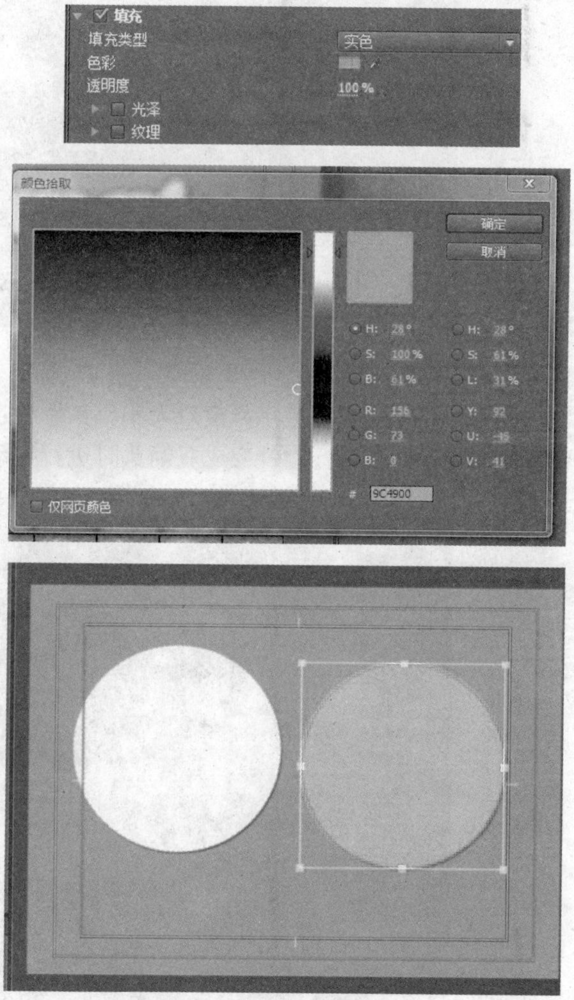

图 4-24　设置文本颜色

4.4.6　设置【字幕编辑器】窗口

当打开【字幕编辑器】窗口后，可以对它进行各种调整，如窗口的大小和位置等。注意，为了简单起见，把【字幕编辑器】窗口简称为字幕窗口。

（1）设置字幕窗口的位置和大小

当打开字幕窗口后，在默认设置下，它位于工作界面的中间区域，可以根据需要把它移动到其他位置，以便查看到监视器窗口和【时间线】窗口中的内容。只要把鼠标移动到窗口顶部的边框上，然后按住鼠标进行拖动即可，如图 4-25 所示。

图 4-25　设置字幕窗口

也可以根据需要调整字幕窗口大小。在调整字幕窗口的大小时，只要把鼠标指针移动到字幕窗口的角上，当鼠标指针变成双箭头时进行拖动即可，如图 4-26 所示。

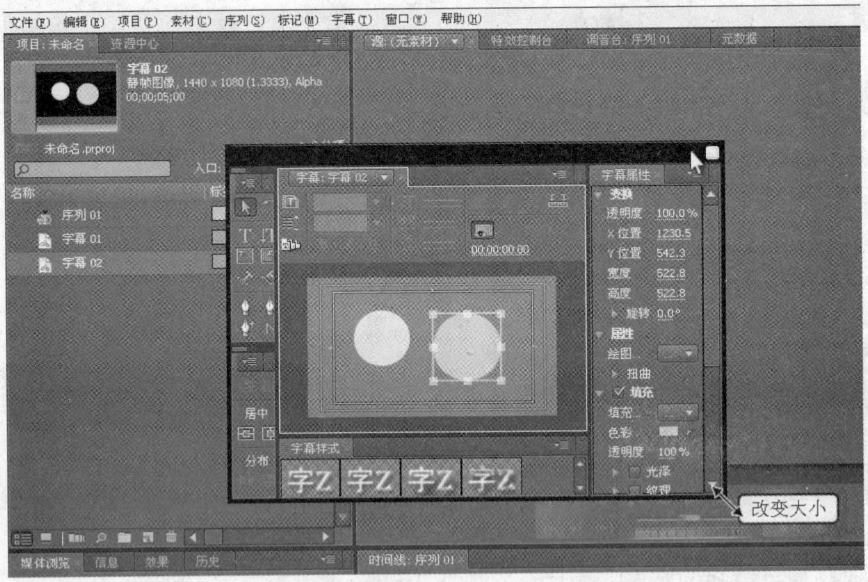

图 4-26　调整字幕窗口大小

（2）设置绘图区域的大小

字幕文件中绘图区域尺寸大小的范围是 60×45～2 000×2 000 像素。通常情况下，字幕文件中的绘图区域尺寸应该与影视作品的输出尺寸相同，但这不是绝对的，因为 Adobe Premiere 具有能够自动按照比例缩放字幕文件使其与输出尺寸匹配的功能。

在调整绘图区的大小时，只要把鼠标指针移动到绘图区的边上，当其变成双箭头时，进行拖动即可，如图 4-27 所示。

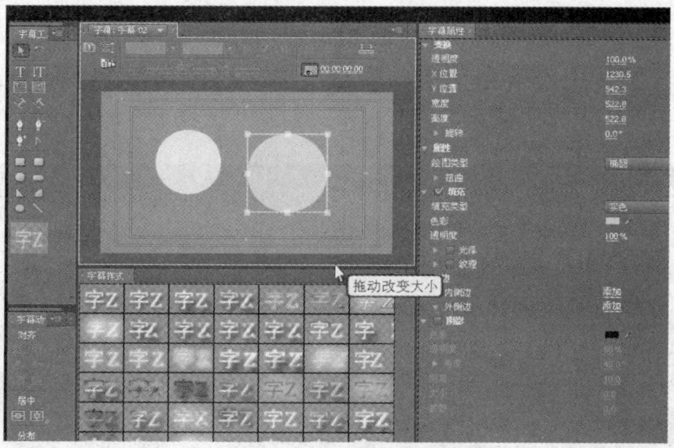

图 4-27　调整绘图区大小

(3) 设置背景

根据需要还可以设置字幕背景。如果在【时间线】窗口中有剪辑，而且在字幕窗口中选中了【显示视频】复选框，那么字幕窗口中会显示剪辑画面。如果不选中【显示视频】复选框，那么字幕窗口中会显示透明的背景。如图 4-28 所示。

图 4-28　设置字幕背景

如果在【时间线】窗口中没有剪辑，而且在字幕窗口中选中了【显示视频】复选框，那么字幕窗口中会显示黑色画面。如果不选中【视频显示】复选框，那么字幕窗口中会显示透明的背景。如图 4-29 所示。

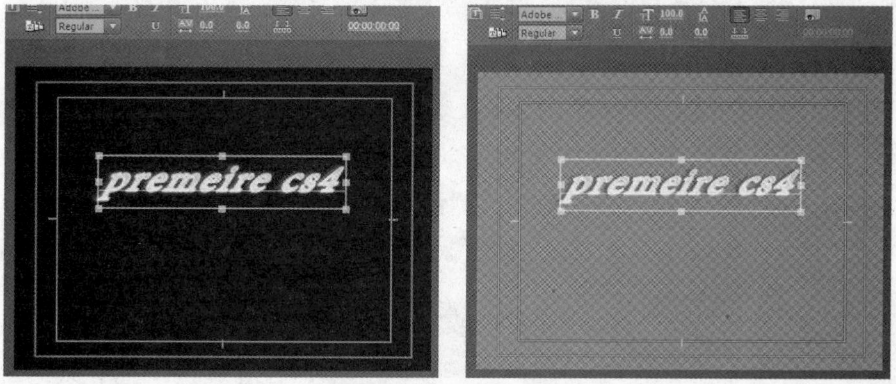

图 4-29　字幕透明背景

如果需要实色背景，可以制作一个所需颜色的背景图片，导入到【时间线】窗口，并把时间指示器移动到该背景图片上，就会在字幕窗口中显示出该背景，然后再制作其他字幕元素即可，如图 4-30 所示。

图 4-30　制作实色背景

4.4.7　字幕安全框和动作安全框

由于电视屏幕的显像管大都存在额外的扫描区域，所以将图像输出到录像带时，可能会有一部分区域被切去。这时，就可以选择字幕安全框和动作安全框来观察，保护字幕及图形所处的位置不被切去。也就是说在字幕安全框和动作安全框以内的内容不会被切去。

在字幕窗口右击，从弹出的快捷菜单中选择【字幕安全框】和【动作安全框】命令即可显示出字幕安全框和动作安全框，在字幕窗口中它们以线框形式来显示，如图 4-31 所示。

图 4-31　字幕安全框效果

如果不想在字幕窗口中显示字幕安全框和动作安全框，那么在字幕窗口的菜单命令中取消选择字幕安全框和动作安全框命令即可。

4.5　字幕制作的方法

在创建字幕时，可以根据需要创建一个新的字幕，也可以基于一个原先字幕来创建字幕，还可以在当前项目中打开一个字幕，另外还可以导入一个字幕来使用，下面介绍几种创建字幕的具体方法。

(1) 创建一个新的字幕

- 选择【文件】→【新建】→【字幕】命令或者【字幕】→【新建字幕】命令，弹出【新建字幕】对话框，如图 4-32 所示。
- 在【新建字幕】对话框中填入一个名称，然后单击【确定】按钮，打开字幕窗口。
- 使用字幕窗口中的文本工具和形状工具制作好字幕内容。
- 保存字幕文件，并关闭字幕窗口。

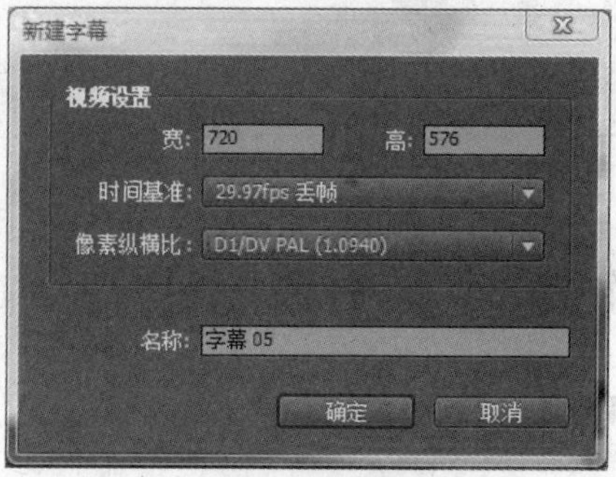

图 4-32　【新建字幕】对话框

TIPS 字幕被自动添加到【项目】窗口中，而且被作为整个项目文件的一部分。

(2) 基于现有字幕创建字幕

- 在打开的字幕窗口中，打开或者选择现有的字幕文件。
- 单击基于当前字幕的新建字幕按钮，打开【新建字幕】对话框。
- 在【新建字幕】对话框中设置一个名称，然后单击【确定】按钮。
- 根据需要修改现有的字幕内容。
- 保存字幕文件，并关闭字幕窗口。

(3) 在当前项目中打开字幕

- 在【项目】窗口或者【时间线】窗口中双击字幕，在字幕窗口中打开字幕。
- 如果需要修改，那么在字幕窗口中进行修改即可。

(4) 导入字幕文件

- 选择【文件】→【导入】命令，弹出【导入】对话框，如图 4-33 所示。
- 在【导入】对话框中选择一个字幕，然后单击【打开】按钮即可。

TIPS 除了能够导入文件扩展名为.prtl 的字幕文件之外，还可以导入扩展名为.ptl 的字幕文件。导入的字幕成为当前项目文件的一部分。

(5) 将字幕导出为独立的文件

- 在【项目】窗口中选择需要的字幕文件。
- 选择【文件】→【导出】→【字幕】命令打开保存字幕窗口，如图 4-34 所示。
- 设置保存路径，并在【文件名】栏中设置一个保存名称，然后单击【保存】按钮即可将选择的字幕导出为一个独立文件。

图 4-33　导入字幕文件

图 4-34　保存字幕

4.6　字幕模板和样式

4.6.1　使用模板

Adobe Premiere 中提供了很多模板，使用这些模板可以帮助快速制作字幕。在这些模板中，可以很容易地改变模板中的元素，选中模板中的这些元素后，可以把它们保存起来以便在以后的项目中使用。

TIPS　在应用一个新模板时，其内容会替换当前字幕窗口中的所有内容。

(1) 调入模板

要使用模板，首先需要调入模板。下面介绍调入模板的操作。

- 打开字幕窗口，然后选择【字幕】→【新建字幕】→【基于模板】命令，打开模板窗口，如图 4-35 所示。

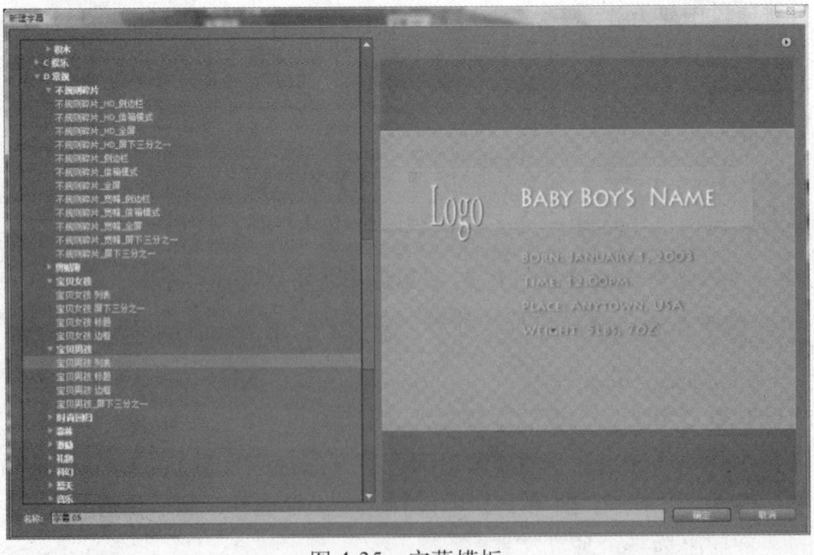

图 4-35　字幕模板

- 单击小三角按钮，展开需要的模板类型。
- 选择需要的模板，并单击【确定】按钮，即可在字幕窗口中打开选择的模板，如图 4-36 所示。

图 4-36　选择字幕模板

也可以选择【字幕】→【模板】命令把保存的字幕文件作为一个模板。

TIPS

(2) 设置默认的模板

调入模板后，可以把该模板设置为默认的模板。下面介绍设置默认模板的操作。

- 打开模板后，选择【字幕】→【模板】命令，打开模板窗口，如图 4-37 所示。

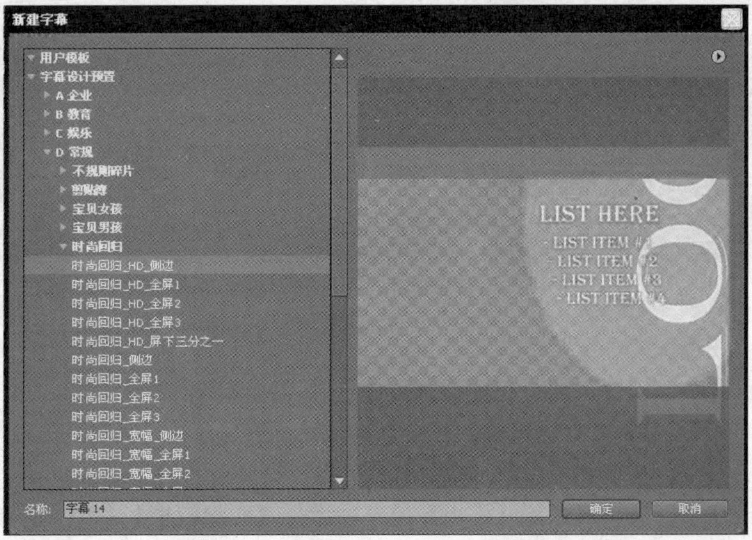

图 4-37　在模板窗口中选择默认模板

- 选择一个模板。
- 从【模板】菜单中选择【设置模板为默认静态字幕】命令，如图 4-38 所示。这样，每当打开字幕窗口的时候，就会打开这个设置的字幕模板。

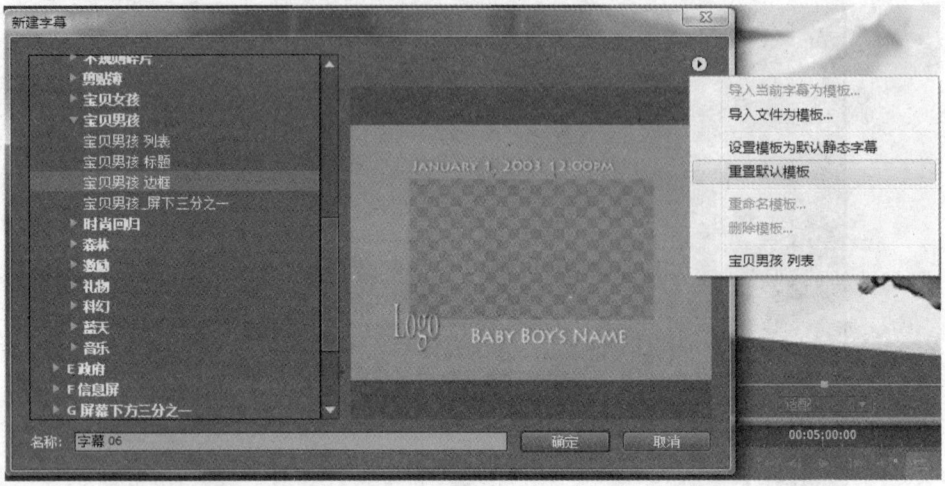

图 4-38　设置默认静态字幕

(3) 重命名和删除模板

对于保存或者编辑后的模板，可以对它们进行重命名，也可以把它们删除。

- 打开字幕窗口后，选择【字幕】→【模板】命令，打开模板窗口，如图 4-39 所示。

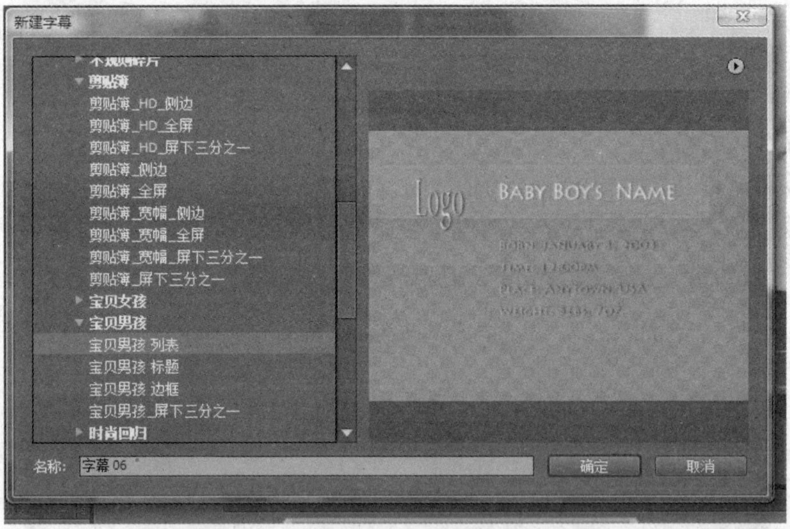

图 4-39　在模板窗口进行删除或重命名

- 选择一个模板。
- 如果要重命名该模板，那么在模板菜单中选择【重命名模板】命令，弹出【模板名称】对话框，在【名称】文本框中输入一个新的名称，然后单击【确定】按钮即可。如图 4-40 所示。
- 如果要删除该模板，那么从【模板】菜单中选择【删除模板】命令，弹出确认文件删除对话框，然后单击【确定】按钮即可。如图 4-41 所示。

图 4-40 【模板名称】对话框

图 4-41 删除字幕模板

TIPS 也可以把一个打开的字幕保存成一个模板。删除模板的操作是不可重置的，请用户谨慎操作。

4.6.2 创建字幕的文本和图形对象

在字幕中包括文本对象和图形对象，其中，文本对象是最主要的，图形对象其次。一般把字幕的文本对象和图形对象称为字幕素材。这一部分内容将介绍字幕素材和图形素材的创建。

4.6.3 创建字幕的文本对象

在字幕中最主要的内容或素材是文本，也就是文字，可以使用字幕窗口中的文本工具或菜单下的命令来创建文字对象。Adobe Premiere 提供了大量的文本格式化选项和字体，并可采用操作系统中的字库。另外，Adobe Premiere 还提供了 6 种文本输入工具，可以使用这 6 种文本工具输入各种方向的文本，也可以输入块文本。

（1）输入水平方向和垂直方向的文本

创建文字对象的步骤如下。

1 选择【文件】→【导入】命令，导入剪辑文件，并将剪辑文件拖入到视频 1 视轨。

TIPS 也有人把剪辑称为片段或者素材，读者要注意这 3 种名称。

2 选择【文件】→【新建】→【字幕】命令，打开字幕窗口。

3 选择文字工具，在字幕窗口需要输入的位置处单击，输入文字 premiere cs4，如图 4-42 所示。输入完毕后，在旁边单击或者单击工具箱中的选中的工具结束输入。

TIPS 在输入中文文本时，需要切换到中文输入法下，就像在 Word 文档中切换输入法那样。

4 在文本框外单击，用选择工具拖动文字放置到适当位置，还可以使用 4 个方向键微调文字对象的位置。

5 选择工具箱中的选择工具，选中文字并在其上右击，将弹出快捷菜单，如图 4-43 所示，从中对文字格式进行设置。字体选黑体，字型选择粗体与浮雕，字号选择 92。

6 也可以使用选择拉伸文本对象工具，效果如图 4-44 所示。

TIPS 对文字对象进行拉伸后，再按 Ctrl+Z 组合键即可恢复。

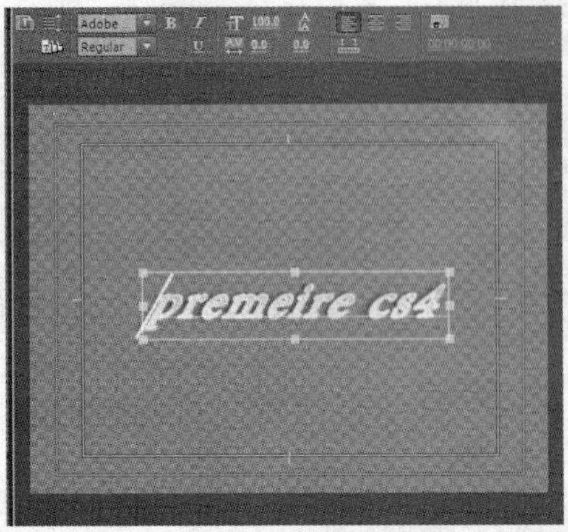

图 4-42　输入文字

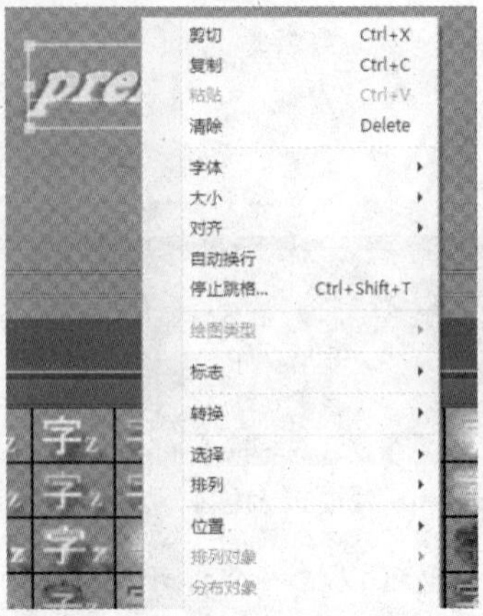

图 4-43　弹出快捷菜单

7 选择垂直文字工具，在字幕窗口需要输入文字的位置处单击，输入 ADOBe，如图 4-45 所示。

图 4-44　拉伸文本对象效果

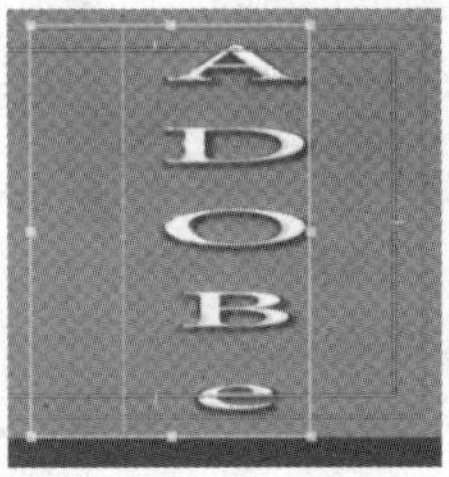

图 4-45　垂直字幕

8 从中可以看到，使用该工具输入的文字方向是垂直方向的。但对于垂直方向的文字也可以执行各种编辑。

(2) 输入区域文本

除了按一定的方向输入文本之外，也可以把文字限制在一个文本框中，也就是在一个框中输入文本，可以在限制框中输入垂直方向的文本。

如果要输入水平方向的文本。那么选择区域文字工具，在字幕窗口中单击并拖拽出一个文本框，然后在文本框中输入需要的文字，如图 4-46 所示。

如果要输入垂直方向的文本。那么选择垂直区域文字工具，在字幕窗口中单击并拖拽出一个文本框，然后在文本框中输入需要的文字即可，如图 4-47 所示。

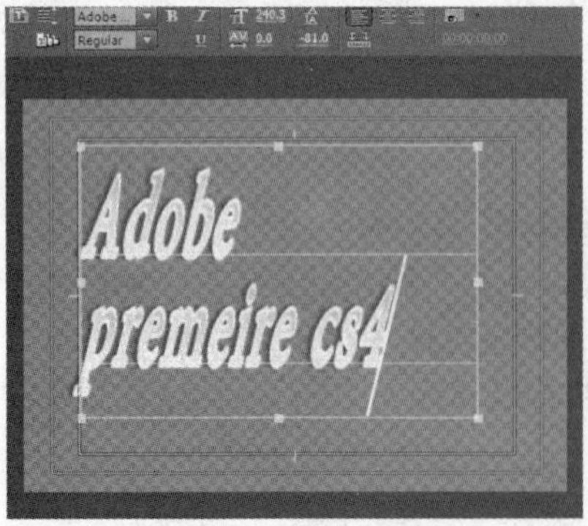

图 4-46　水平方向的文本

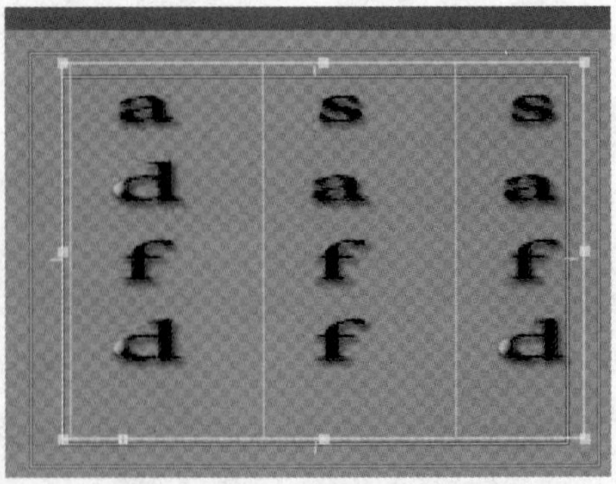
图 4-47　垂直方向的文本

（3）沿路径输入文本

还可以先绘制出一条路径，然后沿这条路径输入文本。下面介绍沿路径输入文本。

- 选择路径文字工具，在字幕窗口中单击创建一个开始点。
- 单击并拖拽，创建第二个点，并创建一条路径，如图 4-48 所示。
- 继续单击并拖拽，创建第三个点，直至获得需要的路径。如图 4-49 所示。

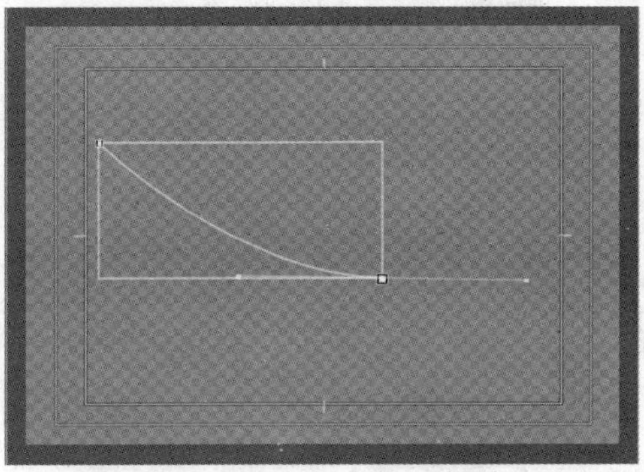

图 4-48　创建一条路径

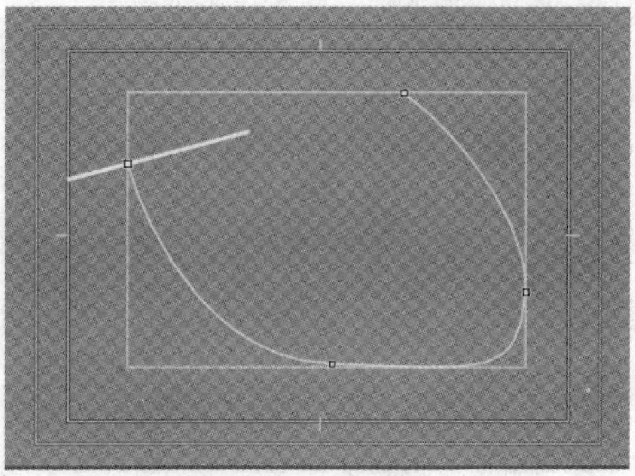

图 4-49　获得路径

TIPS 绘制完路径后，也可以使用钢笔工具通过调整锚点来调整路径的形状。

- 根据需要输入文本。如图 4-50 所示。
- 如果需要沿路径输入垂直方向的文本，那么选择垂直路径文字工具，在字幕窗口中单击创建一个开始点，然后单击并拖拽，创建第二个点，直至创建出需要的一条路径。如图 4-51 所示。
- 使用文本工具输入文本，如图 4-52 所示。

图 4-50　输入文本

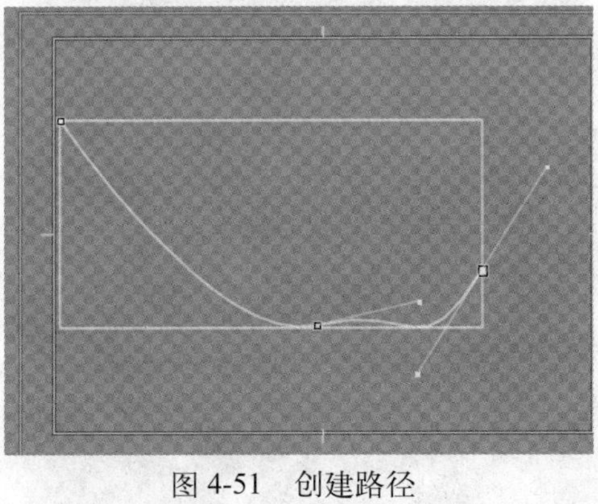

图 4-51　创建路径

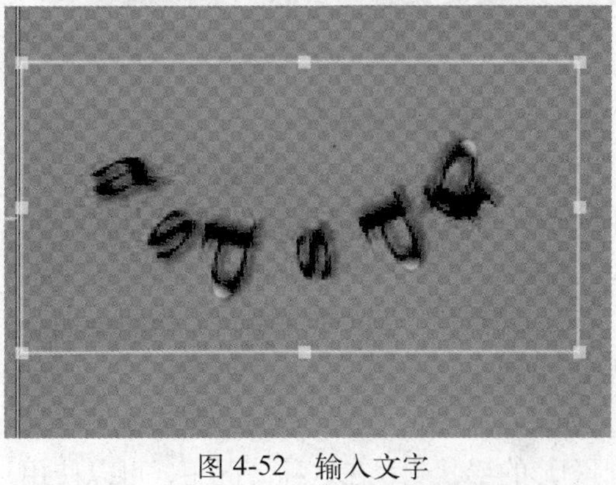

图 4-52　输入文字

4.6.4　使用钢笔工具

在字幕窗口的工具箱中有一个钢笔工具，还有三个与之对应的工具，它们分别是添加锚点工具、删除锚点工具和转换锚点工具。这些工具用于编辑使用钢笔工具绘制的图形。

钢笔工具的使用非常简单，只要在字幕窗口中的不同位置单击即可创建直角锚点的图形，如图 4-53 所示。

如果在创建第二个或更多的锚点后，在创建的锚点处，按住鼠标键适当拖动，可以创建出圆角锚点的形状，如图 4-54 所示。

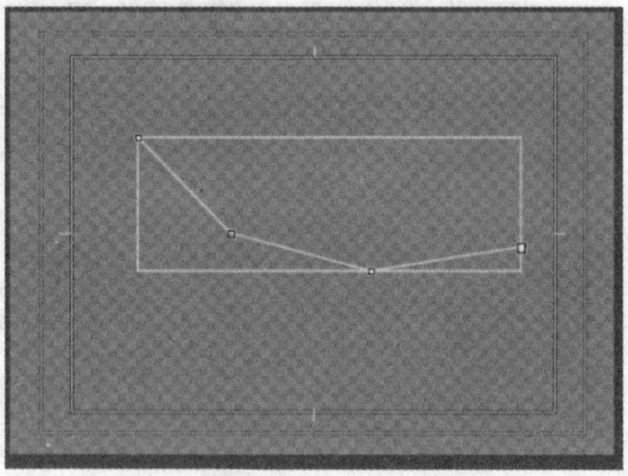
图 4-53　创建直角锚点

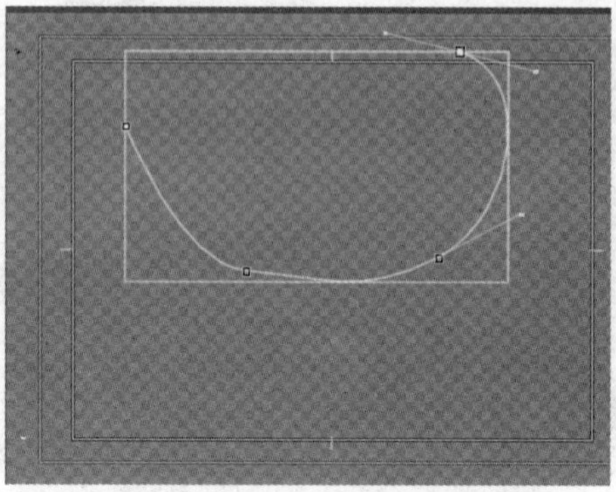
图 4-54　圆角锚点

锚点用于控制图形的形状，在每个锚点上都有一个控制手柄，它类似于切线，拖动控制手柄可以调整图形的形状，如图 4-55 所示。

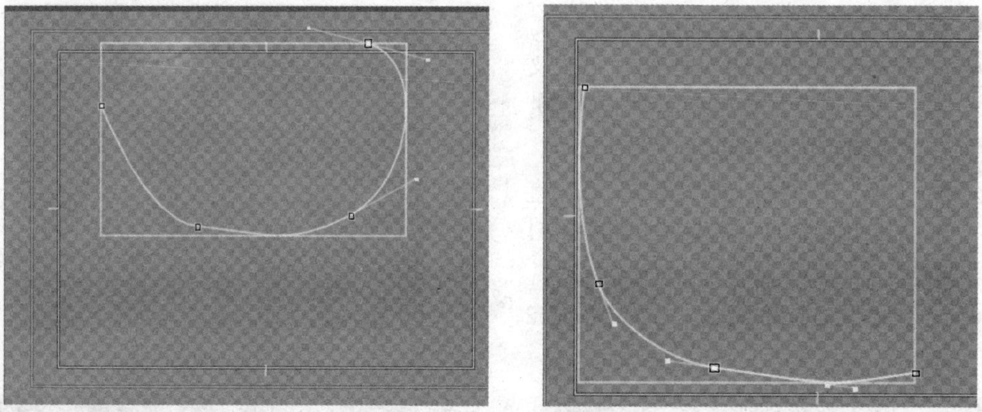
图 4-55　调整图形形状

如果在原图形上没有足够的锚点，那么可以使用添加锚点工具添加所需数量的锚点。只要使用添加锚点工具在需要的位置上单击即可添加锚点，如图 4-56 所示。

添加锚点后，通过拖动控制手柄即可调整图形的形状。

如果在原图形上锚点过多，那么就不容易控制图形的形状了，在这种情况下，可以使用删除锚点工具删除那些不需要的锚点。只要使用删除锚点工具在锚点上单击即可删除，如图 4-57 所示。

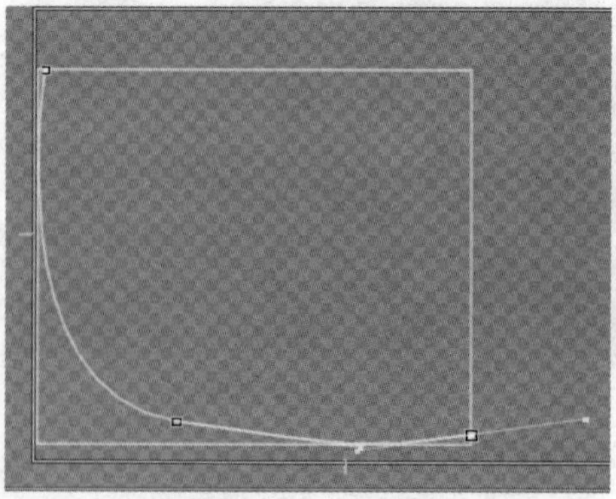
图 4-56　添加锚点

在创建了直角锚点的图形后，有时候需要把某一个或者几个直角锚点转换为圆角锚点，以便通过调整锚点来获得所需要的图形。在这种情况下，使用转换锚点工具就可以把直角锚点转换为圆角锚点，从而可进一步调整图形的形状。

反之，也可以用转换锚点工具把圆角锚点转换为直角锚点，从而进一步调整图形的形状。如图 4-58 所示。

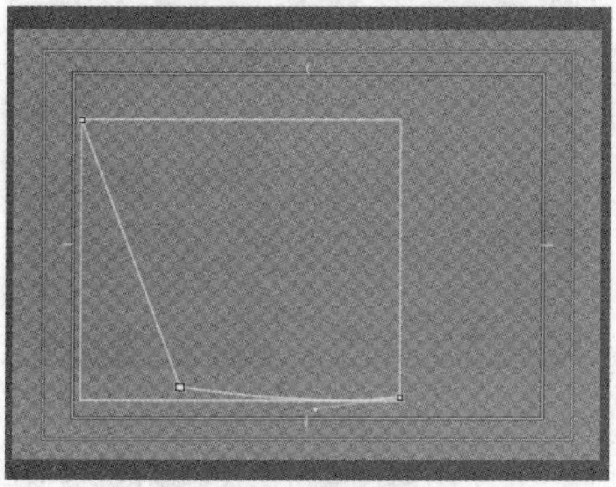

图 4-57　删除锚点

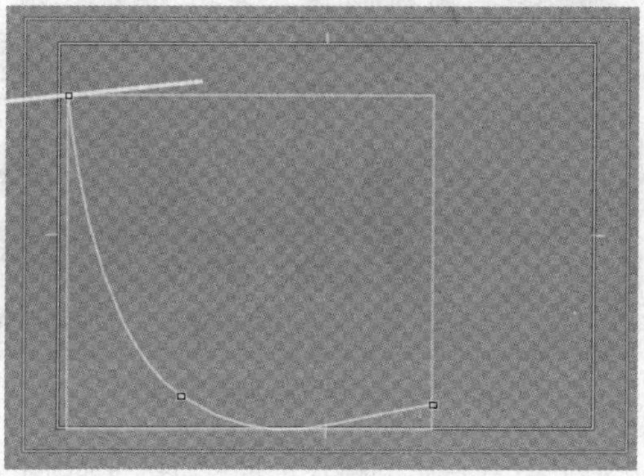

图 4-58　改变角点

4.6.5　创建字幕的图形对象

在字幕窗口的工具箱中包含一些图形工具。其中，矩形、椭圆形、楔形以及弧形工具可以分为线框型与实体型，实体型也叫做实心图形，而且可以对绘制的图形进行各种编辑。下面介绍创建几何图形的操作步骤。

1 在【时间线】窗口中放置好素材，并打开字幕窗口。

2 在工具箱中选择矩形工具，在字幕窗口中单击并拖拽即可创建一个矩形，如图 4-59 所示。

3 可以使用选择工具移动矩形的位置，或者将其放在某个角处，当鼠标指针变成一个双向箭头时进行拖拽即可调整矩形的大小。当鼠标指针变成一个弯曲的双向箭头时进行拖拽即可旋转矩形，如图 4-60 所示。

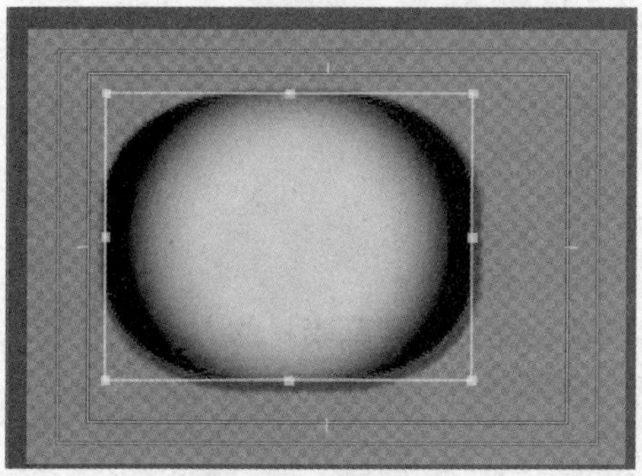

图 4-59　创建矩形

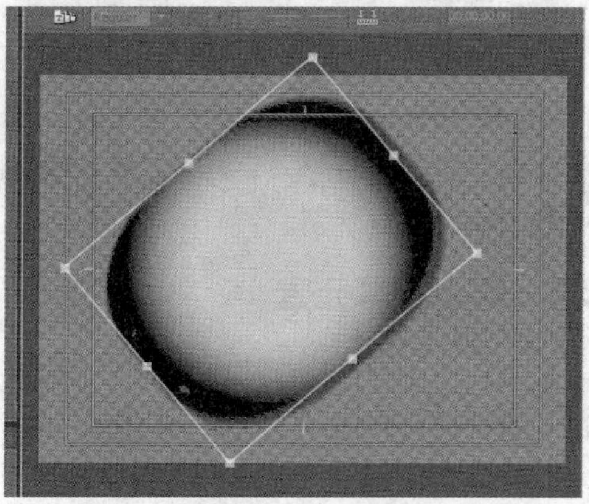

图 4-60　旋转矩形

4 也可以在字幕窗口右侧的属性栏中，调整变换中的参数来调整矩形的位置、大小及旋转角度。

5 在字幕窗口右侧的属性栏中，展开填充部分，单击右侧的颜色样本，打开【颜色拾取】对话框，如图 4-61 所示。

选择一种颜色，然后单击【确定】按钮，即可改变矩形颜色，如图 4-62 所示。

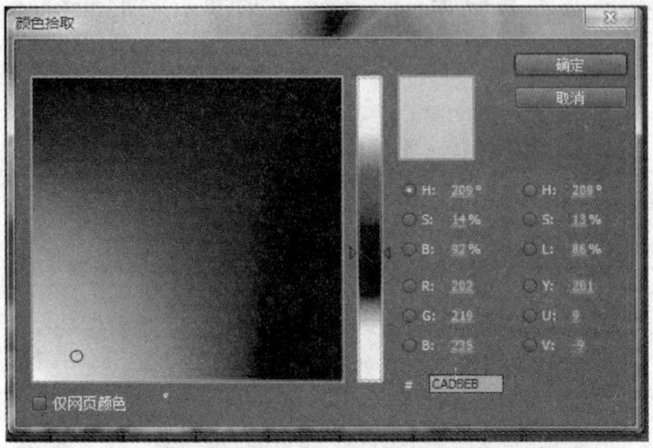

图 4-61 【颜色拾取】对话框

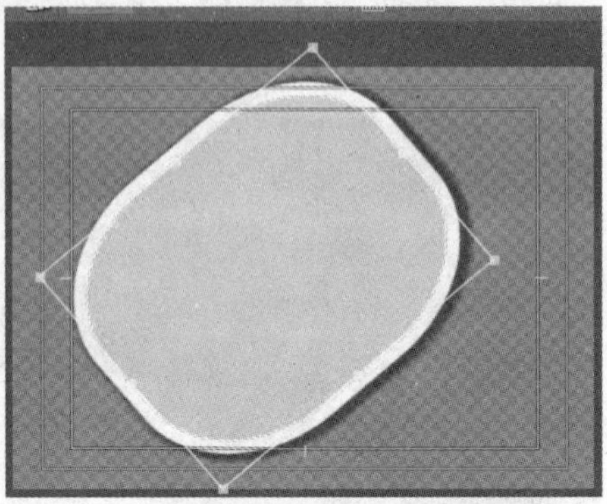

图 4-62 改变颜色

使用样式栏中的样式，也可以改变图形的一些属性。选中图形，单击样式栏中的一种样式可以改变图形效果，如图 4-63 所示。

其他图形工具的使用与矩形工具的使用类似，使用其他工具可以改变图形效果，如图 4-64 所示。

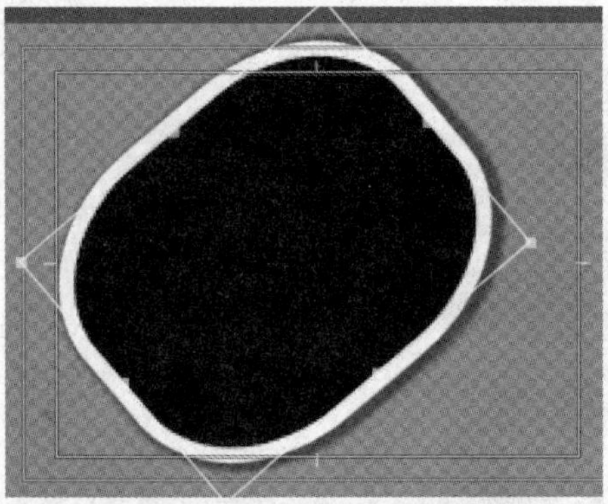

图 4-63 改变图形效果

图 4-64 使用其他工具的效果

Adobe Premiere 中提供的绘图工具，不论数量还是功能都非常有限，所能绘制的基本上都是一些标准的几何图形。如果要完成一些复杂的画面，就需要使用 Photoshop、CorelDRAW 等专业制图软件进行绘制。

4.6.6 编辑字幕元素

在上一节中介绍了字幕窗口的基本设置和功能，以及创建一个字幕素材的方法。下面，就对这些素材进行修饰，包括添加阴影、编辑文本元素、设置颜色、渐变和透明等。

(1) 添加阴影

在 Adobe Premiere 中可以为创建的文字或图形对象增加可以调节的阴影，使画面产生空间深度感。下面介绍一下创建阴影的操作步骤。

1 在字幕窗口中输入“文字”，如图 4-65 所示。

2 在右侧的属性栏中，展开阴影项，并把距离的值设置为16，阴影效果如图4-66所示。

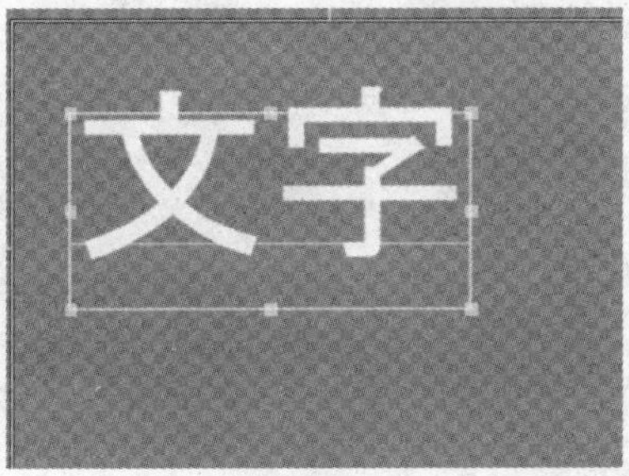

图4-65 输入“文字”

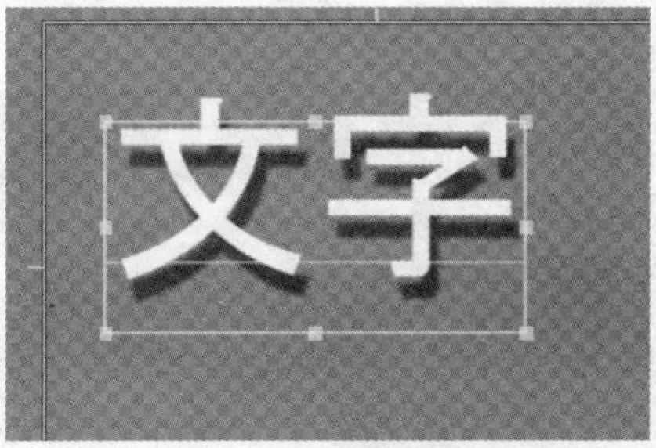

图4-66 阴影效果

3 使用【角度】可以调整阴影的角度，如把数值设置为45°，那么阴影效果如图4-67所示。

TIPS 如果需要创建以45°变化的阴影，可以按Shift键后拖动阴影偏移控制工具。

4 要改变阴影的颜色，可单击颜色右侧的颜色样本按钮，打开“颜色选择”窗口，改变阴影的颜色如图4-68所示。

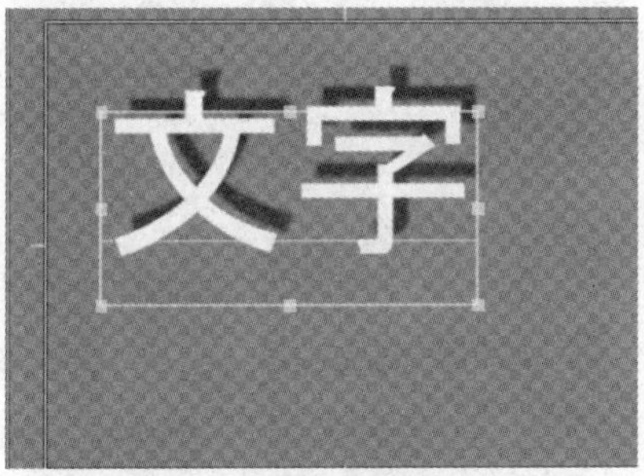

图4-67 改变文字阴影方向

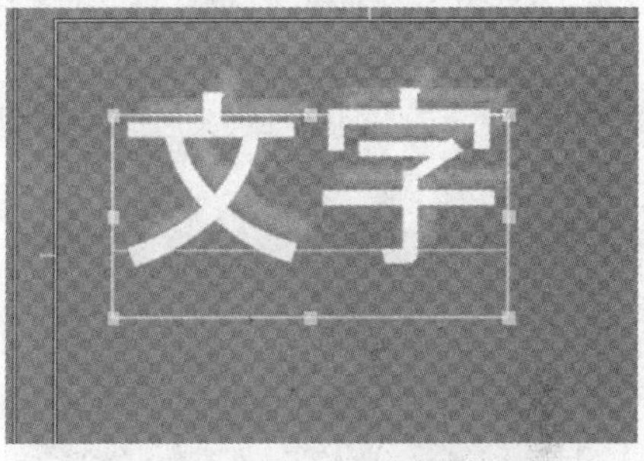

图4-68 改变文字阴影颜色

5 要改变阴影的大小、透明及扩散度，可调整大小、透明度和扩散的数值，如图4-69所示，效果如图4-70所示。

图4-69 阴影参数

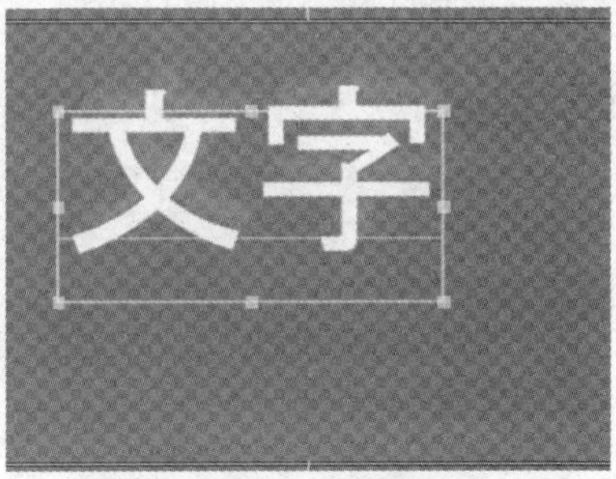

图4-70 改变阴影参数效果

（2）编辑文本元素

对于输入的文本，可以对它们进行各种各样的调整，如改变字体、字号、字距、行距、倾斜和扭曲等效果。

● 输入文字，中文和英文都可以，如图4-71所示。字幕窗口右侧的属性栏如图4-72所示。

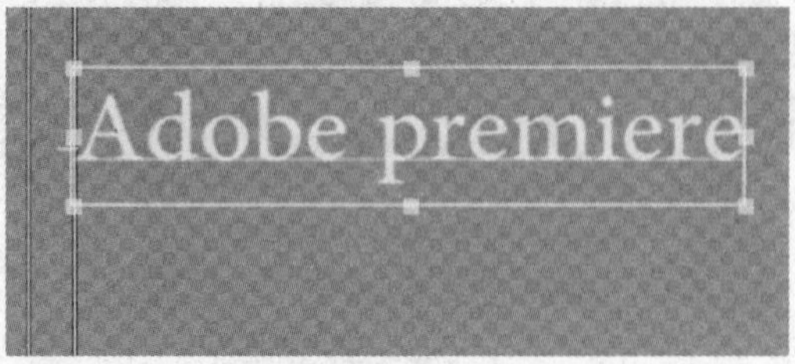

图 4-71　输入文字

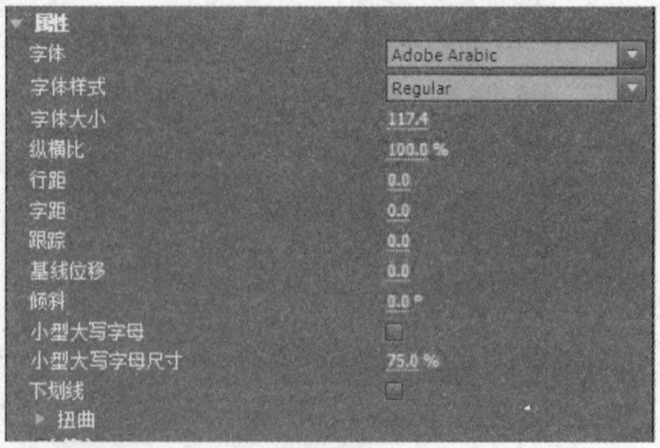

图 4-72　属性栏

- 调整字体和字体大小可以改变字体的类型和大小，如图 4-73 所示。调整结果如图 4-74 所示。

选中文本后，单击字体右侧的按钮，会弹出一个下拉菜单，如图 4-75 所示。从中选择需要的字体类型即可。

图 4-73　调整字体及字体大小

图 4-74　调整后的效果

图 4-75　选择字体类型

- 调整字距可以改变字与字之间的距离，如图 4-76 所示。

图 4-76　调整字距

- 调整倾斜可以改变文本的倾斜度，如图 4-77 所示。

图 4-77　调整倾斜度

- 选中下划线复选框，可以使文本带有下划线，如图 4-78 所示。
- 展开扭曲选项如图 4-79 所示，调整 X、Y 的数值，使文字变形，效果如图 4-80 所示。调整行距可以改变行与行之间的距离，如图 4-81 所示。

图 4-78 下划线效果

图 4-79 扭曲选项

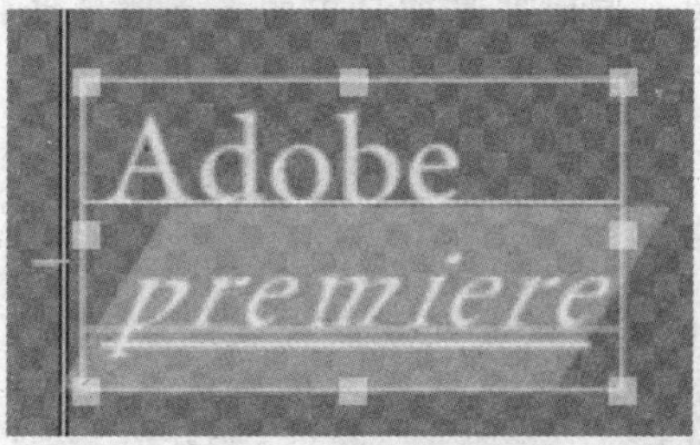

图 4-80 文字变形

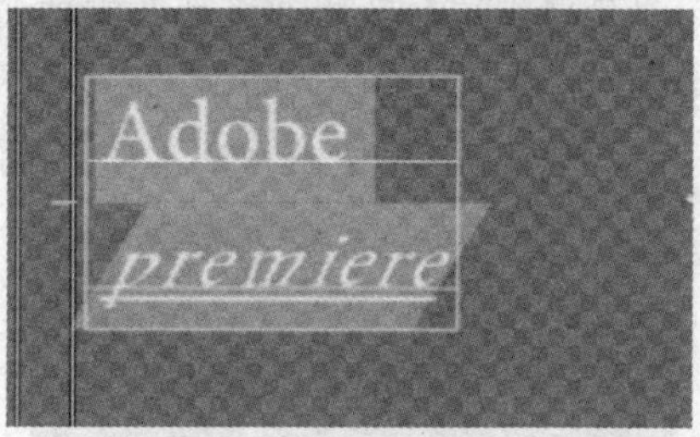

图 4-81 改变行距

TIPS 对于中文也可以使用这样的调整。

(3) 设置颜色、渐变和透明

对文字、图形及阴影都可以使用颜色、渐变和透明，还可以用颜色吸管工具拾取已经存在于字幕窗口中的颜色，包括引入的背景本帧中的颜色。

1) 设置字幕元素的颜色

在 Adobe Premiere 中，可以很容易地改变字幕元素的颜色，具体操作步骤如下。

1 输入文本后，确定文本属于选中状态，或者使用选择工具选取文本或者图形。

2 展开字幕窗口右侧属性栏中的填充部分，单击右侧的颜色样本按钮，弹出【颜色拾取】对话框，如图 4-82 所示。

3 在【颜色拾取】对话框中选择一种颜色，如蓝色，单击【确定】按钮。

4 选择的字幕元素将改变成蓝色，如图 4-83 所示。也可以使用这种方法把字幕中的文字设置为需要的颜色。

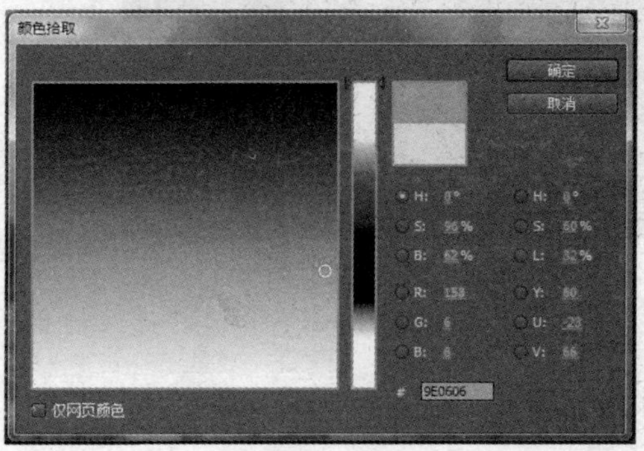

图 4-82 【颜色拾取】对话框

图 4-83 效果

TIPS 若要使用在字幕窗口中已有的颜色，可用选择工具选取一个文字或图形对象，然后选择吸管工具，在所需要的颜色上单击即可。若要交换对象和阴影之间的颜色，单击两色块之间的曲线双箭头即可。

2）设置渐变颜色

可以为字幕元素设置渐变色，具体操作步骤如下。

1 输入文本后，确定文本处于选中状态，或者使用选择工具选取文本或者图形。

2 展开字幕窗口右侧属性栏中的填充部分，单击颜色选择右侧的实色按钮，在弹出的下拉菜单中选择【线形渐变】。

3 在右侧的颜色框中，单击颜色框左侧，在打开的【颜色拾取】对话框中选择一种颜色，如红色，单击【确定】按钮。这样左侧就变成了红色。同时字幕窗口中的上半部分也变成了红色，如图 4-84 所示。

4 通过拖动颜色框下面的两个颜色块可以设置渐变的大小，如图 4-85 所示。

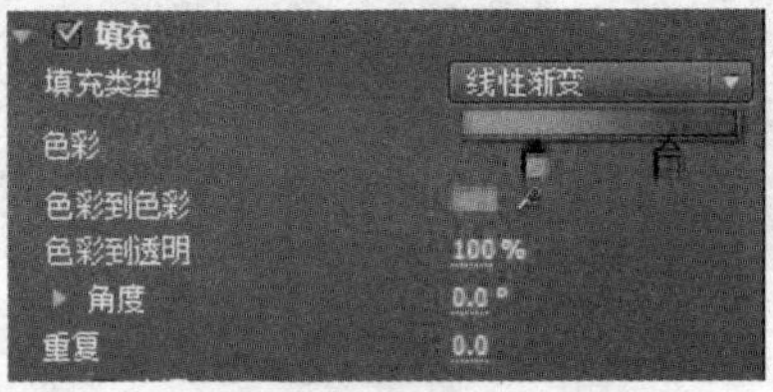

图 4-84 选择颜色

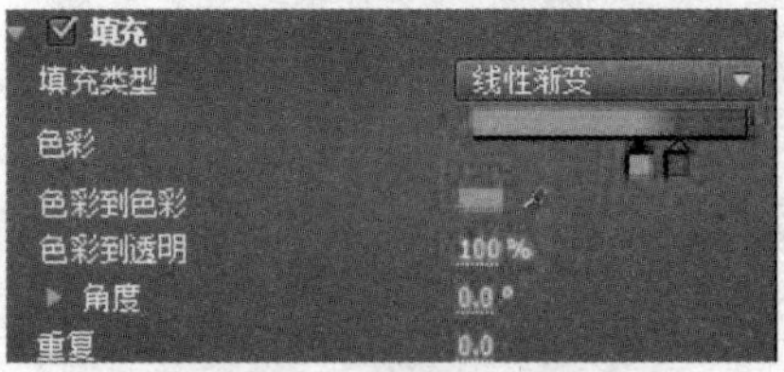

图 4-85 设置渐变大小

5 通过设置角度的数值，可以改变渐变色的角度，如图 4-86 所示。

6 通过设置重复的数值，可以改变渐变的重复次数，如图 4-87 所示，效果如图 4-88 所示。

图 4-86 设置渐变角度

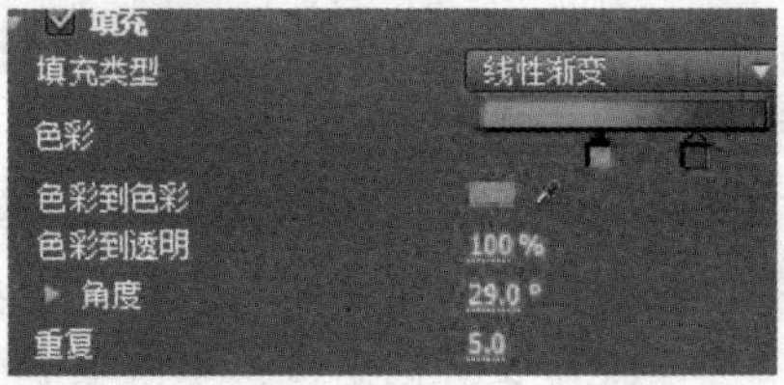

图 4-87 改变重复次数

7 可以使颜色发生径向渐变，或者其他方式的渐变。

8 可以为字幕中的文本使用颜色渐变，如图 4-89 所示

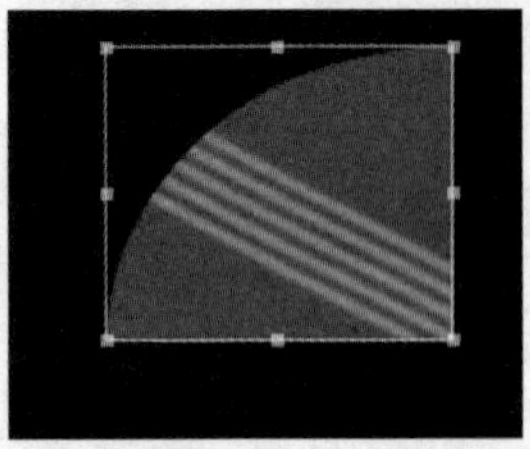

图 4-88 效果

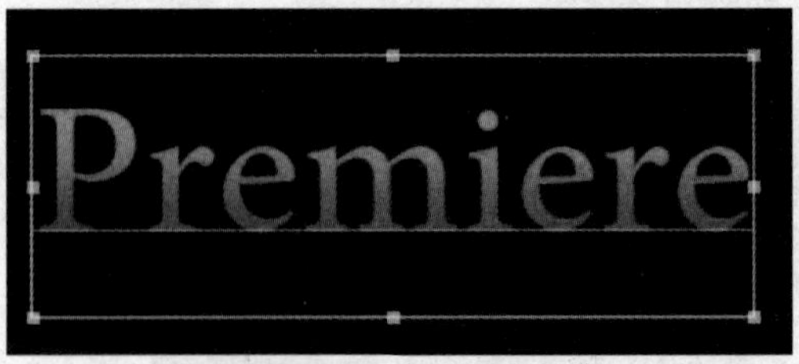

图 4-89 文字渐变

3）添加光泽

可以为字幕中的元素设置光泽，具体操作步骤如下。

1 输入文本或者绘制图形后，确定文本处于选中状态。

2 展开字幕窗口右侧属性栏中的填充部分，选中【光泽】复选框，并通过单击【光泽】左侧的小三角按钮展开【光泽】选项，如图 4-90 所示。

【色彩】：用于设置光泽的颜色，单击颜色样本按钮可打开颜色选择窗口，用于选择颜色。

【透明度】：用于设置光泽的透明度。

【大小】：用于设置光泽的尺寸。

【角度】：用于设置光泽的角度或者方向。

【偏移】：用于设置光泽的偏离位置。

4）设置纹理

可以为字幕中的元素设置纹理填充，具体操作步骤如下。

1 输入文本或者绘制图形后，确定文本处于选中状态。

2 展开字幕窗口右侧属性栏中的填充部分，选中【纹理】复选框，并通过单击【纹理】左侧的小三角按钮展开纹理选项，如图 4-91 所示。

【纹理】：用于设置纹理的图案，单击右侧的图案栏，将会打开【选择一个纹理图像】对话框，从中选择图案。如图 4-92 所示。选择一个图案后，单击【打开】按钮即可。

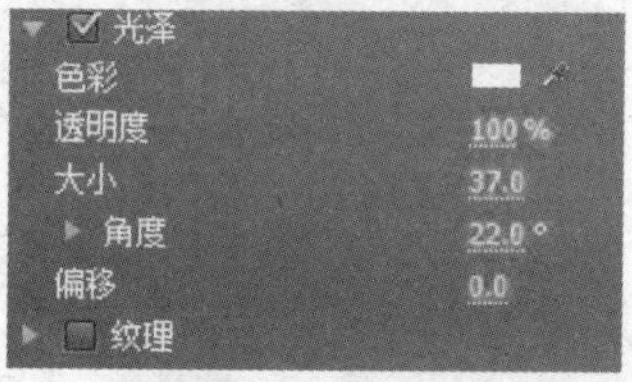

图 4-90　展开【光泽】选项

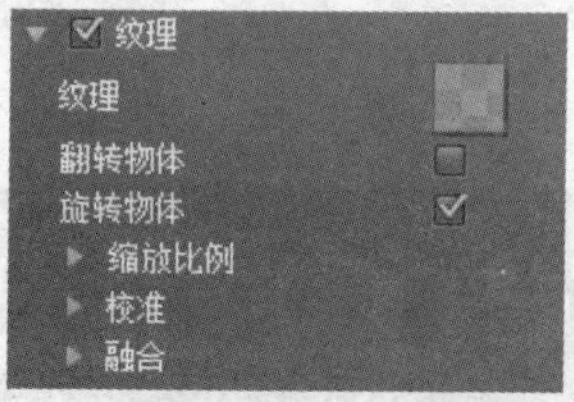

图 4-91　纹理选项

图 4-92　选择纹理图案

【翻转物体】：选中该复选框后，将与字幕元素一起翻转。

【旋转物体】：选中该复选框后，将与字幕元素一起旋转。

【缩放比例】：用于设置纹理的大小。

【校准】：用于设置纹理的排列方式。

【混合】：用于设置纹理与字幕元素的融合。

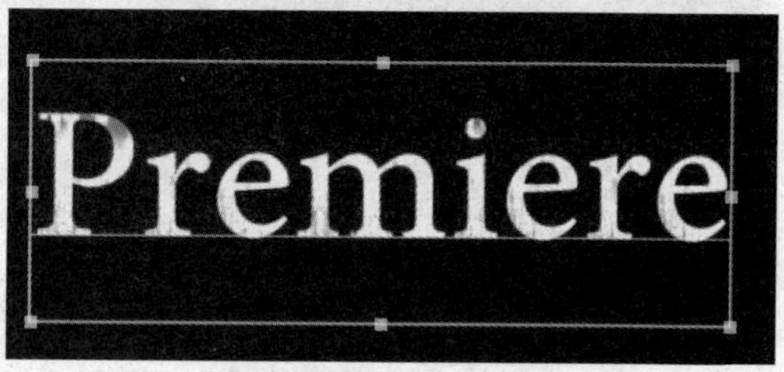

图 4-93　纹理填充效果

纹理填充效果如图 4-93 所示。

5）为对象设置轮廓

在 Adobe Premiere 中，可以为字幕中的元素设置内轮廓或者外轮廓，也可以同时为字幕元素添加内轮廓和外轮廓，而且也可以为轮廓设置各种属性。也有人把轮廓称为笔触。具体操作步骤如下。

1 输入文本或者绘制图形后，确定文本处于选中状态。

2 展开字幕窗口右侧属性栏中笔触部分，如图 4-94 所示。

3 从图 4-94 可知，它有两个选项：一个是【内侧边】，单击它右侧的添加即可为选中的字幕元素添加默认的内侧边；另外一个是【外侧边】，单击它右侧的添加即可为选中的字幕元素添加默认的外侧边。效果如图 4-95 所示。

图 4-94 【描边】面板

图 4-95 添加描边效果

单击【内侧边】或者【外侧边】左侧的小三角按钮，可以展开它们的控制选项，如图 4-96 所示。

【类型】：用于设置轮廓的边缘类型。

【大小】：用于设置轮廓的尺寸。

【填充类型】：用于设置轮廓的填充类型，比如可以设置为渐变颜色。

【色彩】：用于设置轮廓的颜色。

【透明度】：用于设置轮廓的不透明度。

【光泽】：用于设置轮廓的光泽效果。

【纹理】：用于设置轮廓的纹理效果。

图 4-97 所示为一种轮廓效果。

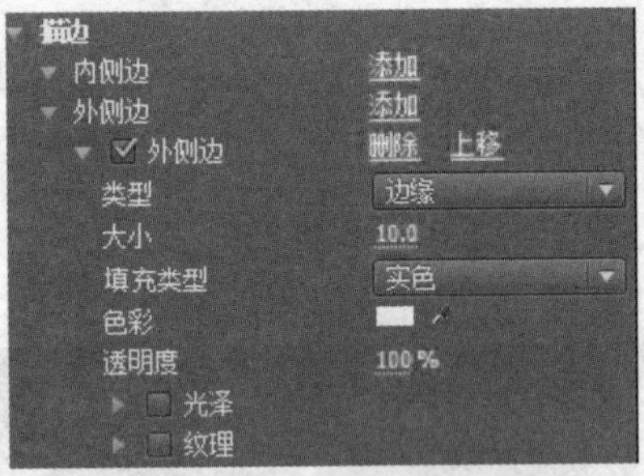

图 4-96 描边选项

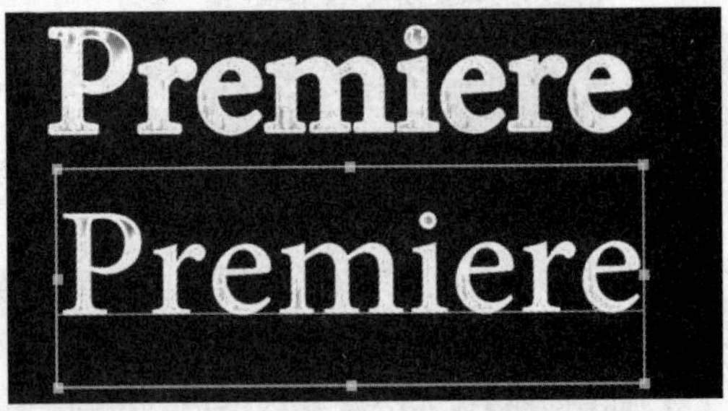

图 4-97 【轮廓】效果

6）设置文本与图形位置及层级

在默认设置下，文字与图形对象是按照创建的顺序由下层到上层依次显示在窗口中的。不过可以根据需要进行调整。如使图形显示在字幕窗口的中间，或者文字的上方或者显示在文字的下方。下面列出了改变对象位置和堆叠顺序的具体操作步骤。

1 在字幕窗口中输入文字，如图 4-98 所示。

2 选择【字幕】→【排列】→【退到最后】命令，效果如图 4-99 所示。

图 4-98 输入文字

3 选择【字幕】→【位置】→【水平居中】命令，效果如图 4-100 所示。

图 4-99　效果

图 4-100　选择【水平居中】命令

4 选择【字幕】→【位置】→【垂直居中】命令，效果如图 4-101 所示。

5 选择【字幕】→【位置】→【屏幕下方三分之一处】命令，效果如图 4-102 所示。

图 4-101　选择【垂直居中】命令

图 4-102　选择【屏幕下方三分之一处】命令

6 按 Delete 键删除椭圆图形。

7 按 Ctrl + S 组合键可保存字幕文件。

7）插入 Logo 和图形

在 Adobe Premiere 的字幕窗口中，可以插入需要的图形，包括 Logo 和其他图形，插入图形后，还可以对它们进行一定的编辑来满足需要。下面列出了插入图形的具体操作步骤。

1 在字幕窗口中输入一些文字，如图 4-103 所示。

TIPS　为了美观，下面对文字做一些调整。

2 如果需要插入图形，那么选择【字幕】→【标记】→【插入标志】命令，弹出【导入图像为标志】对话框，如图 4-104 所示。

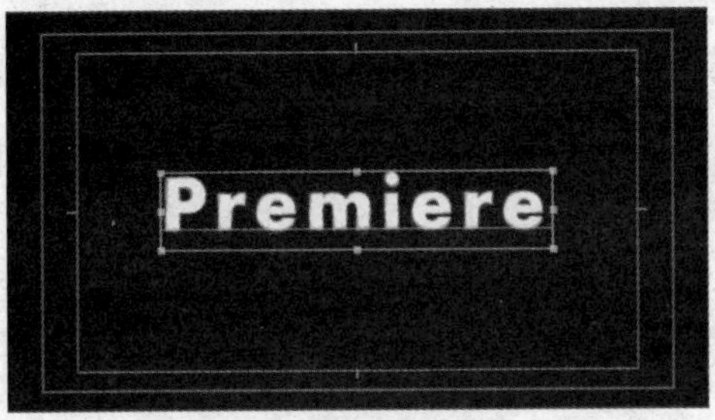

图 4-103　输入文字

图 4-104　【导入图像为标志】对话框

3 选择需要的图形，单击【打开】按钮即可把图形导入到字幕窗口中，如图 4-105 所示。

4 图形的尺寸布满了字幕窗口，可以使用选择工具调整图形大小和位置等属性，如图 4-106 所示。

图 4-105 导入图形

图 4-106 调整图形大小和位置

TIPS 如果要删除插入的图形，就选中图形，并按 Delete 键进行删除即可。

5 如果需要在文本中间插入 Logo 图形，那么输入文本，并使用文本工具在需要插入图形的位置单击，如图 4-107 所示。

6 选择【字幕】→【标记】→【插入标志到正文】命令，打开【导入图像为标志】对话框，然后选择需要的图形，并单击【打开】按钮即可，如图 4-108 所示。

图 4-107 插入图形

图 4-108 插入选择的图形

7 插入的图形会自动调整大小。如果需要删除插入的图形，那么使用文本工具在插入图形的右侧位置单击，并按 Back Space（←）键即可。

4.7 本章小结

字幕制作是 Adobe Premiere Pro 制作电影的一个重要组成部分，精彩绝伦的电影画面配上一些恰当的字幕效果，往往能够起到画龙点睛的作用！学习本章后，可以制作出各种各样、五颜六色的字幕来。最令人心动的是滚动字幕的制作，它一改字幕静止不动的状态，使字幕变得灵活多变。用户在制作电影的过程中，根据需要可在适当的地方添加理想的字幕效果，这样制作出来电影或者 DV 就会更加好看。

4.8　本章习题

一、填空题

（1）字幕类型分为__________、__________和__________。

（2）在字幕设计窗口中选中____________复选框，可以使时间线轨道上的当前画面作为文字显示的背景。

（3）在字幕编辑窗口中，可以进行______编辑与______编辑。

二、选择题

（1）在 Premiere 中，创建字幕时下面（　　）项操作是不正确的。

A. F4

B. F9

C. 选择菜单命令【文件】→【新建】→【字幕】

D. 在【项目】窗口中的空白处右击，在弹出的快捷菜单中选择【新建】→【文件夹】→【字幕】命令

（2）用于给字幕添加轮廓线的是（　　）项。

A. 阴影　　B. 笔画　　C. 填充　　D. 属性

（3）在 Premiere 中绘制角度为 45°的直线时需要键盘上的（　　）个键配合。

A．Space　　B. Ctrl　　C. Shift　　D. Alt

三、操作题

根据掌握的知识制作一个向上滚动的字幕文件并添加到时间线中。

第 5 章　视频特效

教学目标

学习本章后，能对 Adobe Premiere Pro CS4 的视频特效有一个全面的认识，并能够给现有的文件添加视频特效，使现有文件变得更加丰富有趣。

教学重点与难点

- 如何为视频片段添加视频特效
- 视频特效参数设置方法
- 认识系统内置的视频特效
- 了解一些常用的外挂滤镜特效插件

5.1　视频特效概述

熟悉 Photoshop 的人都知道 Photoshop 有大量的滤镜效果，用户可以通过使用这些滤镜随心所欲地创作出各种各样引人入胜的画面效果，Premiere Pro 同样也提供了大量的滤镜效果。大部分的 Photoshop 外挂滤镜在 Premiere Pro 中同样可以适用，与 Photoshop 不同的是，Premiere Pro 中的滤镜特效产生的是动画效果，可以随着时间的变化产生变化。同时，Premiere Pro 中的一部分是应用于音频效果的，可以对视频文件中的音频文件进行修饰。按照不同功能与用途将视频特效分为 18 个类型，如图 5-1 所示。本章将分别对这 18 类视频特效进行全面介绍，以便读者能够完整地掌握 Premiere Pro CS4 各种视频的基本特效及用法。

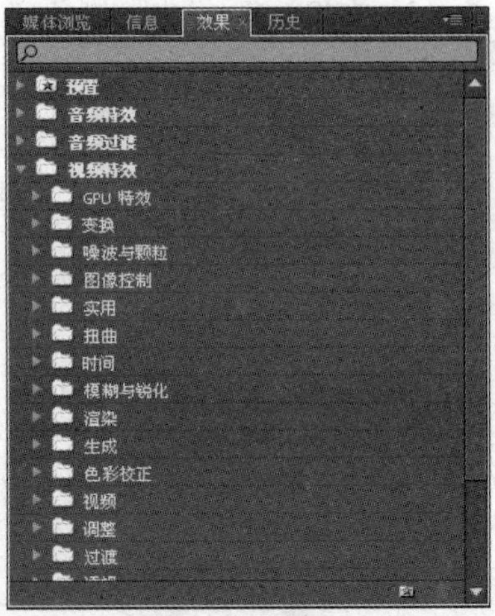

图 5-1　效果类型

5.2　视频特效实例

下面先通过一个简单的例子让用户了解如何使用视频滤镜，以及使用视频滤镜的基本流程；学习本章后，再进行练习和完善，就能够熟练掌握视频滤镜的使用方法。

在这个作为入门的例子中，给一个镜头片段添加一个 Premiere Pro CS4 内置的视频滤镜特效，并为其制作简单的动画，用户可以根据编辑的需要随意为素材添加视频特效，同一个视频特效可以被应用到多个素材上，一个素材上也可以添加多个视频特效。

1）启动 Premiere Pro CS4，打开 Premiere Pro CS4 文件菜单栏，单击【新建项目】图标，在弹出的对话框的下拉菜单中选择文件存储位置，将项目命名为“第五章范例”，如图 5-2 所示。在【新建序列】对话框里选择视频模式，在这个范例里选择的是 DV-PAL 格式，也就是尺寸为

720×576 的标清格式，如图 5-3 所示。

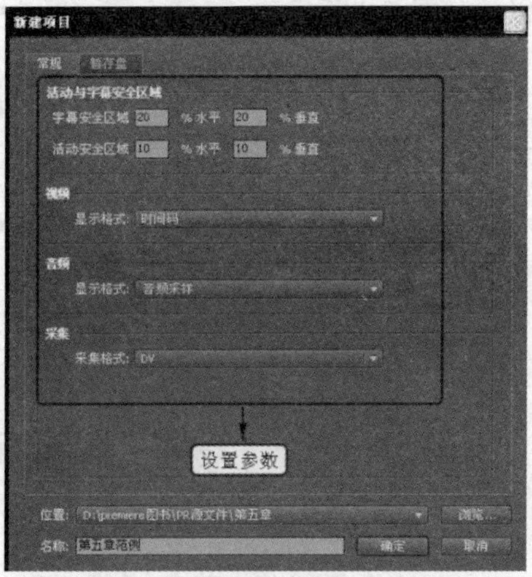

图 5-2 【新建项目】对话框

图 5-3 选择视频模式

2）双击【项目】窗口中的空白处，或按 Ctrl+I 组合键，将随书光盘中素材/第 5 章中的 blooming.mov 素材导入项目中，并对素材进行参数设置，如图 5-4 和图 5-5 所示。

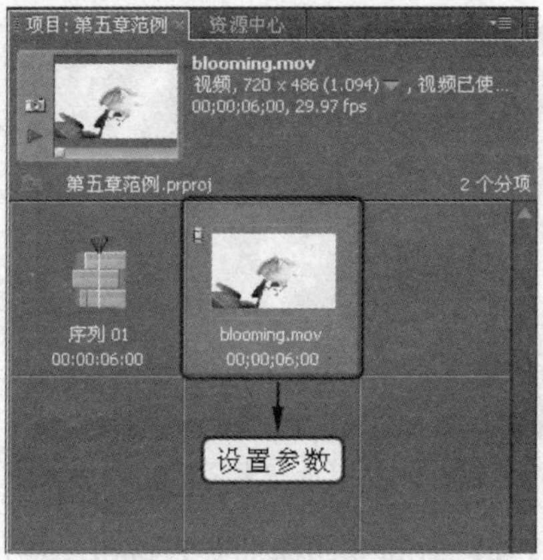

图 5-4 选择素材

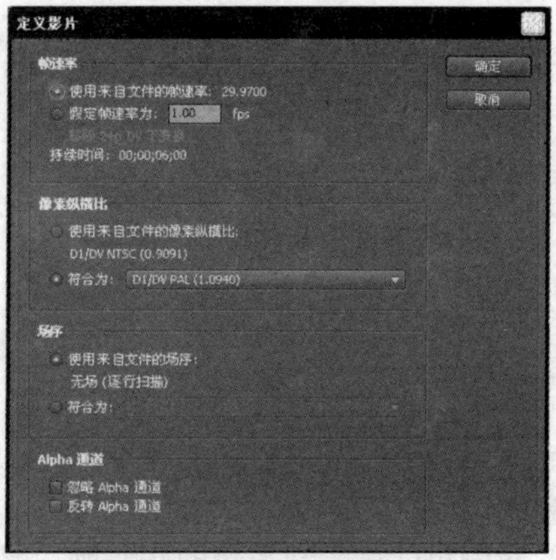

图 5-5 设置参数

3）将 blooming.mov 素材拖入时间线的视频轨道 1 上，如图 5-6 所示。

4）在【时间线】窗口中，双击 blooming.mov 素材文件，即可在【素材源监视器】窗口中预览到素材文件的效果，如图 5-7 所示。

图 5-6 拖入时间线

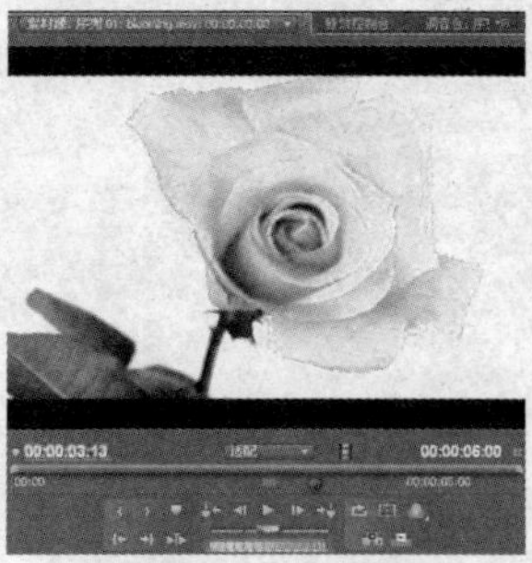

图 5-7 预览素材

5）若特效菜单没有打开，则选择【窗口】→【效果】命令，如图 5-8 所示。

6）在打开的特效面板中，展开【视频特效】卷展栏，如图 5-9 所示。

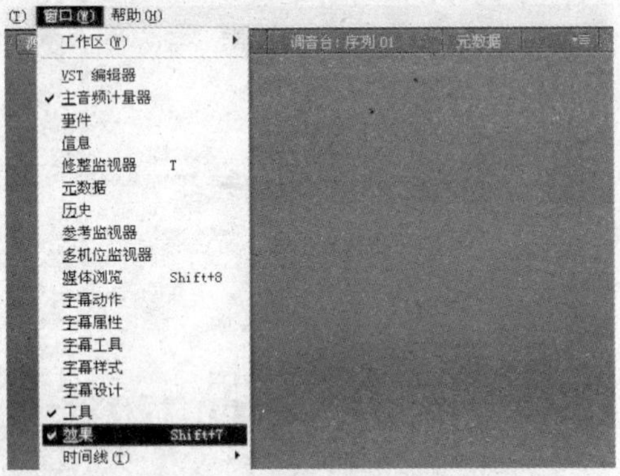

图 5-8　选择【效果】命令

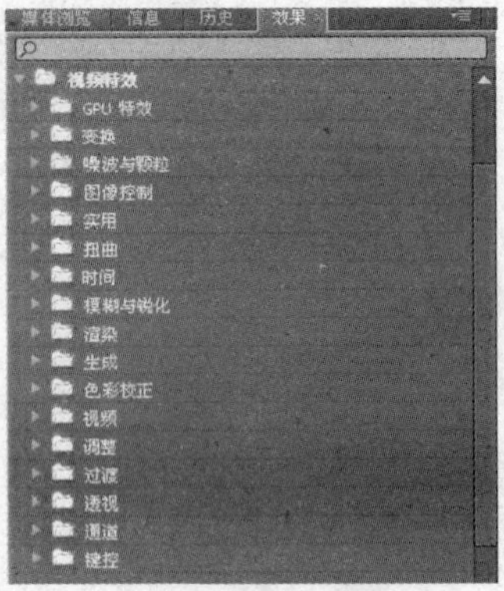

图 5-9　【视频特效】面板

7）在【视频特效】面板下，展开 GPU 特效卷展栏，选择【波纹（圆形）】视频特效，并将特效添加给位于时间线视频轨道 1 的 blooming.mov 素材。

8）打开位于【特效控制台】的【波纹（圆形）】面板，调节参数，如图 5-10 所示。调节后【节目监视器】窗口的影片效果如图 5-11 所示。

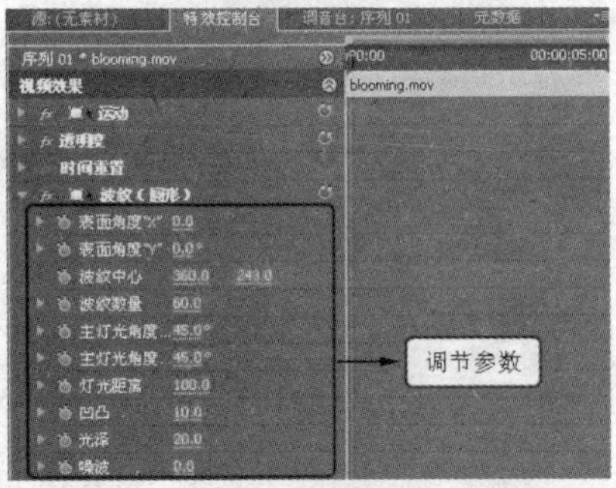

图 5-10　设置波纹参数

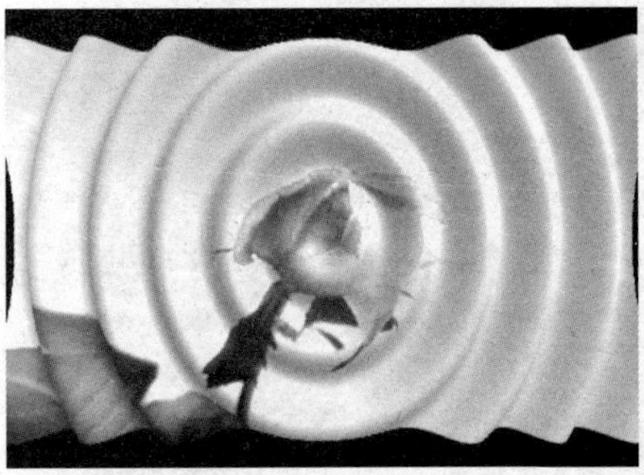

图 5-11　【波纹】效果

9）将编辑线调整到素材的起始帧，单击【波纹数量】前的【切换动画】按钮，在这个时间点添加一个关键帧，如图 5-12 所示。

10）将时间编辑线向后移动到 00:00:02:00 处，将【波纹数量】的数值更改为 0，系统则在这个时间点自动添加一个关键帧，如图 5-13 所示。

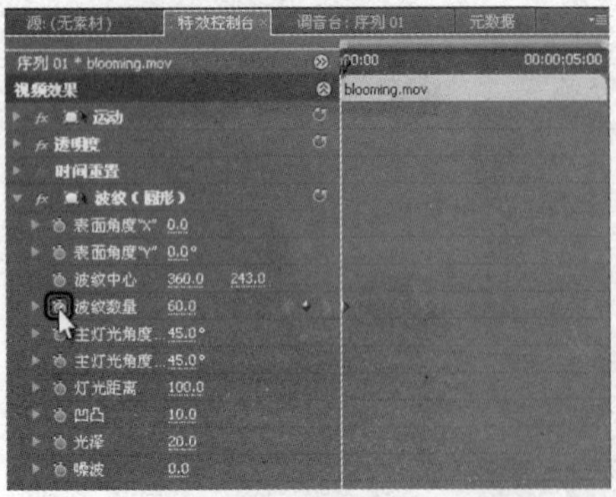

图 5-12　添加关键帧

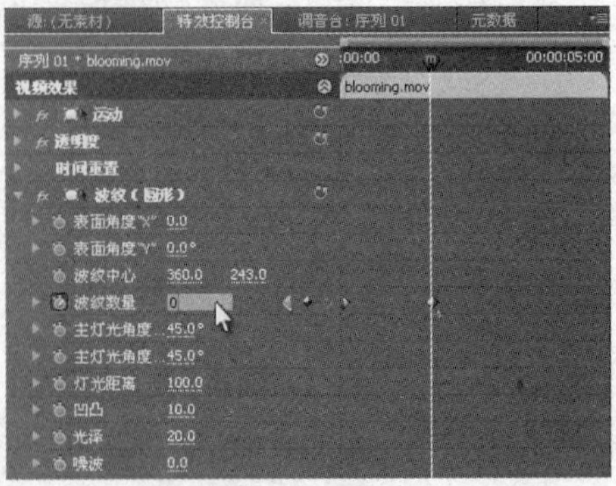

图 5-13　更改【波纹数量】数值

11）同样，也可以为【光泽】这个参数添加动画，单击【切换动画】按钮后，将起始位置的数值定为 20，将 00:00:02:00 处的数值更改为 0。

12）这样，视频滤镜特效动画就已经添加完成了，现在可以按空格键来对最终画面进行预览，可以看到随着时间变化播放的效果类似于水面涟漪慢慢消失。如图 5-14 所示，为播放到某一帧时的静止画面。

13）Premiere Pro CS4 支持一个素材上添加多个视频特效，下面再为其添加一个【查找边缘】视频滤镜特效来观察一下。与添加“波纹（圆形）”的步骤一样，将效果卷展栏下的【风格化】卷展栏打开，找到【查找边缘】视频滤镜特效，将其拖放到 blooming.mov 上，可以看到在添加了【波纹（圆形）】的效果上，叠加上了【查找边缘】的效果，如图 5-15 所示。

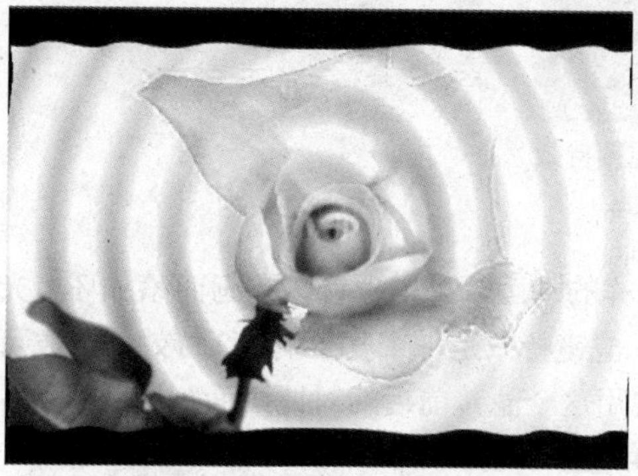

图 5-14 似水面涟漪的动画效果

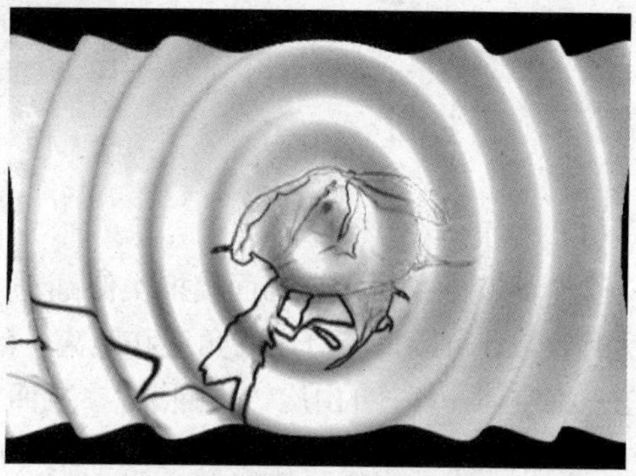

图 5-15 【查找边缘】效果

14）现在可以按空格键来对最终的画面进行预览，这时可看到的画面不仅有水面涟漪渐渐消失的过程，同样画面效果也变成了类似于漫画的效果。下面可以继续为【查找边缘】视频滤镜特效添加动画效果，这里就不一一赘述。在【节目监视器】窗口中，观察素材的特效变化效果，如图 5-16 所示。

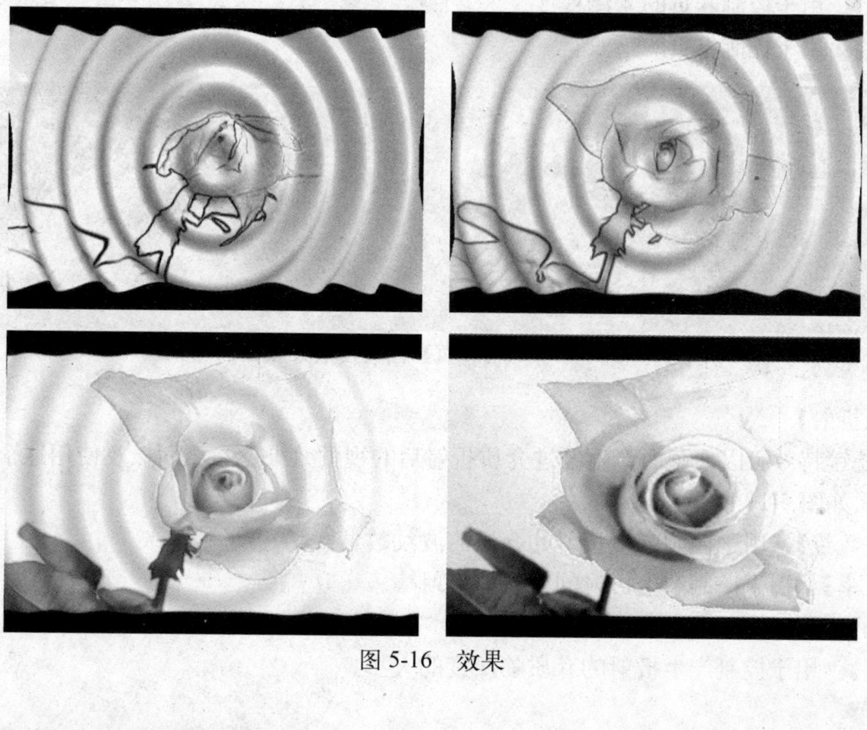

图 5-16 效果

5.3 视频特效

掌握了视频滤镜的使用方法之后，接下来结合具体的实例分组介绍 Premiere Pro CS4 中的各种视频特效。学习这些视频特效后，可以自己动手运用这些特效滤镜制作出各种各样的视频效果。

5.3.1 GPU 特效

【GPU 特效】是较常用的视频特效组，主要通过对图像进行几何扭曲变形来制作各种各样的画面变形效果。该组包含了三种视频特效，如图 5-17 所示。下面将对这三种视频特效进行简单介绍。

图 5-17　三种视频特效

（1）卷页

这个滤镜效果可以让画面模拟类似翻动书页一样的动画效果，也可以为画面添加环境光以及反射效果，可以调节灯光的角度和距离。【卷页】滤镜特效是一个真正的 3D 特效，图像可以像在三维空间一样，自由旋转与翻滚。参数面板及使用这个滤镜前后的对比画面如图 5-18 所示。

【表面角度“Y”】：用于控制卷页表面的 Y 轴角度。

【卷曲角度】：用于控制卷页的卷曲角度。

【卷曲数量】：用于控制卷页的卷曲数量。

【主灯光角度】：用于控制产生高光和阴影的主灯光的角度。

【灯光距离】：用于控制产生高光和阴影的主灯光的距离。

【凹凸】：用于控制卷页的凹凸程度。

【光泽】：用于控制卷页的光泽程度。

【噪波】：用于控制卷页的噪波。

图 5-18　【卷页】面板及效果

（2）【折射】

这个滤镜特效可以使画面产生经过介质折射后的视觉效果。参数面板及使用这个滤镜前后的对比画面如图 5-19 所示。

【波纹数量】：用于控制产生折射的介质的波纹数量。

【折射率】：用于控制产生折射的介质的折射率。

【凹凸】：用于控制产生凹凸的大小。

【深度】：用于控制产生折射的介质的深度的大小。

图 5-19 【折射】面板及效果

(3)【波纹（圆形)】

这个滤镜特效可以使画面产生涟漪的视觉效果。涟漪以同心圆为中心点向四周扩散，还可以将图层按照三维方式倾斜或者旋转。同时还可以控制主灯光的角度和灯光距离。参数面板及使用这个滤镜前后的对比画面如图 5-20 所示。

【表面角度“X”】：用于控制波纹表面的 X 轴角度。

【表面角度“Y”】：用于控制波纹表面的 Y 轴角度。

【波纹中心】：用于控制波纹的中心位置。

【波纹数量】：用于控制波纹数量的多少。

【主灯光角度】：用于控制使波纹产生高光和阴影的主灯光的角度。

【灯光距离】：用于控制使波纹产生高光和阴影的灯光的距离。

【凹凸】：用于控制波纹的凹凸程度。

【光泽】：用于控制波纹的光泽程度。

【噪波】：用于控制波纹的噪波。

图 5-20 【波纹】面板及效果

5.3.2 变换

【变换】特效组包含了图 5-21 所示的 8 种视频特效，主要通过对图像位置、方向以及距离等参数进行调整，从而制作出画面视角发生变化的效果。下面将对这 8 种视频特效进行简单介绍。

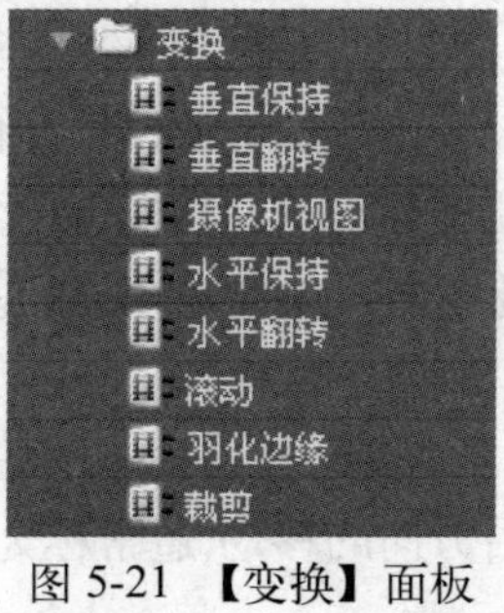

图 5-21 【变换】面板

1）【垂直保持】：这个滤镜保持垂直位置不变，对图像进行错位处理，并且没有参数调整，使用前后的效果如图 5-22 所示。

图 5-22 【垂直保持】效果

2）【垂直翻转】：这个滤镜可以使画面进行上下颠倒。作用等同于 Photoshop 中的垂直翻转。使用这个滤镜前后的对比画面如图 5-23 所示。

图 5-23 【垂直翻转】效果

3）【摄像机视图】：这个视频滤镜效果模仿摄像机从不同角度拍摄一个片段或者画面。可以设想一个球体，物体位于球体中心，而摄像机位于球体表面。通过控制摄像机的位置，可以变化片段图像的形状，从而令观看者产生透视变化的假象。通过摄像机视图这个视频滤镜可以想象是把素材放入了三维空间内，极大地丰富了场景空间。参数面板及使用这个滤镜前后的对比画面如图 5-24 所示。

图 5-24 【摄像机视图】面板及效果

4）【水平保持】：这个滤镜可以将画面调整为倾斜画面，利用滑块调整可以使画面向左或向右进行不同程度的倾斜。参数面板及使用这个滤镜前后的对比画面如图 5-25 所示。

5）【水平翻转】：这个滤镜可以使画面进行左右颠倒。作用等同于 Photoshop 中的水平翻转。同样，用户也可以将这个滤镜理解为镜向，效果是一样的。使用这个滤镜前后的对比画面如图 5-26 所示。

6）【滚动】：滤镜效果可以选择上(Up)、下(Down)、左(Left)、右(Right)四个方向中的任一个方向，让画面进行上、下、左、右方向的移动(通常称为滚动)。

图 5-25 【水平保持】面板及效果

图 5-26 【水平翻转】效果

7）【羽化边缘】：这个滤镜效果可以将整个视频画面的边缘进行羽化，其数量越大，羽化边缘的效果也就越明显，中间没有羽化的范围就越小。参数面板及使用这个滤镜前后的对比画面如图 5-27 所示。

图 5-27 【羽化边缘】面板及效果

8）【裁剪】：这个滤镜效果可以对素材画面进行裁剪，从而改变观看者的可视范围。通过上、下、左、右四个方向的百分比调整可以对裁剪掉的画幅进行控制。下面的缩放选项是用于是否将裁剪过的画面按视频设置的尺寸所显示，选中【缩放】复选框后，被裁剪的素材将全屏显示。参数面板及使用这个滤镜前后的对比画面如图 5-28 所示。

图 5-28 【裁剪】面板及效果

5.3.3 噪波与颗粒

【噪波与颗粒】特效组主要用于去除画面的噪点或者在画面中增加颗粒感等。这组特效一共包含了6种视频特效，如图5-29所示。下面将对这6种视频特效进行简单介绍。

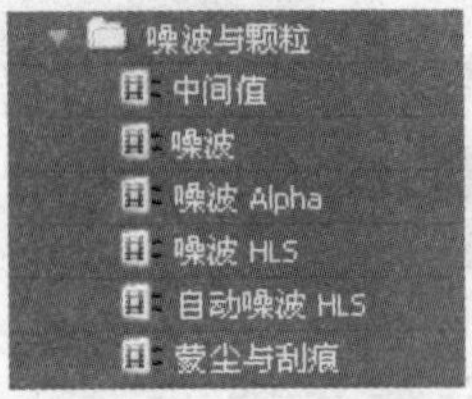

图5-29 【噪波与颗粒】面板

1）【中间值】：这个滤镜特效可以用指定半径范围内像素的平均值来取代图像的所有像素。若指定的半径值较小，可以去除图像中的噪点；若指定的半径值较大，则会产生画笔的效果。参数面板及使用这个滤镜前后的对比画面如图5-30所示。

图5-30 【中间值】面板及效果

2）【噪波】：这个滤镜特效主要用于为图像添加噪点的效果。参数面板及使用这个滤镜前后的对比画面如图5-31所示。

图5-31 【噪波】面板及效果

3）【噪波 Alpha】：参数面板及使用这个滤镜前后的对比画面如图5-32所示。

图5-32 【噪波 Alpha】面板及效果

4）【噪波 HLS】：参数面板及使用这个滤镜前后的对比画面如图5-33所示。

5）【自动噪波 HLS】：这个滤镜特效与噪波HLS的不同点在于不能自由控制噪波的颗粒大小。参数面板及使用这个滤镜前后的对比画面如图5-34所示。

图 5-33 【噪波 HLS】面板及效果

图 5-34 【自动噪波 HLS】面板及效果

6)【蒙尘与刮痕】：这个滤镜特效通过改变相邻的像素来柔化图像，其使用方法与 Photoshop 中的同名滤镜相同。参数面板及使用这个滤镜前后的对比画面如图 5-35 所示。

图 5-35 【蒙尘与刮痕】面板及效果

5.3.4 图像控制

【图像控制】组主要通过各种方法对图像中的特定颜色进行处理，从而制作出特殊的视觉效果。该组滤镜特效共包含 6 种视频特效，如图 5-36 所示。下面将对这些特效进行简单介绍。

图 5-36 【图像控制】面板

1)【灰度系数（Gamma）】：这个滤镜特效是指更改灰度（Gamma）值来改变图像或视频素材的中间灰度。参数面板及使用这个滤镜前后的对比画面如图 5-37 所示。

2)【色彩传递】：这个滤镜特效选择一定范围内的颜色将其替换为黑白效果。参数面板及使用这个滤镜前后的对比画面如图 5-38 所示。

图 5-37 【灰度系数】面板及效果

图 5-38 【色彩传递】面板及效果

3）【色彩匹配】：这个滤镜特效可以通过选择不同的颜色和范围来进行色彩的匹配。参数面板及使用这个滤镜前后的对比画面如图 5-39 所示。

图 5-39 【色彩匹配】面板及效果

4）【颜色平衡（RGB)】：这个滤镜可以用来调节素材的颜色平衡。使用这个滤镜，可以对一个素材进行颜色均衡处理，从而弥补素材本身色彩不均衡的缺陷。在这个滤镜中，有三个颜色矫正器，分别是 R、G、B，也就是通常所说的红、绿、蓝通道。用户通过对三个滑块的拖动可以对素材的颜色进行调整。参数面板及使用这个滤镜前后的对比画面如图 5-40 所示。

图 5-40 【颜色平衡】面板及效果

5）【颜色替换】：这个滤镜效果可以用某一种颜色以涂色的方式来改变画面中的临近颜色，故称为颜色替换视频滤镜效果。利用这种滤镜，可以变换局部的色彩或全部涂一层相同的颜色。还可以利用随时间变化的特点，做出按色彩级别变化色彩的换景效果。【颜色替换】滤镜能够保持原画面中不被替换的颜色成分，而只对临近色进行涂色或染色。用户可以通过对相似性的数值调整来控制目标颜色的选色范围。参数面板及使用这个滤镜前后的对比画面如图 5-41 所示。

图 5-41　【颜色替换】面板及效果

6）【黑白】：这个滤镜效果的作用将使电影片断的彩色画面转换成灰度级的黑白图像。【黑白】滤镜相当于 Photoshop 中的去色处理。使用这个滤镜前后的对比画面如图 5-42 所示。

图 5-42　【黑白】效果

5.3.5　实用

在这个子菜单中，只包含【Cineon 转换】一个效果，如图 5-43 所示。胶片扫描而来的 Cineon 10 位文件，有着更宽的动态范围，Cineon 转换更主要是设置 10 位的 Cineon 文件，让它如实还原本色，以适应 8 位的 After Effects 处理。

图 5-43　【实用】面板

【Cineon 转换】：这个滤镜特效基本用来设置 10 位和 8 位之间的白、黑点对应以及 Gamma 还原曲线值。参数面板及使用这个滤镜前后的对比画面如图 5-44 所示。

图 5-44　【Cineon 转换】面板及效果

5.3.6 扭曲

在 Premiere Pro CS4 中，【扭曲】滤镜也是一大滤镜类型，其主要是针对镜头画面的一部分进行变形扭曲，对素材本身进行调整，从而丰富画面。扭曲滤镜组一共包括 11 种小的滤镜形态，如图 5-45 所示，下面将对这组滤镜进行简单的介绍和效果演示。

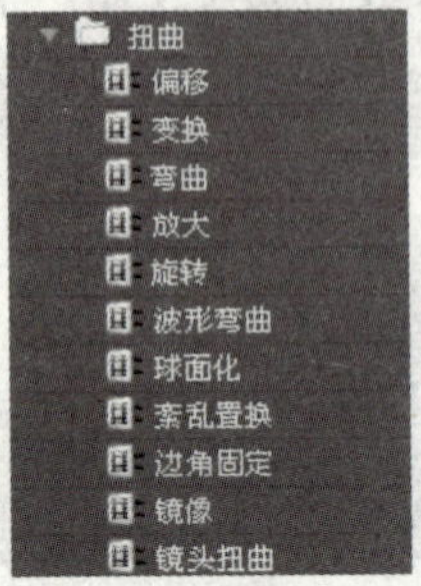

图 5-45 【扭曲】面板

1）【偏移】：这个滤镜特效可以在图层中将图像进行位置上的偏移，与 Photoshop 中的同名滤镜效果是相同的，不过 Premiere Pro CS4 中增加了与原始图像混合这个参数，调整这个参数可以将改变前后图像叠加在一起的效果。参数面板及使用这个滤镜前后的对比画面如图 5-46 所示。

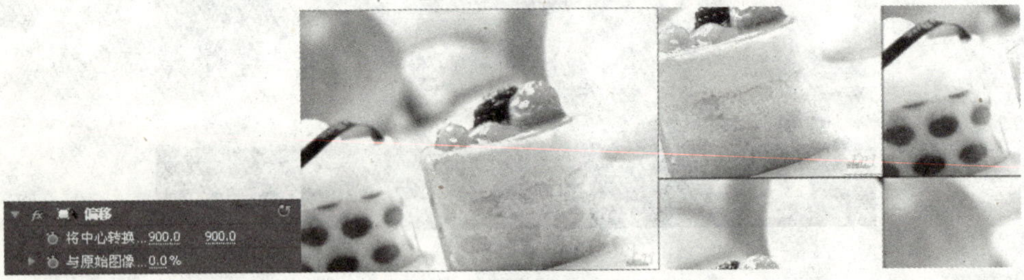

图 5-46 【偏移】面板及效果

2）【变换】：这个滤镜特效类似于将图层的运动属性集成到一个控制面板中，使用该面板可以轻松地对图层进行旋转、缩放以及调整透明度等操作。参数面板及使用这个滤镜前后的对比画面如图 5-47 所示。

图 5-47 【变换】面板及效果

3）【弯曲】：这个滤镜效果的作用将会使电影片断的画面在水平或垂直方向弯曲变形。可以选择曲线、圆形、三角形或方形作为弯曲变形的波形。并利用滑块调整视频滤镜效果在水平方向和垂直方向中的变形效果，调整的参数有变形强度、速率和宽度。同时在水平方向可以指定波形的移动方向为向左、向右、向内和向外，在垂直方向可选择移动方向有向上、向下、向内和向外。参数面板及使用这个滤镜前后的对比画面如图 5-48 所示。

图 5-48　【弯曲】面板及效果

4）【放大】：这个滤镜特效可以模拟放大镜效果放大图像中的某一部分。通过设置放大区域的中心坐标值以及放大区域的形状，可以对特定的区域进行放大。参数面板及使用这个滤镜前后的对比画面如图 5-49 所示。

图 5-49　【放大】面板及效果

5）【旋转】：这个滤镜特效可以使图层围绕一个指定的中心点，以指定的半径旋转，制作出画面的涡旋效果。参数面板及使用这个滤镜前后的对比画面如图 5-50 所示。

【角度】：用于控制旋转的角度。

【旋转扭曲半径】：用于控制产生旋转效果区域的半径范围。

【旋转扭曲中心】：用于设置旋转效果的中心点坐标。

图 5-50　【旋转】面板及效果

6）【波形弯曲】：这个滤镜效果可以让画面形成一种波动效果，很像是水面上的波纹运动。通过设置波浪的类型，还可以模拟多种波浪变形效果。它与【弯曲】有相同的地方，但在参数调节和效果上变化更为丰富，希望读者在使用的过程中仔细尝试、用心体会。参数面板及使用这个滤镜前后的对比画面如图 5-51 所示。

【波浪类型】：用于选择模拟波浪的类型。

【波浪高度】：用于控制模拟波浪的高度。

【波浪宽度】：用于控制模拟波浪的宽度。

【方向】：用于控制波浪产生的方向。

【波形速度】：设置波浪的运动速度。

【相位】：控制波浪的相位。

图 5-51 【波形弯曲】面板及效果

7）【球面化】：这个滤镜效果可以使素材的某一部分产生球面化的变化。用户可以通过改变球面的中心来确定变形的位置，并且通过调整半径来改变变形范围。参数面板及使用这个滤镜前后的对比画面如图 5-52 所示。

图 5-52 【球面化】面板及效果

8）【紊乱置换】：这个滤镜特效可以使图层产生犹如流水、哈哈镜、旗帜飘动等扭曲效果。参数面板及使用这个滤镜前后的对比画面如图 5-53 所示。

图 5-53 【紊乱置换】面板及效果

9）【边角固定】：这个滤镜特效通过改变素材图像的四个边角位置，使图像产生扭曲的效果。参数面板及使用这个滤镜前后的对比画面如图 5-54 所示。

图 5-54 【边角固定】面板及效果

10）【镜像】：这个滤镜效果能够使画面产生镜像效果，它通过反射中心确定反射位置，通过反射角度取一个对称轴，将一边图像保持原样，另一边图像按前面的图像对称地补充，如同镜面方向效果一般。参数面板及使用这个滤镜前后的对比画面如图 5-55 所示。

图 5-55 【镜像】面板及效果

11）【镜头扭曲】：这个滤镜特效可以让画面或者图像视频素材产生类似于镜头扭曲的效果。参数面板及使用这个滤镜前后的对比画面如图 5-56 所示。

图 5-56 【镜头扭曲】面板及效果

5.3.7　时间

【时间】特效组一共包含了 3 种视频特效，如图 5-57 所示。主要通过处理视频相邻帧来制作特殊的视觉效果，该组特效只对视频中的动态像素起作用。

1）【抽帧】：这个滤镜特效可从电影片断一定数目的帧画面中抽取一帧，假如指定帧速度为 4，则表示每 4 帧原始电影画面中只选取 1 帧来播放。由于有意造成丢帧，故画面有间歇的感觉。

2）【时间偏差】：这个滤镜特效可以对视频的播放时间进行调整。改变其播放的原速度，可以让视频素材产生变速运动的效果，其参数面板如图 5-58 所示。

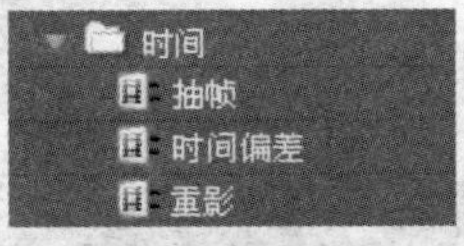

图 5-57 【时间】面板

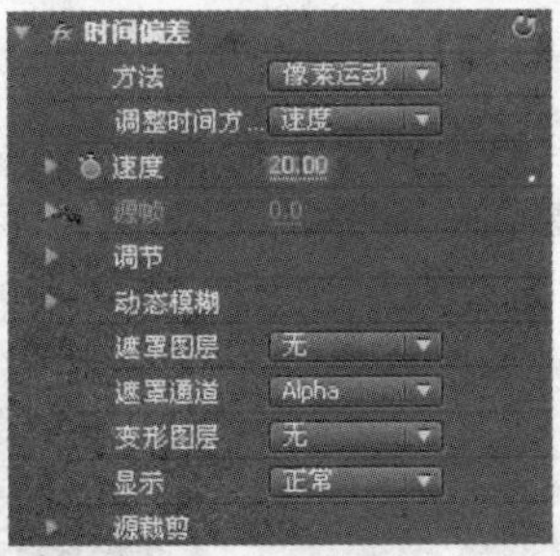

图 5-58 【时间偏差】面板

3）【重影】：这个滤镜特效可以使视频图像产生重影效果，以产生速度感或者视觉残留等特殊效果。

5.3.8 模糊与锐化

【模糊与锐化】视频滤镜组能够将视频文件中的画面进行模糊化或者清晰化处理，可以柔化边缘过于清晰或者对比度过强的图像区域。在该视频组中总共有 10 种滤镜效果，如图 5-59 所示，下面将对这 10 种滤镜效果进行简单介绍。

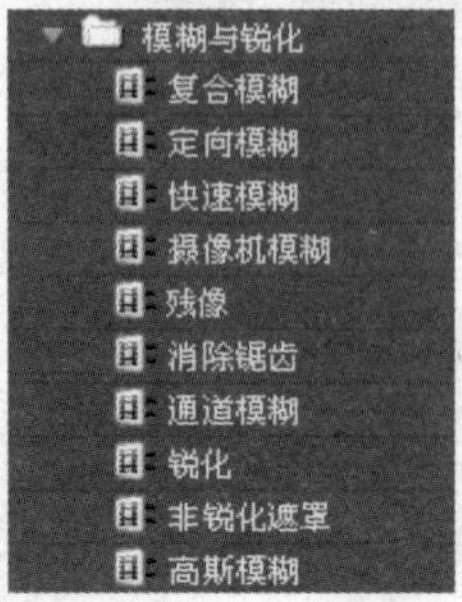

图 5-59 【模糊与锐化】面板

1)【复合模糊】：这个滤镜特效依据参考图的亮度值来设置模糊效果，对图像的黑色部分没有作用，常用于模拟大气条件下的能见度变化。参考层在合成图像中是不可见的，其仅仅作为效果层的映像来使用。参数面板及使用这个滤镜前后的对比画面如图 5-60 所示。

【模糊图层】：用于指定模糊效果的参考图层。

【最大模糊】：用于控制模糊的程度。该参数数值越大则模糊程度越高。

【伸展图层匹配】：若模糊图层与参考图层大小不一致，则选中复选框可以使两图层自动匹配大小。

【反相模糊】：将图像的模糊效果反转，即原本模糊的区域变得不模糊，而原本不模糊的区域变得模糊。

图 5-60 【复合模糊】面板及效果

2)【定向模糊】：这种视频滤镜效果在图像中产生一个具有方向性的模糊感，从而产生一种片段在运动的幻觉。定向模糊的特点是可以设置虚化效果的方向和强度，用户可以根据需要对参数进行调整，从而得到理想的结果。参数面板及使用这个滤镜前后的对比画面如图 5-61 所示。

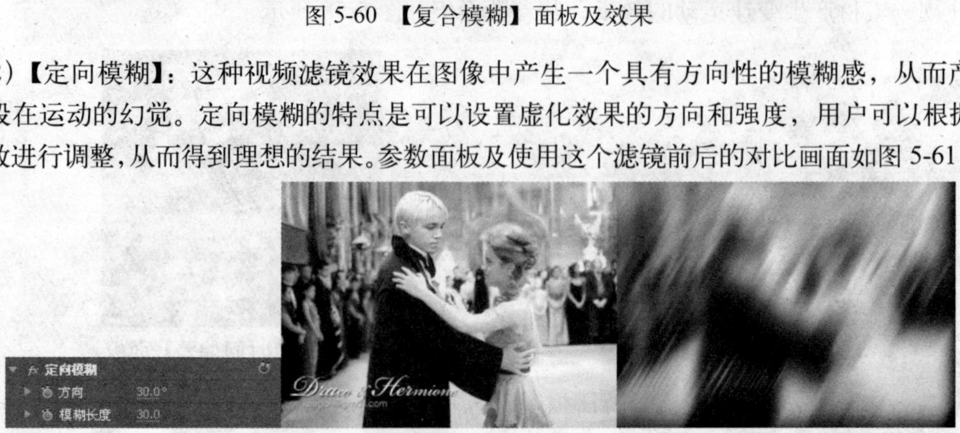

图 5-61 【定向模糊】面板及效果

【方向】：用于指定模糊的方向。

【模糊长度】：用于设置模糊在指定方向上的模糊程度。

3）【快速模糊】：这个滤镜效果用于快速模糊图像。当特效质量设置为最佳状态时，其效果与高斯模糊相似，只是模糊程度较大时，快速模糊产生的模糊效果比高斯模糊更快。参数面板及使用这个滤镜前后的对比画面如图 5-62 所示。

【模糊量】：用于控制模糊的强度。

【模糊方向】：用于控制模糊的方向。用户可以选择水平、垂直或者水平和垂直。

【重复边缘像素】：当模糊强度较大时，选中该复选框可以避免图像边缘因高度模糊而虚化。

图 5-62 【快速模糊】面板及效果

4）【摄像机模糊】：这种视频滤镜效果是随时间变化的模糊调整方式，可使画面从最清晰连续调整得越来越模糊，就好像照相机调整焦距时出现的模糊景物情况。这种视频滤镜效果可以应用于片断的开始画面或结束画面，做出调焦的效果。要使用调焦效果，必须设定开始点的画面和结束点的画面，本视频滤镜效果只有【模糊百分比】一个调整滑块，在开始点画面和结束点画面分别使用滑块的不同位置即可满足要求。参数面板及使用这个滤镜前后的对比画面如图 5-63 所示。

图 5-63 【摄像机模糊】面板及效果

5）【残像】：这个滤镜特效将视频素材的前几帧和当前帧按照半透明的方式叠加在一起，以产生画面残像的效果，该特效只对画面中有变化的元素起作用。将该特效用于动中有静的素材，可产生画面残像的效果。若应用于全部运动变化的素材，画面因为残像效果太多而模糊不清；若应用于静态的画面将不能产生任何效果。

6）【消除锯齿】：这种视频滤镜效果的作用是将图像区域中色彩变化明显的部分进行平均，使得画面柔和化。同时给从暗到亮的过渡区域加上适当的色彩，使该区域图像变得模糊些。

7）【通道模糊】：这种滤镜效果是 Premiere Pro 中新增加的效果，可以对视频片段中指定颜色通道 R、G、B 或者 Alpha 通道采用模糊化效果，在图层实例设置为最佳的情况下，模糊效果较为平滑。如果有专门设计通道的视频片段，这种模糊效果会相当有用。参数面板及使用这个滤镜前后的对比画面如图 5-64 所示。

【红色模糊度】：控制红色通道的模糊程度。

【绿色模糊度】：控制绿色通道的模糊程度。

【蓝色模糊度】：控制蓝色通道的模糊程度。

【Alpha 模糊度】：控制 Alpha 通道的模糊度。若图像不包含 Alpha 通道，则调整该参数对画面没有任何影响。

【边缘特性】：当模糊程度较高时，可选中【重复边缘像素】复选框，以避免边缘被虚化。

【模糊方向】：该项参数可以控制模糊的方向。用户可以选择水平、垂直或者水平和垂直同时模糊。

图 5-64 【通道模糊】面板及效果

8）【锐化】：这种滤镜效果可以使画面中相邻像素之间产生明显的对比效果，使图像显得更清晰。在 Photoshop 中也是非常常用的一种滤镜。

9）【非锐化遮罩】：这个滤镜特效通过自定义边缘颜色的对比度来产生边缘遮罩锐化的特殊效果。参数面板及使用这个滤镜前后的对比画面如图 5-65 所示。

图 5-65 【非锐化遮罩】面板及效果

10）【高斯模糊】：这种滤镜效果相当于高级虚化效果，不论是在 Photoshop 中还是在 Premiere Pro 中都是一种非常常用的模糊滤镜。高斯模糊滤镜通过修改明暗分界点的差值，使图像极度的模糊。其效果如同使用了若干模糊或更多模糊一样。“高斯”是一种变形曲线，由画面的临近像素点的色彩值产生。它可以将比较锐利的画面进行改观，使画面有一种雾状的效果。

5.3.9 渲染

【渲染】只包含一种视频滤镜特效，即椭圆形，如图 5-66 所示。

图 5-66 【渲染】面板

【椭圆形】：这个滤镜特效可以在当前图层添加一个带颜色渐变的椭圆形。参数面板及使用这个滤镜前后的对比画面如图 5-67 所示。

【中心】：用于控制椭圆形的中心位置。

【宽】：用于控制椭圆形的宽度。

【高】：用于控制椭圆形的高度。

【厚度】：用于控制椭圆形的厚度。

【柔和度】：用于控制椭圆形两种颜色混合的柔和程度。

【内侧颜色】：用于控制椭圆的内环颜色。

【外侧颜色】：用于控制椭圆的外环颜色。

【与原始图像混合】：用于控制椭圆形与原始图像的混合度。

图 5-67 【椭圆形】面板及效果

5.3.10　生成

【生成】特效组是在 Premiere Pro CS3 中新增的特效组，Premiere Pro CS4 对其进行了大幅的优化与调整。【生成】特效组一共包含 12 种视频滤镜特效，如图 5-68 所示。下面将对这 12 种视频滤镜特效进行简单介绍。

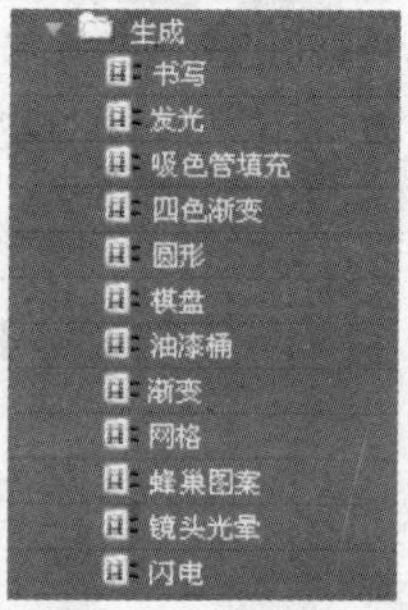

图 5-68 【生成】面板

1）【书写】：这个滤镜特效是一种比较常用的文字动画效果，可以实现文字从无到写出的书写过程。

2）【发光】：这个滤镜特效可以让画面产生发光的效果，参数面板及使用这个滤镜前后的对比画面如图 5-69 所示。

图 5-69 【发光】面板及效果

3）【吸色管填充】：这个滤镜是特效使用图像某一像素点的颜色来填充这个画面。取样点的颜色决定了画面的最终效果，通过控制与源素材图像的混合量，从而实现类似于滤光镜的效果。参数面板及使用这个滤镜前后的对比画面如图 5-70 所示。

图 5-70 【吸色管填充】面板及效果

4）【四色渐变】：这个滤镜特效可以在当前图层加入一个有四种渐变颜色的叠加图层，通过调整叠加图层的颜色和叠加方式来改变原有图层的效果。参数面板及使用这个滤镜前后的对比画面如图 5-71 所示。

图 5-71 【四色渐变】面板及效果

5）【圆形】：这个滤镜特效可以方便地在图像上绘制大小不同的圆形，通过选择不同的叠加方式来实现不同的视觉效果。

6）【棋盘】：这个滤镜特效可以在原图层上建立各种各样的格子图案，并通过控制不同的叠加方式实现丰富的视觉效果。

7）【油漆桶】：这个滤镜特效可以用指定的颜色填充特定位置区域。参数面板及使用这个滤镜前后的对比画面如图 5-72 所示。

图 5-72 【油漆桶】面板及效果

8）【渐变】：这个滤镜特效为画面添加一个渐变的叠加效果图层，可以通过控制渐变起点、渐变终点以及起始颜色和结束颜色来制作出想要的效果。参数面板及使用这个滤镜前后的对比画面如图 5-73 所示。

【渐变起点】：用于控制渐变的起始位置。

【起始颜色】：用于控制渐变开始时的颜色。

【渐变终点】：用于控制渐变的结束位置。

【结束颜色】：用于控制渐变结束时的颜色。

【渐变形状】：用于控制渐变的变化形态。

【渐变扩散】：用于控制渐变的扩散程度。

【与原始图像…】：用于控制渐变图层的透明度。

图 5-73 【渐变】面板及效果

9)【网格】：这个滤镜特效可以为画面添加多种样式的网格。通过控制混合模式，可以实现不同的视觉效果。该网格不仅可以做修饰画面使用，同样也可以当做辅助线使用，方便编辑操作。参数面板及使用这个滤镜前后的对比画面如图 5-74 所示。

图 5-74 【网格】面板及效果

10)【蜂巢图案】：这个滤镜特效通过调节参数不仅可以模拟细胞效果，还可以制作出方格、马赛克等图案效果。参数面板及使用这个滤镜前后的对比画面如图 5-75 所示。

图 5-75 【蜂巢图案】面板及效果

11)【镜头光晕】：这个滤镜特效为图像添加一个【镜头光晕】效果，用于模拟光线透过镜头产生的特殊光斑效果，其属于常用的特效滤镜之一。它能够以三种透镜过滤出光环，并选用不同强度的光从画面的某个位置放射出来。【镜头光晕】滤镜是随时间变化的视频滤镜效果，可以设定光晕的中心与亮度。参数面板及使用这个滤镜前后的对比画面如图 5-76 所示。

图 5-76 【镜头光晕】面板及效果

12）【闪电】：这个滤镜特效可以为画面添加闪电或者其他形式的电子效果，在默认状态下能自动产生动画，用户可以通过调整其参数来控制闪电的形态、颜色、亮度以及变换等属性，制作出更加逼真、变化更加丰富的视觉效果。参数面板及使用这个滤镜前后的对比画面如图 5-77 所示。

【起始点】：用于控制闪电发生点的位置。

【结束点】：用于控制闪电结束点的位置。

【线段】：设置闪电光线的数量。

【波幅】：用于控制闪电的波幅大小，数值越大，闪电就越强烈。

【细节层次】：用于控制闪电光线的层次。

【细节波幅】：用于光线波的波幅大小。

【分支】：用于控制闪电的分支数量。

【再分支】：用于设置再次分支的闪电光线位置。

【分支角度】：用于控制分支闪电光线的角度。

【分支线段长度】：用于控制分支线段的长短。

【分支线段】：用于控制分支闪电光线的数量。

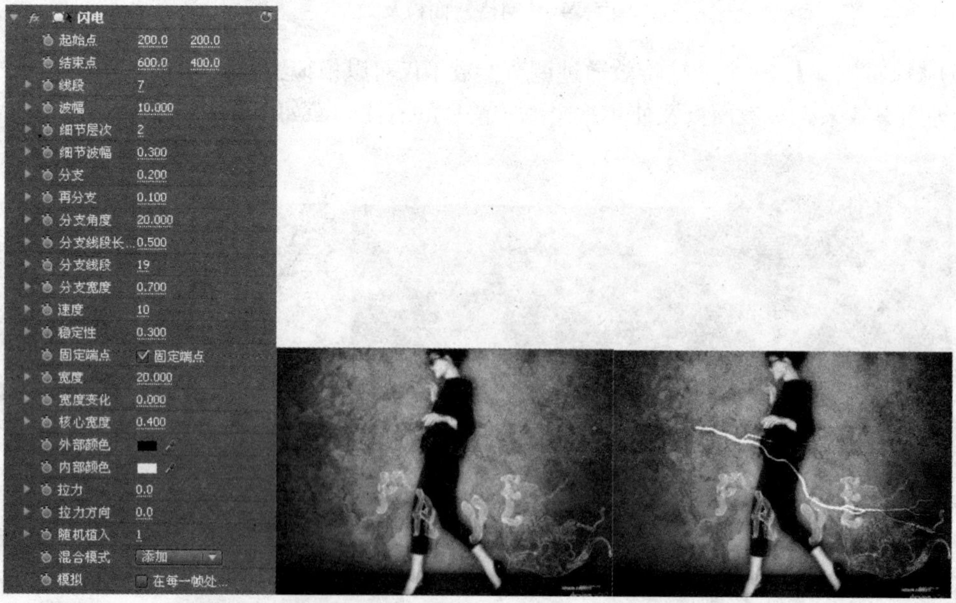

图 5-77 【闪电】面板及效果

【分支宽度】：用于控制分支闪电的宽度。

【速度】：用于控制闪电的变化速度。

【稳定性】：用于控制固定光线的数量。

【固定端点】：通过设置的值对闪电的结束点位置进行重新设置或调整。

【宽度】：用于控制闪电的粗细程度。

【宽度变化】：用于控制闪电光线的粗细变化效果，为动画服务。

【核心宽度】：用于控制闪电光源的中心宽度。

【外部颜色】：用于控制闪电光线的外部颜色。

【内部颜色】：用于控制闪电光线的内部颜色。

【拉力】：控制拉动光线的力量值。

【拉力方向】：控制拉动光线的方向。

【随机植入】：该参数用于随机控制光线变化的速度。

【混合模式】：预演控制闪电效果与源素材图像的叠加模式。

【模拟】：若选中【在每一帧处重新运行】复选框，则在每一帧对闪电进行重新计算，以模拟出更加真实的闪电效果。

5.3.11　色彩校正

【色彩校正】特效组是在 Premiere Pro CS2 版本增加的用于调色的一类特效，Premiere Pro CS4 对该组特效进行了大幅的优化与调整，增加了大量的视频特效。该组共包含了 17 种滤镜特效，如图 5-78 所示。下面将简单地对这些滤镜特效进行介绍。

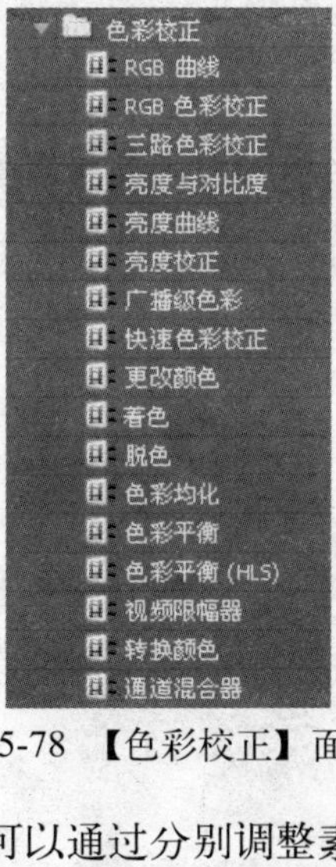

图 5-78　【色彩校正】面板

1）【RGB 曲线】：这个滤镜效果可以通过分别调整素材图像的主音轨、红色、绿色、蓝色通道来对素材图像进行亮度和色彩的调整。用法和效果基本等同于 Photoshop 中的曲线功能，不过 Premiere Pro CS4 中提供的 RGB 曲线可以制作动画效果，更增加了调整前后的拆分视图对比功能。参数面板及使用这个滤镜前后的对比画面如图 5-79 所示。

2）【RGB 色彩校正】：这个滤镜特效可以通过红、绿、蓝三个颜色的灰度值、基值和颜色增益来对图像或视频素材画面进行色彩的校正。参数面板及使用这个滤镜前后的对比画面如图 5-80 所示。

图 5-79 【RGB 曲线】面板及效果

图 5-80 【RGB 色彩校正】面板及效果

3）【三路色彩校正】：这个滤镜特效通过直观的三路色相平衡和角度的图标调整来对色彩进行校正。参数面板及使用这个滤镜前后的对比画面如图 5-81 所示。

图 5-81 【三路色彩校正】面板及效果

4）【亮度与对比度】：这个滤镜效果通过控制亮度和对比度两个参数来调整画面的亮度和对比度效果。类似于电视中的亮度和对比度的调节，但这里调整的则是滑块的移动。

5）【亮度曲线】：这个滤镜效果用于调整素材图像的亮度效果。

6）【亮度校正】：这个滤镜效果用于调整素材图像的亮度、对比度、对比度等级、Gamma 值、基值以及增益等效果，参数面板及使用这个滤镜前后的对比画面如图 5-82 所示。

图 5-82 【亮度校正】面板及效果

7）【广播级色彩】：这个滤镜特效可以将图像或视频素材调整为广播级色彩。

8）【快速色彩校正】：这个滤镜特效可以对图像或视频素材进行快速的色彩校正，是一种方便但略为粗略的色彩校正方式。

9）【更改颜色】：这个滤镜效果通过调整指定的颜色色相来制作出特殊的视觉效果。参数面板及使用这个滤镜前后的对比画面如图 5-83 所示。

图 5-83 【更改颜色】面板及效果

10）【着色】：这个滤镜特效先将图像显示为灰度，再为灰度模式下的黑、白两种颜色指定颜色，制作出画面中只有两种颜色的特殊视觉效果。

11）【脱色】：这个滤镜特效可以通过选择某一种颜色，来控制其色彩的宽度以进行脱色处理。参数面板及使用这个滤镜前后的对比画面如图 5-84 所示。

图 5-84 【脱色】面板及效果

12)【色彩均化】：这个滤镜特效将相似的颜色进行归纳调整为统一颜色。参数面板及使用这个滤镜前后的对比画面如图 5-85 所示。

图 5-85 【色彩均化】面板及效果

13)【色彩平衡】：这个滤镜效果利用滑块来调整 RGB 颜色的分配比例，使得某个颜色偏重以调整其明暗程度。本滤镜属于随时间变化的特技。

14)【色彩平衡（HLS）】：这个视频滤镜可以改变电影片段的彩色画面色调、亮度和饱和度。这个效果主要是为了和以前的 After Effects 兼容。

15)【转换颜色】：这个滤镜特效通过调整指定颜色的色相，以制作出特殊的视觉效果。

16)【通道混合器】：这个滤镜特效通过调整 RGB 各个通道中的 RGB 颜色参数来控制画面的整体色彩效果。参数面板及使用这个滤镜前后的对比画面如图 5-86 所示。

图 5-86 【通道混合器】面板及效果

5.3.12 视频

【视频】特效组包含了时间码视频特效，如图 5-87 所示。该特效可以为视频添加时间码。

图 5-87 【视频】面板

【时间码】：这个滤镜特效用于给影片加上时间码。时间码所显示的时间为当前影片的播放时间，该特效方便后期制作过程中对素材时间和画面关系的把握，但并不能改变源素材内部的时间码。参数面板及使用这个滤镜前后的对比画面如图 5-88 所示。

【位置】：用于控制时间码的显示位置。

【大小】：用于控制时间码的显示尺寸。

【透明度】：用于控制时间码的透明程度。

【场符号】：用于控制是否显示场符号。

【格式】：用于控制时间码的显示格式。读者可以选择自己习惯的显示方式。

【时间码源】：用于选择所显示的时间的码源。

【时间显示】：用于选择时间显示的帧数。

【偏移】：用于控制时间码显示的偏移数量。

【起始时间码】：用于设定显示的起始时间码。

【标签文本】：用于标记时间码。

图 5-88　【时间码】面板及效果

5.3.13　调整

【调整】特效组一共包含了图 5-89 所示的 9 种视频滤镜特效，主要用来调整图像或视频素材的基本色彩或产生一些简单的特殊效果。

图 5-89　【调整】面板

1）【卷积内核】：通过这个滤镜特效可以改变素材中每个像素周围像素的涡旋值,从而得到某些视频效果。这些效果也可以通过别的滤镜来实现。参数面板及使用这个滤镜前后的对比画面如图 5-90 所示。

图 5-90　【卷积内核】面板及效果

2）【基本信号控制】：这个滤镜特效用来控制图像的亮度、对比度、色相和饱和度等基本参数；读者还可以将调整前后的画面通过拆分屏幕来制作成对比画面。参数面板及使用这个滤镜前后的对比画面如图 5-91 所示。

图 5-91 【基本信号控制】面板及效果

3）【提取】：当想利用一张彩色图片作为蒙板时，应该将它转换成灰度级图片。而利用此视频滤镜效果，可以对灰度级别进行选择，以达到更加实用的效果。选中【反相】复选框可以将已定的灰度图片进行反相。参数面板及使用这个滤镜前后的对比画面如图 5-92 所示。

【输入黑色阶】：该参数用于表示画面的灰度值，用于控制图像的黑白划分界限，比该亮度值小的像素为黑色，比该亮度值大的像素为白色。

【输入白色阶】：控制灰度图像的亮度输入范围，当设定该值后，比该亮度值大的像素不被显示。

【柔和度】：控制灰度图像的柔化程度。该参数值越大则图像的灰阶数越多。

图 5-92 【提取】面板及效果

4）【照明效果】：这个滤镜特效可以用于模拟类似舞台追光灯的效果，其控制参数较多，可以为画面添加最多 5 盏灯光，并且可以设置各个灯光的类型、颜色、亮度、角度等参数。参数面板及使用这个滤镜前后的对比画面如图 5-93 所示。

图 5-93 【照明效果】及面板

5）【自动对比度】：这个滤镜特效自动调节画面的对比度。若素材的曝光度不足，则可使用该工具快速修复素材。

6）【自动色阶】：这个滤镜特效主要用于调整画面的颜色和修复素材的偏色问题，也可以通过手动调节参数制作特殊的画面效果。

7）【自动颜色】：这个滤镜特效自动调节素材各个通道的输入颜色级别范围，并重新映像到一个新的输出颜色级别范围，从而改变素材的图像质感，通过调节特效控制参数可实现特殊的效果。

8）【色阶】：这个滤镜特效将图像各个通道的输入颜色级别范围重新映像到一个新的输出颜色级别范围，从而改变画面的质感。还能改变 Gamma（伽马）校正曲线。【色阶】滤镜的特效与 Photoshop 中此命令的作用及使用方法是相同的。

9）【阴影/高光】：这个滤镜特效主要用于调整画面中的高光区域以及阴影区域的效果。

5.3.14　过渡

【过渡】特效组包含了 5 种视频特效，如图 5-94 所示，主要用于场景的转换，用法类似于转场特效，但该组特效需要设置关键帧才能产生转场效果，否则就是静态的滤镜。下面是这 5 种视频特效的简单介绍。

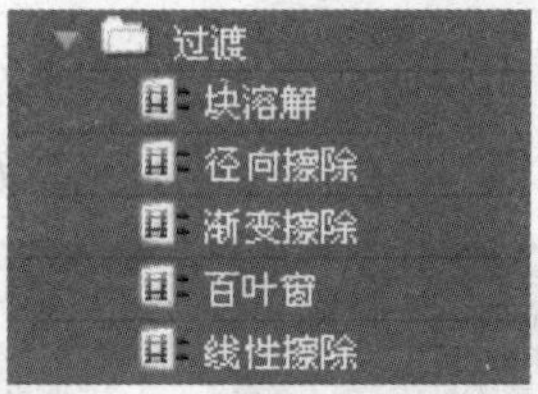

图 5-94　【过渡】面板

1）【块溶解】：这个滤镜特效能使某一图层产生块状溶解效果，并逐渐露出下一图层。利用这个滤镜可以产生块溶解的转场效果，不过要通过添加控制关键帧来实现动画效果。参数面板及使用这个滤镜前后的对比画面如图 5-95 所示。

图 5-95　【块溶解】面板及效果

2）【径向擦除】：这个滤镜效果可以使当前图层产生钟表指针的擦除效果。可以通过修改起始角度和擦除中心数值来调整圆心位置，同样可以设置擦除方向为顺时针或者逆时针。若要做成转场动画则需要添加并控制关键帧。参数面板及使用这个滤镜前后的对比画面如图 5-96 所示。

图 5-96　【径向擦除】面板及效果

3）【渐变擦除】：这个滤镜特效可以让画面产生渐变擦除的效果，若要做成转场动画则需要添加并控制关键帧。

4）【百叶窗】：这个滤镜效果可以让画面产生百叶窗的效果。通过方向和宽度可以改变百叶窗的形态。若要做成转场动画则需要添加并控制关键帧。参数面板及使用这个滤镜前后的对比画面如图 5-97 所示。

图 5-97 【百叶窗】面板及效果

5）【线性擦除】：这个滤镜效果可以产生线性擦除的效果。若要做成转场动画则需要添加并控制关键帧。参数面板及使用这个滤镜前后的对比画面如图 5-98 所示。

图 5-98 【线性擦除】面板及效果

5.3.15 透视

【透视】特效组主要用于制作三维立体效果和空间效果。下面将对图 5-99 所示的 5 种视频特效进行简单的介绍。

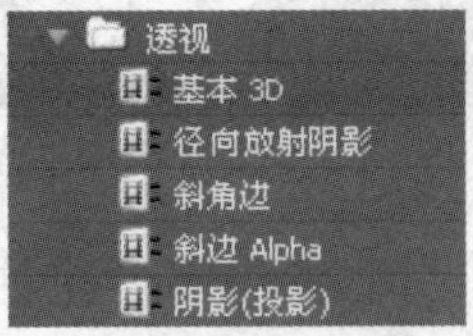

图 5-99 【透视】面板

1）【基本 3D】：这个滤镜特效可以模拟平面图像在三维空间的运动效果。将图像围绕水平或者垂直轴向上旋转，且伴有灯光照射，使图像产生光照效果。

2）【径向放射阴影】：这个滤镜特效可以为图像或视频素材添加径向放射状阴影效果。

3）【斜角边】：这个滤镜特效能够让图像的边界处产生一个类似三维斜边的倒角效果。参数面板及使用这个滤镜前后的对比画面如图 5-100 所示。

【边缘厚度】：控制斜边倒角的厚度。

【照明角度】：控制使其产生高光和阴影的灯光与画面的角度。

【照明颜色】：控制使其产生高光和阴影的灯光的颜色。

【照明强度】：控制使其产生高光和阴影的灯光的亮度。

图 5-100　【斜角边】面板及效果

4）【斜边 Alpha】：这个滤镜特效能够让图像以 Alpha 通道为基准产生一个类似三维斜边的倒角效果。

5）【阴影（投影）】：这个滤镜特效能够为图像或视频素材添加阴影效果。

5.3.16　通道

【通道】特效组包含了 7 种滤镜特效，如图 5-101 所示。该组特效主要是通过图像通道的转换与插入方式改变图像，以制作出各种特殊的效果。下面将对这 7 种滤镜特效进行简单介绍。

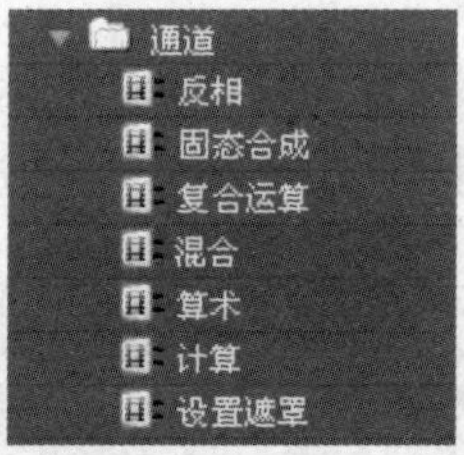

图 5-101　【通道】面板

1）【反相】：这个滤镜特效将预设的颜色做反色显示，使处理后的图像效果类似于照片的底片，即常说的“负片”效果。参数面板及使用这个滤镜前后的对比画面如图 5-102 所示。

图 5-102　【反相】面板及效果

2）【固态合成】：这个滤镜效果使用一种颜色作为当前图层的覆盖层，通过改变叠加模式来实现特殊的效果。参数面板及使用这个滤镜前后的对比画面如图 5-103 所示。

【源透明度】：用于控制源素材的不透明度效果。

【颜色】：用于控制覆盖图层的颜色。

【透明度】：用于控制覆盖图层的透明度。

【混合模式】：用于控制素材图层与覆盖图层的叠加模式。

图 5-103 【固态合成】面板及效果

3）【复合运算】：这个滤镜特效通过将两个图像进行不同模式的叠加，以制作出特殊的效果。参数面板及使用这个滤镜前后的对比画面如图 5-104 所示。

图 5-104 【复合运算】面板及效果

4）【混合】：这个滤镜特效通过为素材图层指定一个用于混合的参考图层，再利用不同的混合模式来变换图像的颜色通道，以制作出特殊的颜色效果。参数面板及使用这个滤镜前后的对比画面如图 5-105 所示。

图 5-105 【混合】面板及效果

5）【算术】：这个滤镜特效利用不同的计算方式改变 RGB 的通道，从而制作出特殊的颜色效果。参数面板及使用这个滤镜前后的对比画面如图 5-106 所示。

图 5-106 【算术】面板及效果

6）【计算】：这个滤镜特效可以将两个图层的通道进行隔离，再将指定的通道进行混合，以制作出特殊效果。

7）【设置遮罩】：这个滤镜特效为当前图层指定一个参考图层，并将参考图层的某一通道信息放置于当前图层的某一通道，以产生运动遮罩的效果。

5.3.17　键控

【键控】特效组主要用于对图像进行抠像操作，通过各种抠像方式和不同的画面图层叠加方法合成效果不同的场景。在电影电视的后期制作合成中，是一项非常常用和重要的工具。【键控】特效组一共包含 14 种滤镜特效，如图 5-107 所示。下面对这 14 种特效进行简单的介绍。

图 5-107　【键控】面板

1)【16 点无用信号遮罩】：这个滤镜特效在是画面四周添加 16 个控制点，并且可以任意调整控制点的位置。在控制特效窗口中的参数分别与节目窗口中的控制点对应，可以通过修改参数面板中的坐标数值来改变控制点的位置，也可以直接用鼠标拖动控制点来裁剪画面。参数面板及使用这个滤镜前后的对比画面如图 5-108 所示。

图 5-108　【16 点无用信号遮罩】面板及效果

2)【4 点无用信号遮罩】：这个滤镜特效与其他两个无用信号遮罩的使用方法相同，只是在周围仅有 4 个控制点，通过随意移动控制点的位置来遮罩画面。参数面板及使用这个滤镜前后的对比画面如图 5-109 所示。

图 5-109　【4 点无用信号遮罩】面板及效果

3）【8 点无用信号遮罩】：这个滤镜特效的用法与 16 点无用信号遮罩用法相同，只是在画面四周只有 8 个控制点，通过改变这 8 个控制点的位置来遮罩图像。参数面板及使用这个滤镜前后的对比画面如图 5-110 所示。

图 5-110 【8 点无用信号遮罩】面板及效果

4）【Alpha 调整】：这个滤镜特效是通过控制素材的 Alpha 通道来实现抠象效果的，可以选择忽略 Alpha 选项来忽略素材的 Alpha 通道，而不让其产生透明。也可以选中【反相 Alpha】复选框来反转键出的效果。参数面板及使用这个滤镜前后的对比画面如图 5-111 所示。

【Alpha 调整】参数面板　　(a) 源素材一效果　　(b) 源素材二效果

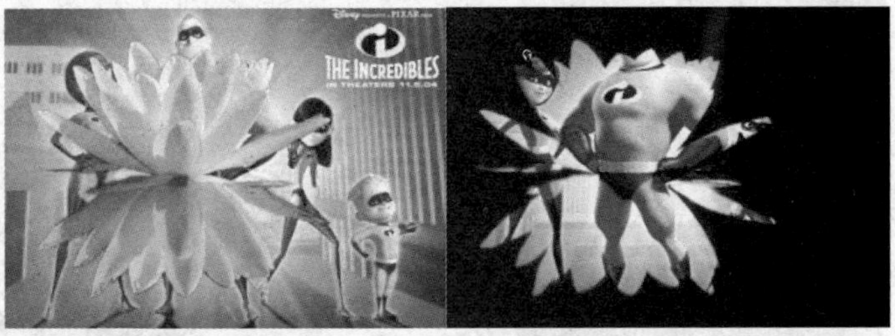

(c) 源素材一二叠加效果　　(d) Alpha 键出效果

图 5-111 【Alpha 调整】面板及效果

5）【RGB 差异键】：这个滤镜可以选择一种色彩或者色彩的范围来进行透明叠加，并且该滤镜可以为键出的视频对象设置投影。参数面板及使用这个滤镜前后的对比画面如图 5-112 所示。

图 5-112 【RGB 差异键】面板及效果

6）【亮度键】：这个滤镜特效将图像中亮度值较低的像素变为半透明而只显示图像亮度值高的部分。【亮度键】特效常用来在纹理背景上附加影片，以使附加的影片覆盖住纹理背景。参数面板及使用这个滤镜前后的对比画面如图 5-113 所示。

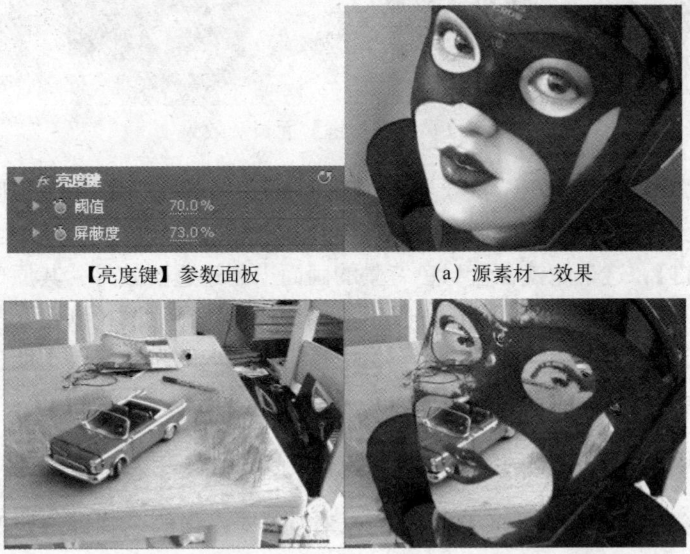

【亮度键】参数面板　　(a) 源素材一效果

(b) 源素材二效果　　(c) 使用特效后的效果

图 5-113　【亮度键】面板及效果

7）【图像遮罩键】：这个滤镜特效可将当前图层叠加上另外的图像素材，被叠加的图像自身的白色区域将完全透明，黑色区域为不透明。而介于黑白之间的颜色将按亮度值的大小呈现为不同的半透明效果。

8）【差异遮罩】：这个滤镜透明叠加方式的原理是通过一个对比遮罩与需要透明的对象进行比较，然后将该对象中位置及颜色与遮罩中相同的像素变为透明键出。在无法使用纯色背景的抠像的大场景拍摄中，这是一个非常有用的抠像特效。

9）【移除遮罩】：这个滤镜特效可以帮助用户去除黑色或者白色的遮罩，使用起来非常简便。

10）【色度键】：这个滤镜特效用于将图像中指定范围内的颜色变为透明，是最常用的色键滤镜。【色度键】可以给设置透明度的剪辑选择一种颜色或颜色范围。通过单击色样框，从色样框下面的预览图中选取一种颜色或者使用吸管工具直接在屏幕上吸取，都可以选择作为透明背景的颜色。

11）【蓝屏键】：这个滤镜特效能够去除图像中的蓝色部分，将当前图层中的蓝色部分变为透明，以便与下一图层合并为完成的图像。在电影电视中，抠蓝是一种非常常用的技术。大量需要特效制作与合成的镜头在拍摄的时候都是在蓝色背景的环境下完成的，只有在应用了抠蓝技术后才能继续将原拍摄素材进行特效制作与合成，生成各种各样令人惊叹的效果。参数面板及使用这个滤镜前后的对比画面如图 5-114 所示。

【阈值】：用于调整键出色的阈值范围。

【屏蔽度】：用于调整图像前景色与背景色的对比度。

【平滑】：用于控制抠像后的图像进行平滑处理效果。

【仅蒙板】：只显示抠像后的遮罩。

图 5-114 【蓝屏键】面板及效果

12)【轨道遮罩键】: 这个滤镜特效为当前图层添加一个蒙板图层。蒙板图层位于当前图层之上，蒙板的黑色部分透明，白色部分将保持不变或者相反。

13)【非红色键】: 这个滤镜在蓝绿色背景的画面上创建透明效果，其原理类似于其他的键出滤镜，但是【非红色键】特效可以用界限参数混合两个素材片段或创建一些半透明的对象。

14)【颜色键】: 这个滤镜特效用于将图像中指定范围内的颜色变为透明。与【色度键】有相似之处，参数和设置以及效果有所不同，需要在使用过程中慢慢体会。

5.3.18 风格化

【风格化】特效组主要通过改变图像中的像素或者对图像的色彩进行处理，产生多种特殊的视觉效果。【风格化】特效组共分为 13 种，如图 5-115 所示。下面将简单地对这 13 种视频特效进行介绍。

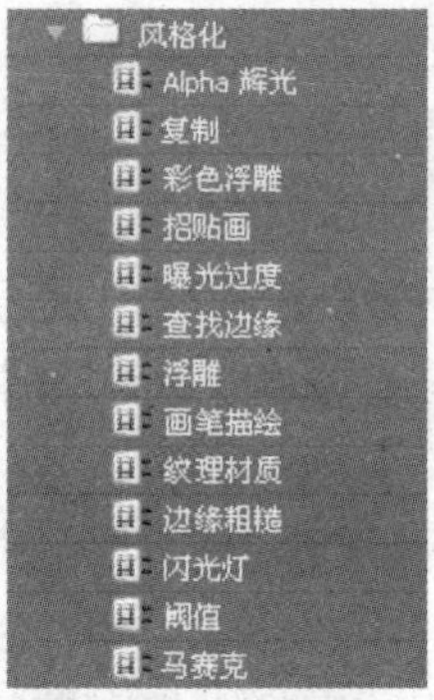

图 5-115 【风格化】面板

1)【Alpha 辉光】: 这个滤镜效果仅对具有 Alpha 通道的片断起作用，而且只对第 1 个 Alpha 通道起作用。它可以在 Alpha 通道指定的区域边缘产生一种颜色逐渐衰减或向另一种颜色过渡的效果。这是一个随时间变化的视频滤镜效果。参数面板及使用这个滤镜前后的对比画面如图 5-116 所示。

图 5-116 【Alpha 辉光】面板及效果

2）【复制】：这个滤镜效果可将画面复制成同时在屏幕上显示 4～256 个相同的画面。可以用本视频滤镜效果制作屏幕背景。参数面板及使用这个滤镜前后的对比画面如图 5-117 所示。

图 5-117　【复制】面板及效果

3）【彩色浮雕】：这个滤镜效果能够制作出浮雕效果，并且该特效产生的浮雕效果是彩色的。参数面板及使用这个滤镜前后的对比画面如图 5-118 所示。

图 5-118　【彩色浮雕】面板及效果

4）【招贴画】：这个滤镜可以让画面产生招贴画的效果。与 Photoshop 中的同名滤镜效果相同。参数面板及使用这个滤镜前后的对比画面如图 5-119 所示。

图 5-119　【招贴画】面板及效果

5）【曝光过度】：这个滤镜效果可将画面沿着正反画面的方向进行混色，通过调整滑块选择混色的颜色。它是随时间变化的视频滤镜效果。参数面板及使用这个滤镜前后的对比画面如图 5-120 所示。

图 5-120　【曝光过度】面板及效果

6）【查找边缘】：这个滤镜效果用于强调图像的边缘，使图像看起来犹如铅笔勾勒出的素描线条，图像明暗对比越强烈，边缘效果越明显。【查找边缘】滤镜可以对彩色画面的边缘以彩色线条进行圈定，对于灰度图像则用白色线条圈定其边缘。参数面板及使用这个滤镜前后的对比画面如图 5-121 所示。

图 5-121 【查找边缘】面板及效果

7）【浮雕】：这个滤镜效果根据当前画面的色彩走向将色彩淡化，主要用灰度级来刻划画面，形成浮雕效果。参数面板及使用这个滤镜前后的对比画面如图 5-122 所示。

图 5-122 【浮雕】面板及效果

8）【画笔描绘】：这个滤镜可以让画面产生画笔笔触的效果。参数面板及使用这个滤镜前后的对比画面如图 5-123 所示。

图 5-123 【画笔描绘】面板及效果

9）【纹理材质】：这个滤镜可以使素材片段看上去好像带有其他片段的材质。例如，可以使一棵树看上去好像具有砖的材质，并可控制材质的深度和表面光源。

10）【边缘粗糙】：这个滤镜特效通过对图层 Alpha 通道的处理，使图像的边缘变得粗糙，类似于各种自然腐蚀的效果。参数面板及使用这个滤镜前后的对比画面如图 5-124 所示。

11）【闪光灯】：这个滤镜效果能够以一定的周期或随机地对一个片断进行算术运算。例如，每隔 5 秒钟片断就变成白色，并显示 0.1 秒；或片断颜色以随机的时间间隔进行反转。

12）【阈值】：这个滤镜能够让画面变为黑白对比图像。通过阈值色阶数值控制黑白的比例。参数面板及使用这个滤镜前后的对比画面如图 5-125 所示。

图 5-124 【边缘粗糙】面板及效果

图 5-125 【阈值】面板及效果

13)【马赛克】：这个滤镜效果按照画面出现颜色层次，采用马赛克镶嵌图案代替源画面中的图像。通过调整滑块，可控制马赛克图案的大小，以保持原有画面的面目。同时，可选择较锐利的画面效果。本视频滤镜效果随时间变化。参数面板及使用这个滤镜前后的对比画面如图 5-126 所示。

图 5-126 【马赛克】面板及效果

5.4 外挂滤镜

Premiere Pro CS4 拥有众多的第三方外挂插件，这些外挂视频特效插件极大程度上拓展了 Premiere Pro CS4 的视频特效功能，使制作出 Premiere Pro CS4 自身不易制作出或者不能实现的某些特效变为可能，从而为影片增加了更多的艺术效果和趣味性。

Premiere Pro CS4 的插件共分为 4 类。

①转场的插件，比如好莱坞、spice master 等。

②特效插件，比如 FE、Panopticum 公司的插件系列，大家常说的扫光插件，一些为 AE 开发并能用在 PR 中的基本也属于这一类。

③字幕插件，比如Title Express、TM（Title Motion）、Titledeko、小灰熊卡拉OK、小精灵字幕等。

④扩展功能插件，比如videoserver、CCE、CanonpusProcoder2video for pr等。这个分类是个人为了方便管理而采取的，所以不是很严格。比如有的插件在安装后会为PR同时添加转场和特效。

强调一点，许多PR6.5以前常用的插件都不支持PR PRO，或者要更换新版本才能支持PR PRO，这是由于PR PRO引进AE内核的原因，在PR PRO中很多AE的插件都是可以用的。

几款常用的插件如下。

①FE（Final Effects）：这就是有名的雨雪粒子效果插件。Final Effects是MetaTools公司开发的Premiere的插件，这个系列包含的插件较多，其中比较著名的是用于制作雨雪特效的FE Rain（FE雨）和FE Snow（FE雪）插件。其控制方法较为简单，但制作出的雨雪效果却非常真实，是当前制作雨雪效果的最佳工具之一。

②Sapphire：效果比较丰富，而且是上百种插件的集合，里面sapphire lighting中的S_Rays滤镜就可以做扫光，注意这个扫光效果生成渲染是非常慢的。

③Shine：此特效是一款非常著名的光效插件，该插件支持几乎目前所有主流的后期编辑软件。

④跟踪抠像插件MOKEY，使用比较复杂，需要仔细学习。

⑤PANOPTICUM系列插件，可以做火焰等效果，也是比较有名的。

此外，PR还有一些功能单一点的插件，比如老电影效果的agedfilm，再比如防抖动插件、去台标插件，使用比较简单。还有些增强或补充PR功能的小软件，不算是插件，也简单提一下，比如PR字体补丁软件、PPJ项目定位器、PR MPG输出激活器等，这些在网上都能找到。

5.5 本章小结

在Premiere Pro CS4中，视频滤镜特效是一种非常常用的后期处理技术，通过它用户可以对素材进行处理，使其拥有与众不同的效果，这一点在很多方面与Photoshop是相似的，但不同点在于可以通过Premiere Pro CS4为这些视频滤镜特效添加动画效果，视觉上更加丰富。

学习本章后，可以知道Premiere Pro CS4中视频滤镜的特点、分类以及使用方法，并且可以通过添加调整关键帧来设置视频滤镜随时间变化的效果。读者还应该掌握在一个素材上使用多个视频滤镜的方法、作用和效果。

5.6 本章习题

（1）下列关于视频滤镜特效的论述（　　）项是不正确的。

A. 视频滤镜特效可以作为素材添加，并通过用户的调整可以作为素材的转场效果使用

B. 视频滤镜特效面板中拥有几十种视频滤镜，而且每种滤镜都有各自的设置方式

C. 高斯模糊可以为素材制作出一个比较真实的物体高速移动而产生的横向模糊效果

D. 视频滤镜特效本身带有动画效果，不需要用户调试即可以使用

（2）下列（　　）项不是GPU特效组的滤镜。

A. 卷页　　B. 中间值　　C. 折射　　D. 波纹（圆形）

(3) 关于复制一个剪辑的某一效果及其关键帧粘贴到另一个剪辑的操作描述，下列（ ）项是错误的。

A. 在【特效控制台】面板中，选择该效果，然后选择【文件】→【复制】命令

B. 在【时间线】窗口中，选择一个或多个剪辑，然后选择【编辑】→【粘贴】插入命令

C. 在【特效控制台】面板中选中添加的视频滤镜，按 Ctrl+C 组合键然后选择要粘贴到的素材文件上的滤镜按 Ctrl+V 组合键

D. 复制滤镜特效的时候，关键帧是不能同时跟着复制的，必须再次选中关键帧进行复制粘贴操作才能完成

(4) 下面（ ）项不属于色彩校正特效组。

A. 色彩平衡　　B. 广播级色彩

C. 自动颜色　　D. 通道混合器

(5) 以下关于滤镜效果的描述，（ ）项是错误的。

A. 通过各种滤镜特效，可以对图片或者视频素材进行加工，为原始素材添加各种各样的特效

B. Premiere Pro CS4 能使用各种视频及音频滤镜，其中视频滤镜能产生动态的扭变、模糊、风吹、幻影等特效，这些变化增强了影片的吸引力

C. 滤镜特效主要由视频滤镜和音频滤镜组成

D. 可以使用视频滤镜给在录音棚中录制的对话添加配音或者回声

(6) 视频滤镜是利用数字技术处理图像，以获得类似电影或电视节目中出现的特殊效果。视频滤镜可以将特殊的效果添加到视频中，用以改变________或________。添加视频滤镜后，滤镜效果会应用到素材的每一帧上。调整滤镜属性，可以控制起始帧到结束帧之间的滤镜________、________和________。

(7) 色彩平衡视频滤镜效果利用滑块来调整________的分配比例，使得某个颜色偏重以调整其明暗程度，其滤镜特效属于随时间变化的特技。

(8) 色彩级别视频滤镜效果将画面的________、________和________（包括颜色反相）等参数的调整功能组合在一起，更方便地用来改善输出画面的画质和效果。

第 6 章　音频处理

教学目标

学习本章后可对 Adobe Premiere Pro CS4 的音频处理有个全面的认识，能够给现有的文件添加视频特效，同时也能够调整现有文件中音频的不足。

教学重点与难点

- 了解音频控制台的使用方法和为音频做关键帧动画的方法
- 对音频虑镜的概念理解和应用
- 音频过渡的使用方法
- 综合运用音频调节的各方面工具实际制作音频

6.1　音频概述

通常把影视的表现手法和规律称为视听语言，顾名思义，一个是视频画面，另一个就是声音了。声音的处理在后期合成中尤为重要，好的视频动画需要画面和声音同步配合才能够取得好的效果。可以想象，如果《指环王》中骠骑国整备军队时没有战马的嘶鸣与马蹄声，效果将会大打折扣。即使视频画面只是简单的图形动画，只要声音运用得恰到好处，往往能够营造一种非常强烈的气氛，比如常看到的皮克斯动画的片头，只是一只台灯在跳，但是加上了风趣幽默的配音，立刻就让台灯富有了生命。

Premiere Pro CS4 的音频处理系统与其他 PC 剪辑软件比有着强大的优势，包括功能强大的调音台、多音轨的特效、各种形式的音频过渡和方便的音频时间线。如图 6-1 所示。

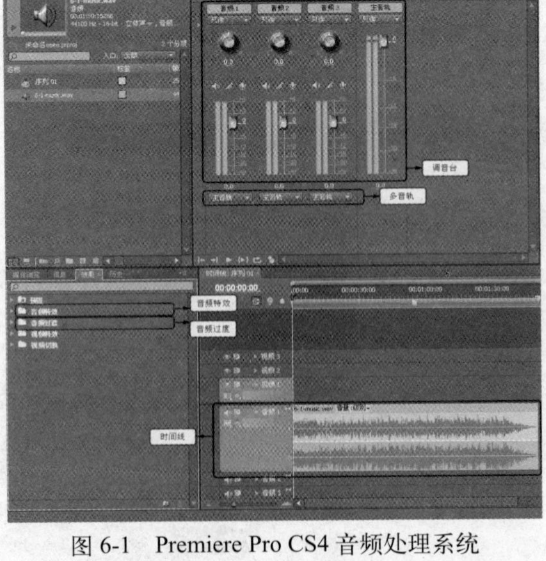

图 6-1　Premiere Pro CS4 音频处理系统

6.2　音频处理实例

下面列举一个简单的例子，本例将通过使用【Dynamics】特效来实现高低音的转换。

1）启动 Premiere Pro CS4，将新建项目名称设为“高低音的转换”，序列名称设为“序列01”，在【项目】窗口中名称列表下的空白处双击鼠标，在弹出的【导入】对话框中选择随书附带光盘“CDROM \yinpin06-01 \高低音转换素材.mp3”，单击【打开】按钮，用鼠标将该素材移至【时间线】窗口中的音频 1 轨道上，如图 6-2 所示。

图 6-2　音频素材的添加

2）在【效果】面板中，双击【音频特效】文件夹，展开【立体声】文件夹，在【立体声】文件夹的下拉菜单中选择 Dynamics 特效，将该特效移至【时间线】窗口中的“高低音转换素材.mp3”上，如图 6-3 所示。

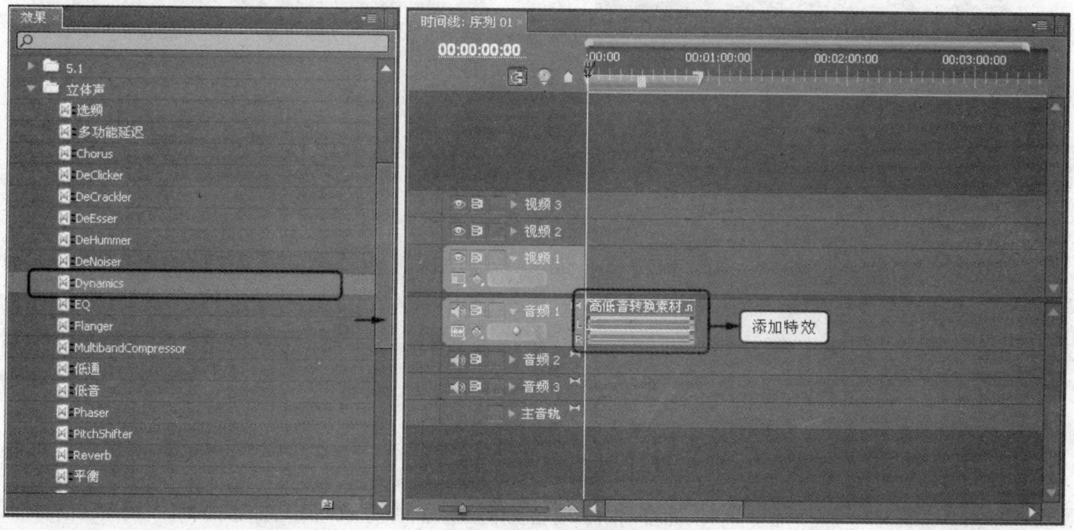

图 6-3　添加特效

3）在【时间线】窗口中，将时间编辑线移至 00：00：06：00 位置。激活【特效控制台】面板，在面板中单击 Dynamics 序列右侧的小圈按钮，在弹出的下拉列表中选择 hard compression

命令，此时展开 Dynamics 序列，单击【个别参数】下的所有命令左侧的秒表按钮，如图 6-4 所示。

4）在【时间线】窗口中，将时间线移至 00：00：30：00 的位置，激活【特效控制台】面板，单击 Dynamics 序列右侧的小圈按钮，在弹出的下拉列表中选择 soft compression 命令，这时会发现自动添加了第二个关键帧，如图 6-5 所示。

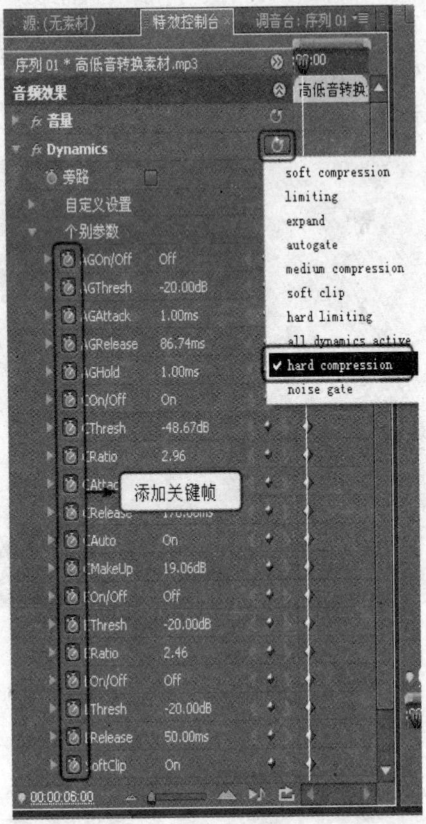

图 6-4　添加关键帧

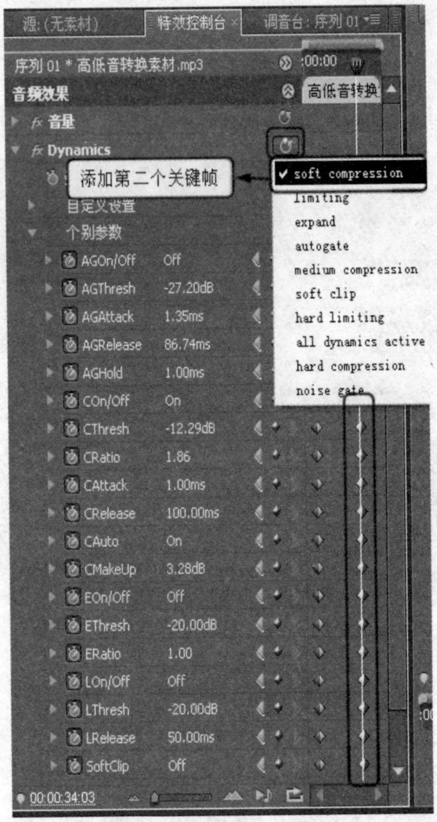

图 6-5　添加第二个关键帧

5）单击【节目监视器】窗口下的【播放】按钮，就可以欣赏了。

6.3　音频特效

Premiere CS4 中集成了许多音频特效，提供了方便快捷的音频处理方法。音频特效分为单声道、立体声道、5.1 声道三个组，要想知道 Premiere 中各个特效究竟是什么效果，最好的办法就是亲自试验。针对音频特效，随便导入一个声音素材，先听听它原来是什么效果，然后把音频特效面板中的效果拽一个过来，听听有什么变化，然后修改各个参数，就可以直接在参数调整对话框中聆听。

使用特效控制台时，有以下几个知识点需要掌握。

1）可以为同一个声音剪辑添加多个音频特效，且音频特效可以重复添加，且彼此的控制参数彼此独立，互不影响。如图 6-6 所示。

2）可以通过鼠标拖动改变音频特效的先后顺序，因为特效的叠加是后加的特效影响前面先添加的特效。如图 6-7 所示。

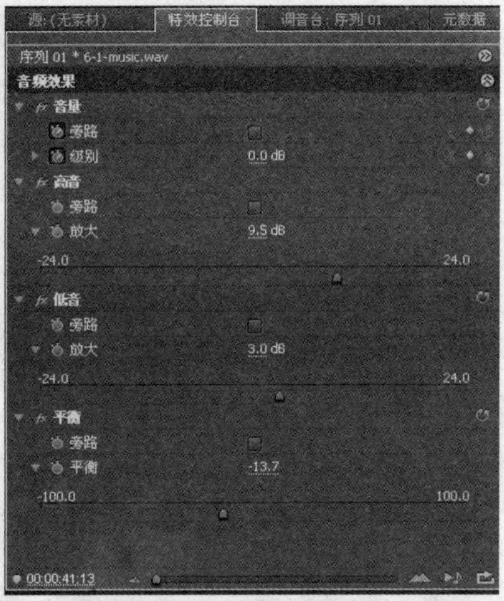

图 6-6　音频效果

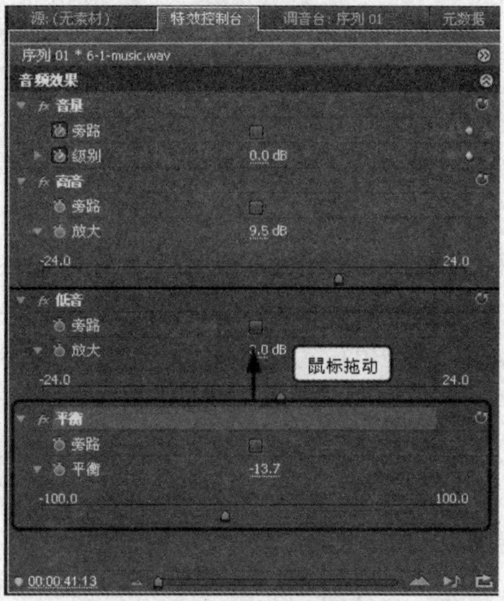

图 6-7　添加特效

3）可以通过切换效果开关来决定是否需要使该特效生效。如图 6-8 所示。

4）可以通过切换动画开关添加特效关键帧。即允许通过同一特效的参数的不同值来输出关键帧。如图 6-9 所示。

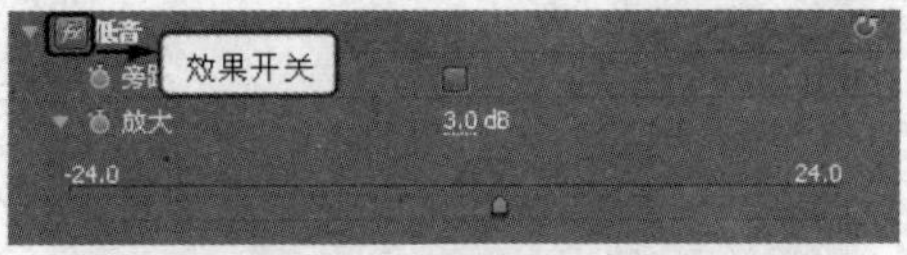

图 6-8　切换效果开关

图 6-9　添加特效关键帧

5）不是所有的音频特效都带有参数，例如反向特效就没有可调节的参数。

6）后添加的特效其效果是在已有特效的基础上进行处理的，因此无法聆听该特效单独作用于声音剪辑时的特效，除非重新添加这个声音剪辑，然后再单独添加这个音频特效，或者在面板上关闭其他音频。

下面具体介绍音频特效的每种形式，以便读者作为参考，由于软件汉化翻译并不完全，因此，有的参数英文和汉语共同列出。

（1）选频

该特效用作删除超出制定范围或波段的频率。其中【中置】为制定波段中心的频率；Q 制定要保留的视频的宽度，低的设置将产生宽的频段，而高的设置产生一个窄的频段。如图 6-10 所示。

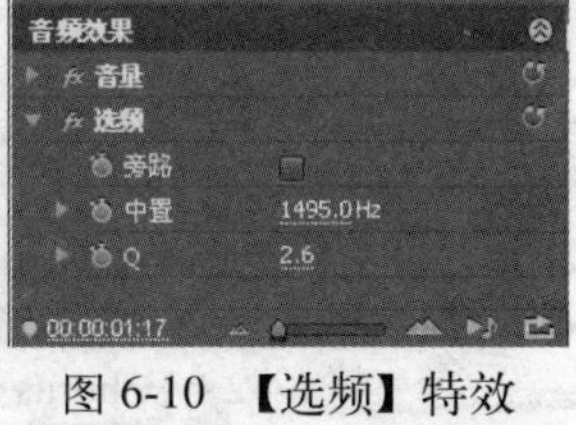

图 6-10　【选频】特效

（2）多功能延迟（Multitap Delay）

这一音频滤镜效果可对延迟效果进行高程度控制，要在电子舞蹈音乐中产生同步、重复回声效果时，该音频滤镜效果是很有用的。其中共有 4 个 Tap。每个 Tap 都包含了【延迟】(Delay)、【反馈】（Feedback)、【级别】和【混合】4 个参数。多个 Tap 栏结合使用，就能创造出复杂的、有节奏的延迟和回声效果。选择 Tap 栏，只需打开【切换效果开关】。【混合】（Mix）参数可以设定原始声音与效果声音的混合比例。如图 6-11 所示。

(3) Chorus（和声）

该音频滤镜效果可以创造和声效果。它复制一个原始声音并将其做降调处理或将频率稍加偏移形成一个效果声，然后让效果声与原始声音混合播放。对于仅包含单一乐器或语音的音频信号来说，运用 Chorus 音频滤镜效果通常可以取得较好的效果。Mix 参数可以设定原始声音与效果声混合的程度，一般这一值设为 50%。注意：Depth 参数可以设定效果声延迟的程度，较高的数值产生音调的变化较大，因此通常设置为较小的数值。假如要加深合声效果，可设定较高的数值。Mix 参数可以对效果声设定混响程度，一般设定较低的数值。因较高的数值能产生类似 Flanger 音频滤镜效果的效果。Rate 参数可以设定振荡速度。如图 6-12 所示。

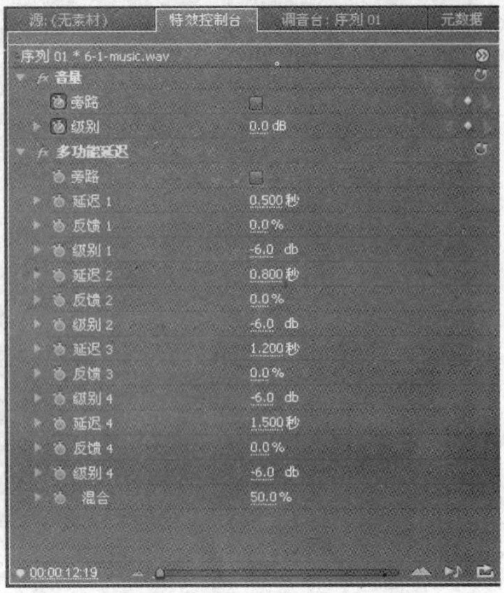

图 6-11 【多功能延迟】面板

(4) DeClicker（移除爆音）

使用该音频特效，只要将出现的爆音记录下来，就能方便快捷地移除它，移除爆音共有 4 个参数可调节：Threshold 为音频阈值、DePlop 为删除爆音、Mode 为音频爆音的采样、Audition 为试听。如图 6-13 所示。

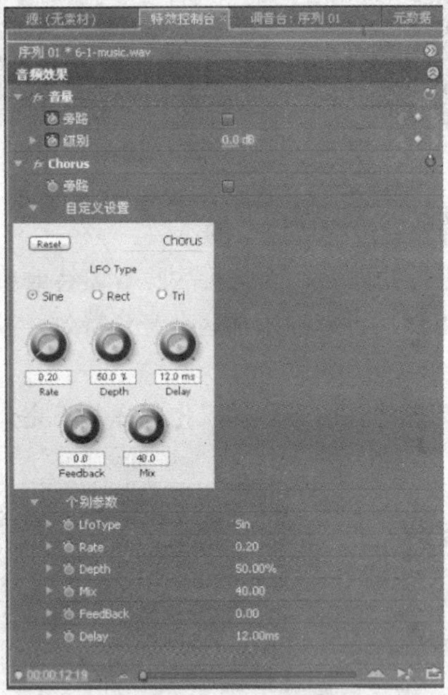

图 6-12 【Chorus】面板

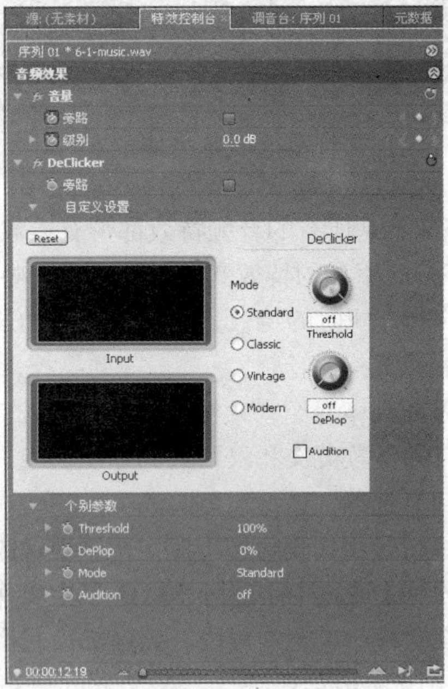

图 6-13 【Declicker】面板

(5) DeCrackler（移除杂音）

该音频特效可以记录杂音并将其移除。它有三个参数，Threshold 为音频阈值，Reduction 为减少杂音比例，Audition 为试听。如图 6-14 所示。

(6) DeEsser【齿（哨）音消除】

该音频特效可以压缩音频的齿（哨）音。它共有两个参数，Gain 为音频增益,用于选择音频的频率；Gender 种类，可以选择男声（Male）或女声（Female）。如图 6-15 所示。

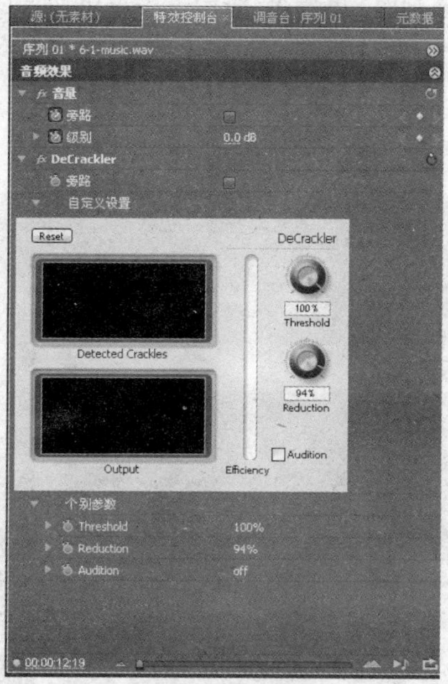

图 6-14 【Decrackler】面板

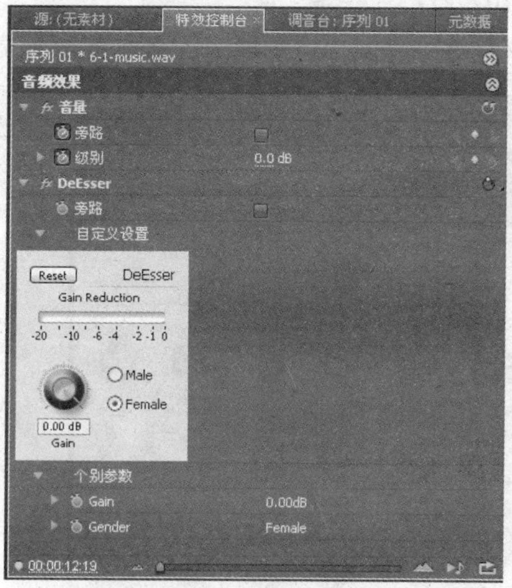

图 6-15 【DeEsser】面板

（7）DeHummer（消除电源干扰）

由于电源线或设备没有正确屏蔽或接地，往往给音频带来嗡嗡的干扰声，而使用这一音频滤镜效果，就可以消除这一现象。其中的 Frequency 参数可以设定消除频率，为了消除电源干扰，在我国此值可设为 50.00Hz。显然，使用这一音频滤镜效果还可以消除设定范围内任何不想要的频率。如图 6-16 所示。

（8）DeNoiser（消除噪声）

该特效可以自动探测录音带的噪声，并消除。其中，Reduction 参数为减少杂音比例。Offset 为偏移值。如图 6-17 所示。

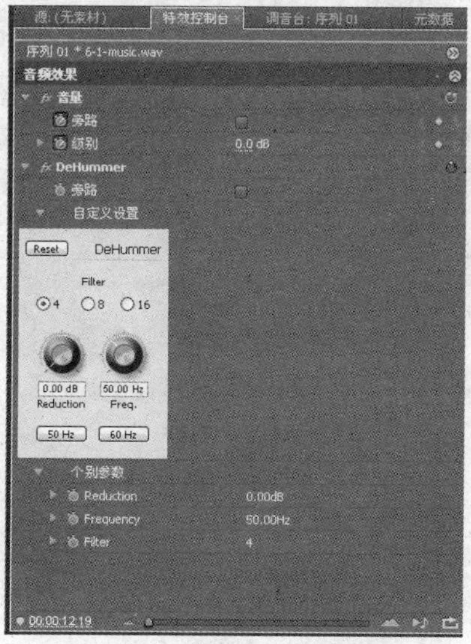

图 6-16 【DeHummer】面板

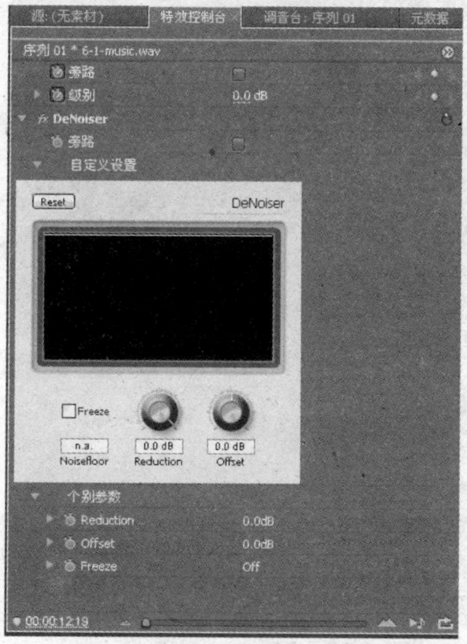

图 6-17 【DeNoiser】面板

（9）Dynamics

该特效可以提供一套可以组合或独立调节音频的控制器。既可以使用自定义设置视图的图形控制器，也可以在单独的参数视图中进行调整。如图 6-18 所示。

（10）EQ

该特效可以使用多频段来控制频率、带宽以及电平。如图 6-19 所示。

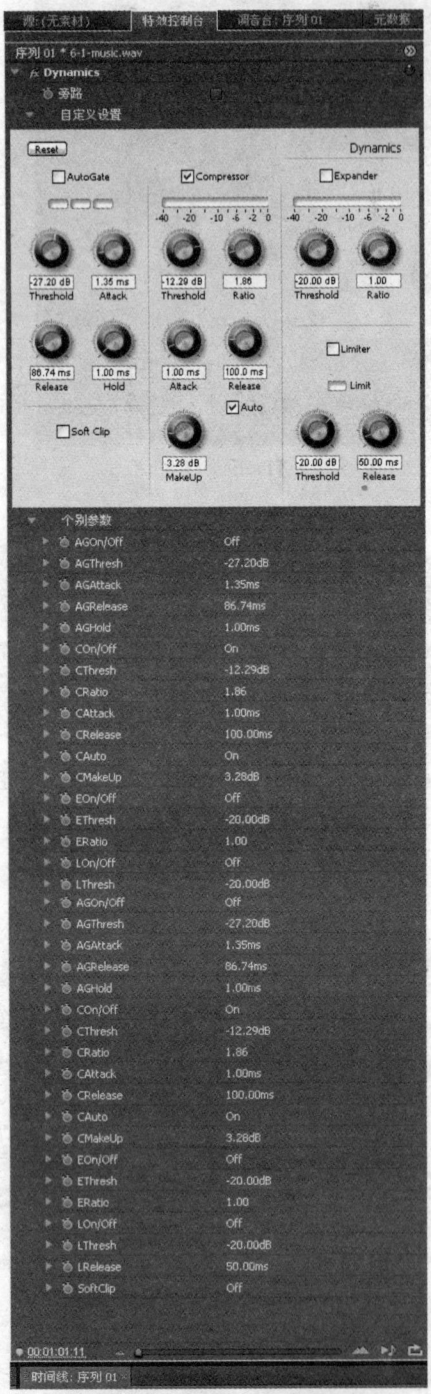

图 6-18 【Dynamics】面板

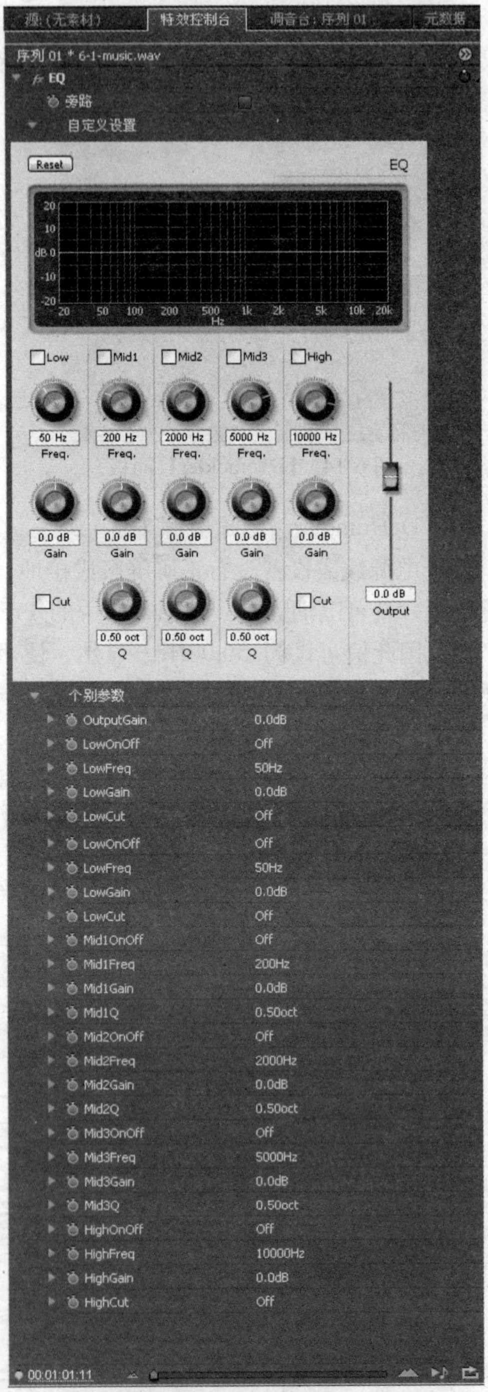

图 6-19 【EQ】面板

（11）Flanger（波浪）

这一音频滤镜效果可以将原始声音的中心频率反向并与原始声音混合，效果与 Chorus 音频滤镜效果相似，能够使声音产生一种推波助澜的效果。其中，Mix 参数可以设定原始声音与效果声混合的比例；Depth 参数可以设定效果的延迟时间；Rate 参数可以设定效果循环的速度。如图 6-20 所示。

（12）Multiband Compressor 特效

该特效是一个可以分波段控制的三波段压缩器。可以在手动设置视图中使用图形控制器，也可以在单项设置视图中调整数值。如图 6-21 所示。

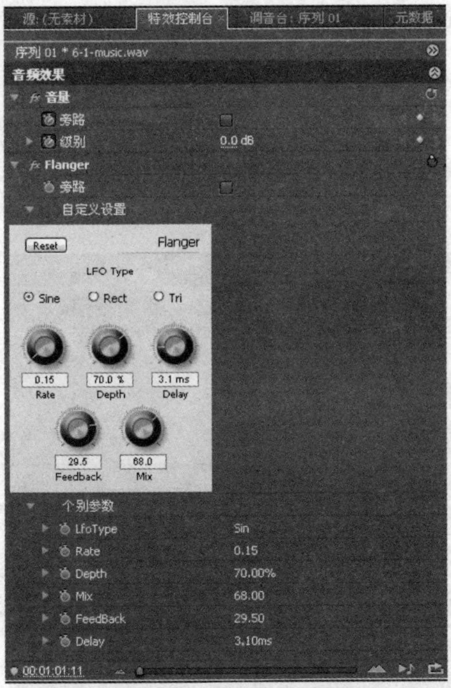

图 6-20　【Flanger】面板

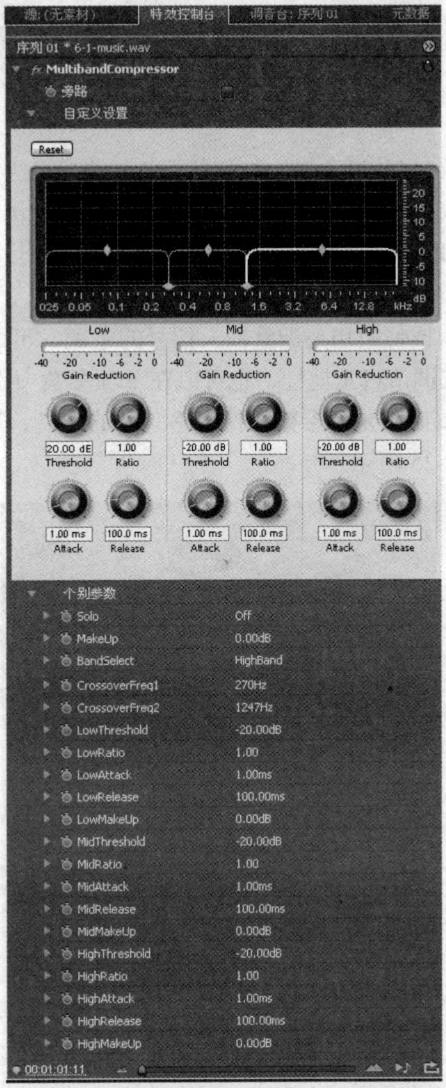

图 6-21　【Multiband Compressor】面板

（13）低通 Low Pass

这一音频滤镜效果可将高频部分滤除。参数可以设定一个频率值，对于【高通】(High Pass) 音频滤镜效果来说，低于此值的声音被滤除，而对于 Low Pass 音频滤镜效果来说，高于此值的声音被滤除。如图 6-22 所示。

（14）低音

使用这一音频滤镜效果可调整音调。在放大参数中可以提升或降低低频部分。如图 6-23 所示。

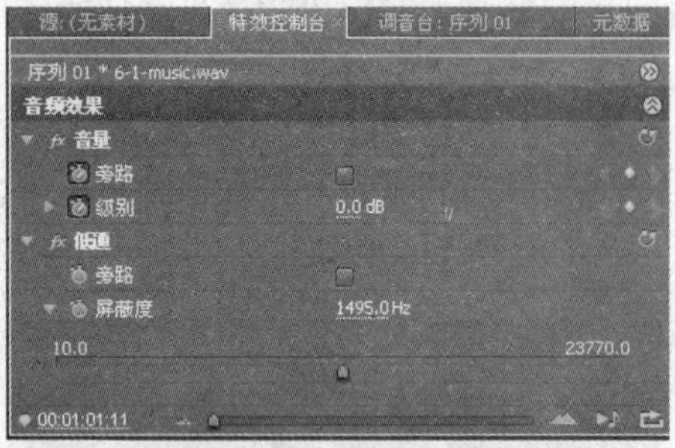

图 6-22 【低通】面板

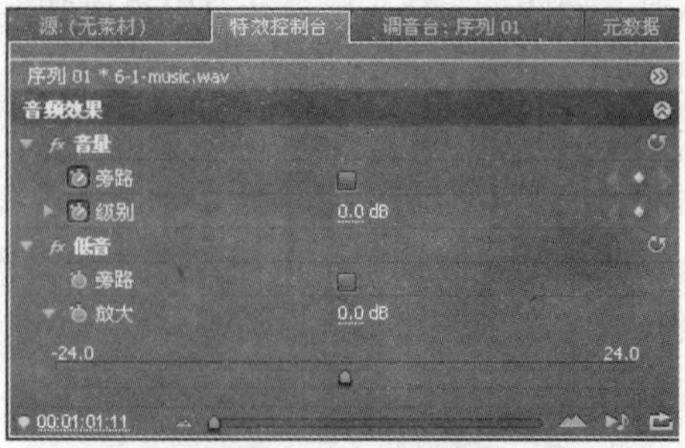

图 6-23 【低音】面板

（15）Phaser 音频相位器

该特效可以使音频做相位移动，其中 Rate 为比率值，Depth 为深度值，Mix 为混合值，Feedback 为声音反馈，Delay 为延迟时间。如图 6-24 所示。

（16）PitchShifter 特效

该特效用来调整输入信号的定调，可以加强高音，反之亦然。可以使用手动设置图标控制器来调节可重属性，也可以在单项参数中设置。其中，Pitch 为制定半音程间定调的变化；Fine Tune 确定定调参数的伴音格之间的微调；Formant Preserve 保护音频素材的共振峰免受影响，如图 6-25 所示。

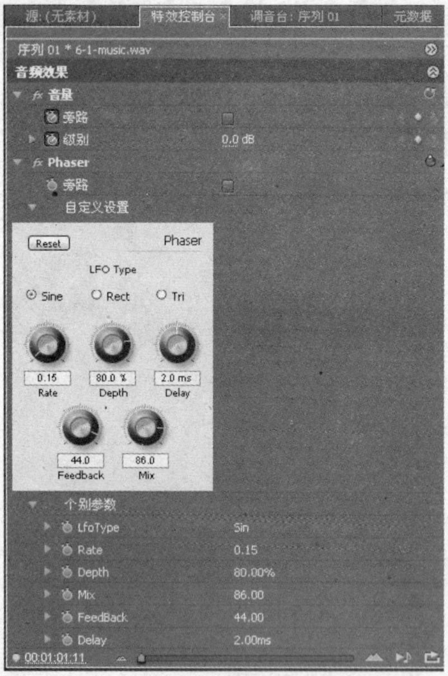

图 6-24 Phaser 面板

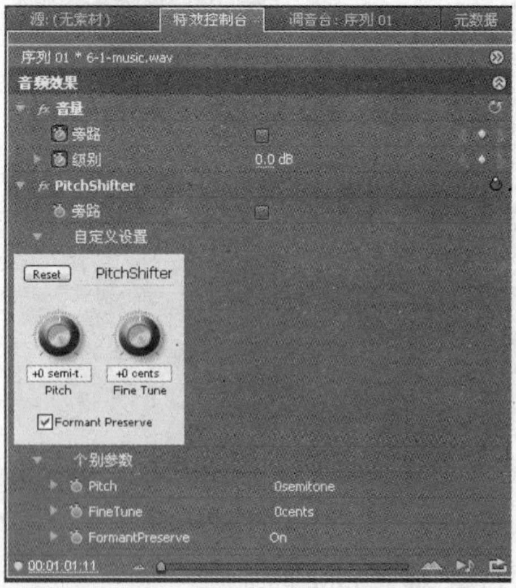

图 6-25 【PitchShifter】面板

（17）Reverb（反射）

这一音频滤镜效果可以模拟房间内部的声音情况，能表现出宽阔的、传声真实的效果。在该面板中，首先要设定空间大小，然后再调整其他设定。其中 Mix 参数可以设定原始声音与效果声音之间的混合比例。如图 6-26 所示。

（18）平衡

用来调整素材音频均衡的滤镜，平均控制左右声道的音量。正值表示增加左声道的音量比例，负值表示增加右声道的音量比例。如图 6-27 所示。

（19）Spectral NoiseReduction（按频谱减少噪声）

该音频特效可以根据设定好的频谱减少噪声。其中 Freq 值为所选的频率，共有三个通道，Reduction 为削减的值也提供了三个通道。如图 6-28 所示。

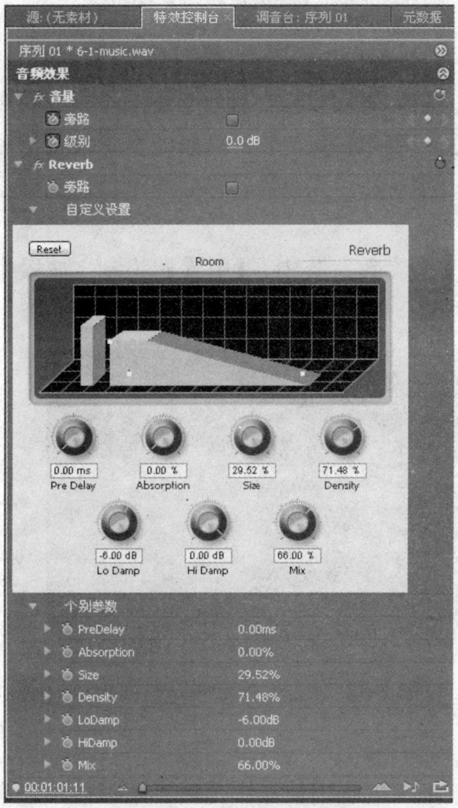

图 6-26 【Reverb】面板

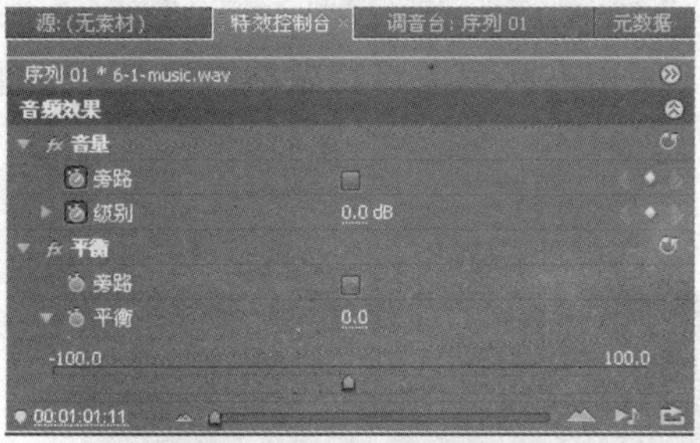

图 6-27 【平衡】面板

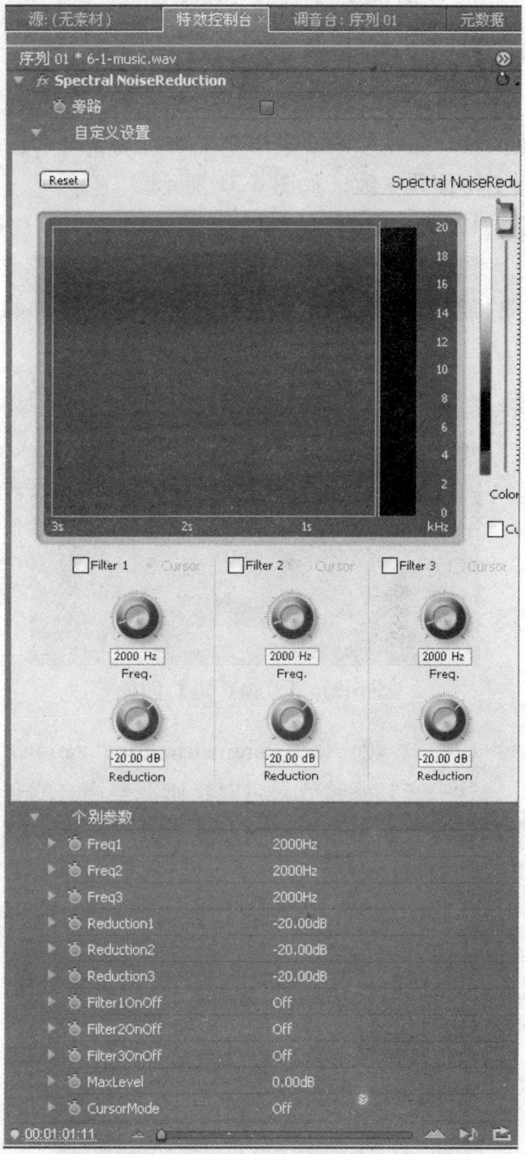

图 6-28 【Spectral NoiseReduction】面板

（20）使用右声道（Fill Right）

这一音频滤镜效果可以仅使用声音片断中的右声道部分音频信号。如图 6-29 所示。

（21）使用左声道（Fill Left）

这一音频滤镜效果可以仅使用声音片断中的左声道部分音频信号。如图 6-30 所示。

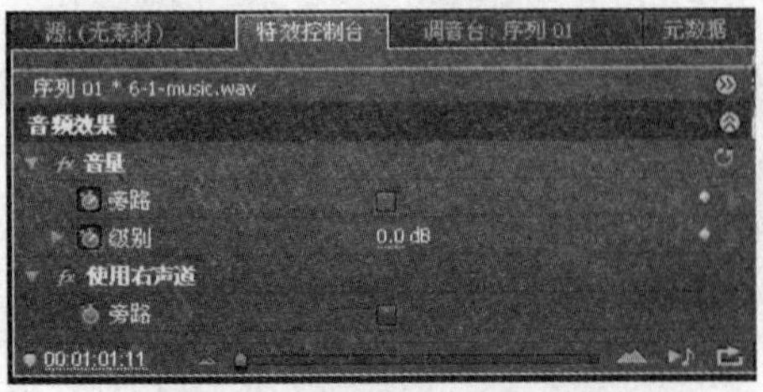

图 6-29 【使用右声道】面板

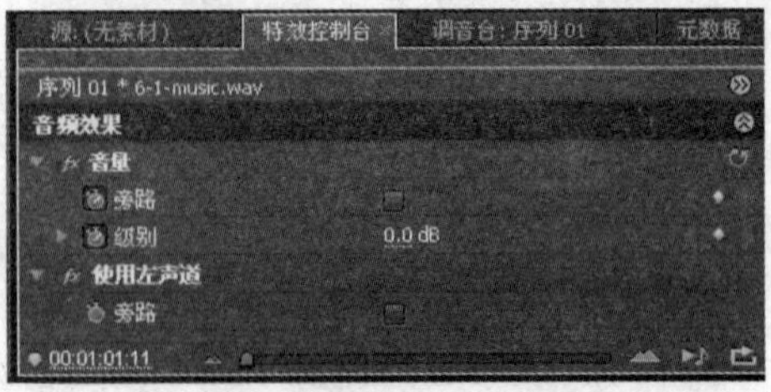

图 6-30 【使用左声道】面板

（22）互换声道（交换左右声道）

这一音频滤镜效果可以交换立体声的左、右声道，主要用于纠正录制时连线错误造成的声道反转。当视频画面采用水平反转处理时，也可采用这一音频滤镜效果，以保证声源位置与画面主体位置一致。如图 6-31 所示。

（23）去除指定频率

该音频特效可以将指定的频率削弱和移除，共有两个参数。其中，【中置】为制定波段中心的频率。Q 为制定要保留的视频的宽度。如图 6-32 所示。

图 6-31 【互换声道】面板

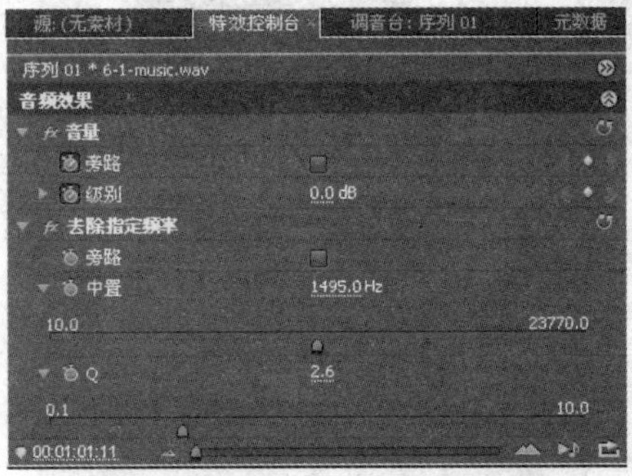

图 6-32 【去除指定频率】面板

（24）参数均衡（Parametric Equalization）

这一音频滤镜效果可以精确调整声音的音调。由于可以精确调整频率范围，所以使用起来非常方便。如图 6-33 所示。

（25）反相

该特效能够将全部音频轨道声音的声音波形反相。使用方法只需将特效拖拽到素材上即可。如图 6-34 所示。

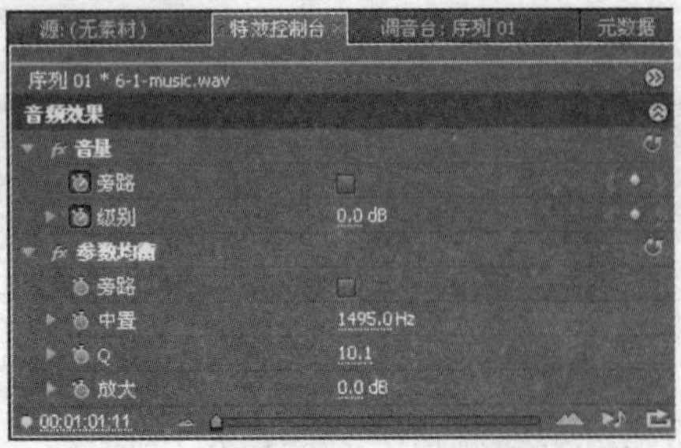

图 6-33 【参数均衡】面板

图 6-34 【反相】面板

(26) 声道音量

分别以左、右两个参数调节左、右声道的音量。如图 6-35 所示。

(27) 延迟

该特效可以为音频素材添加回声。共有三个参数。【延迟】指定回声播放延迟的时间;【反馈】指定延迟信号反馈叠加的百分比,【混合】控制回声的量。如图 6-36 所示。

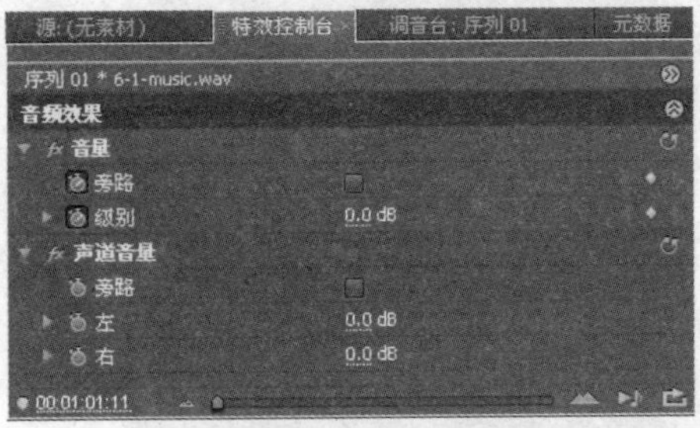

图 6-35 【声道音量】面板

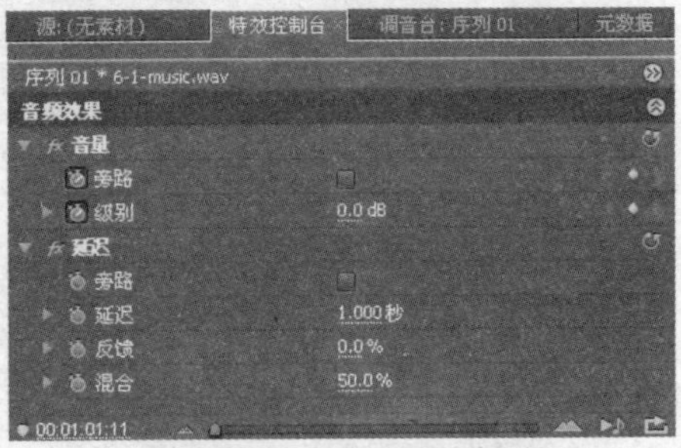

图 6-36 【延迟】面板

(28) 音量

该特效级别参数可以提高音频电平而不被修剪,只有当型号超过硬件允许范围时才会修剪,这时会导致音频失真。如图 6-37 所示。

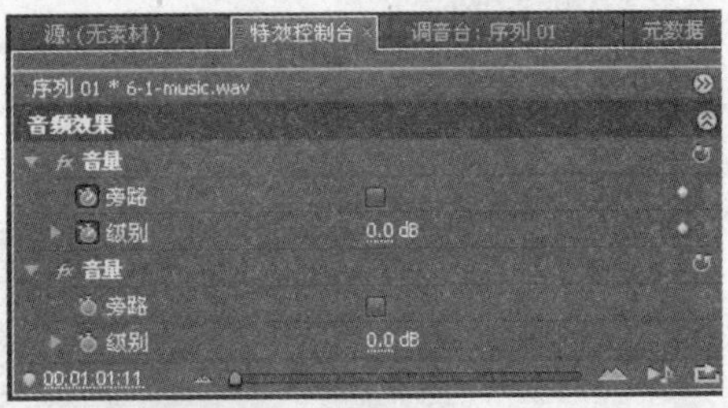

图 6-37 【音量】面板

(29) 高通 (High Pass)

这一音频滤镜效果可以将低频部分从声音中滤除,其参数设置对话框与低通 Low Pass 音频滤镜效果一样。如图 6-38 所示。

(30) 高音

在放大参数中可以提高或降低高频部分 (4 000Hz 或更高)。如图 6-39 所示。

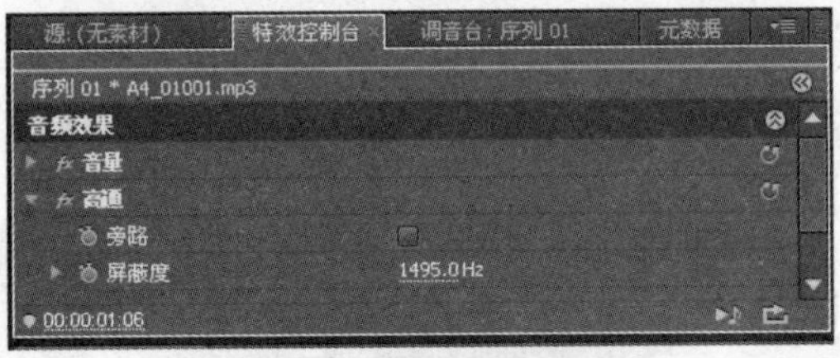

图 6-38 【高通】面板

图 6-39 【高音】面板

6.4 音频过渡

音频过渡有三种:分别是【恒定功率】、【恒定增益】和【指数型淡入淡出】。在默认情况下选择第一种【恒定功率】过渡,因为这种过渡,音量变化能按照人耳的听觉规律进行变换,而其他两种过渡比较机械。如图 6-40 所示。

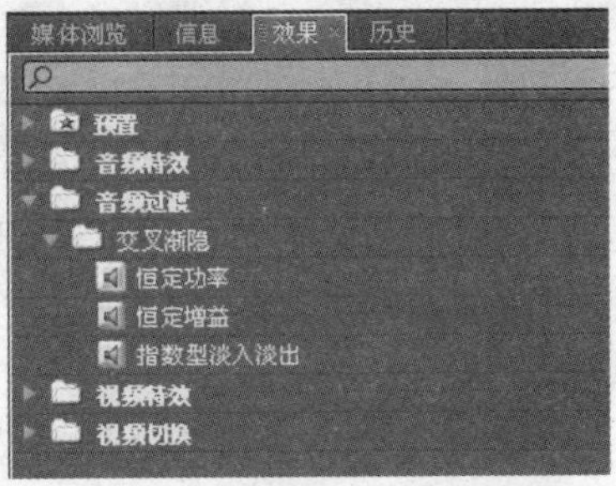

图 6-40 【音频过渡】面板

三种过渡的参数是完全相同的,只是实现效果的运算方法不同。下面将【恒定功率】过渡拖拽到两段剪辑过的音频之间。注意，一定要为剪辑过的，而不是整段音乐。如图 6-41 所示。

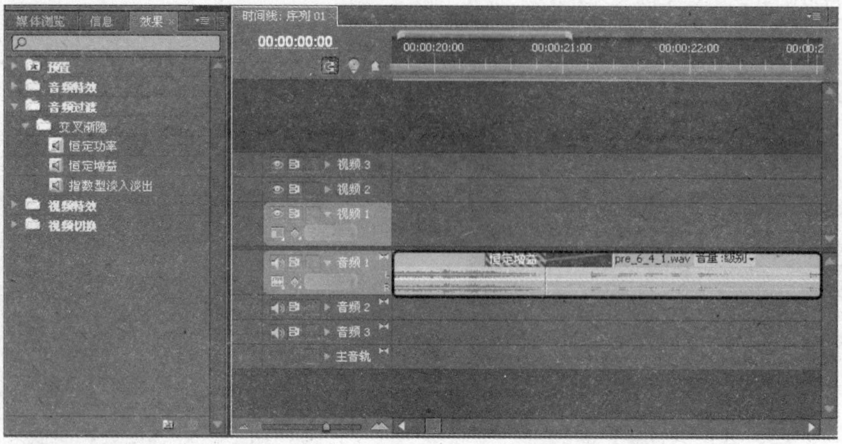

图 6-41　添加【恒定功率】过渡

在【特效控制台】面板中有两个参数可以调节：一个是音频过渡持续的时间；另一个则是过渡的起始位置对齐下拉菜单。这些可使音频过渡居中于切点、开始于切点、结束于切点或自定义开始。如图 6-42 所示。

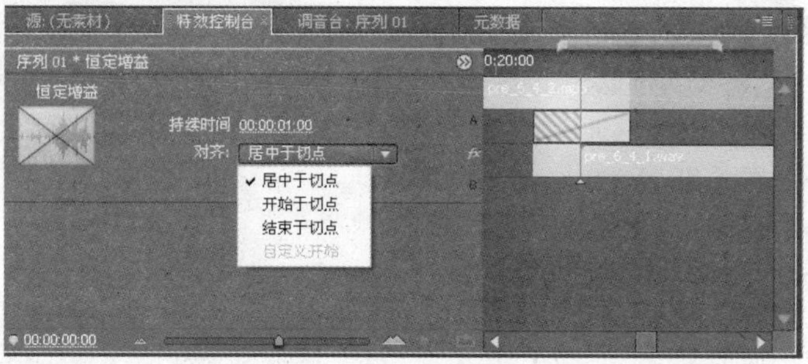

图 6-42　【恒定增益】面板

6.5　音频调节

下面介绍一些简单的音频方法。音频持续时间就是指音频的入点与出点之间的素材持续时间，所以音频持续时间的调整是通过入点、出点的设置来进行的。右击时间线，从弹出的快捷菜单中选择【速度/持续时间】命令，在弹出的对话框中可以调节速度和持续时间选项。如图 6-43 和图 6-44 所示。

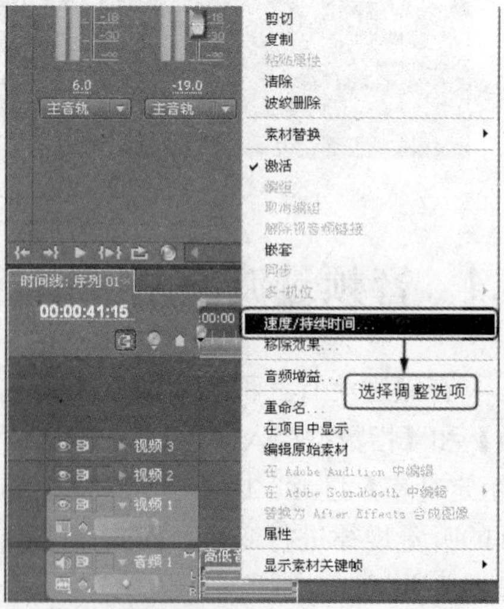

图 6-43　选择【速度/持续时间】命令

在【时间线】窗口中还可以调节音量的大小。在时间线上调解黄线的高低位置就可以使音量增大或减小。如图 6-45 所示。

【调音台】是音频调节中较高级的工具，是一个虚拟的音频合成调音台，它为每一条音轨都提供了一套控制。其结构与功能和传统的调音台十分接近，并且加入了数字音频的许多新特征。

调音台的每一路通道均设有【滤波器】、【均衡器】和【音量控制】等，可以对声音进行调整与修饰。传统的调音台还具有混响器、延时器和降噪器等硬件设备，可用于制作特殊的音响效果。

调音台是音频信号的中枢处理系统，可以对若干路外来信号作总体单独的调整。每条单轨可根据时间线中的相应编号，拖动每条轨道的音量淡化器来调整音量。如图 6-46 所示。

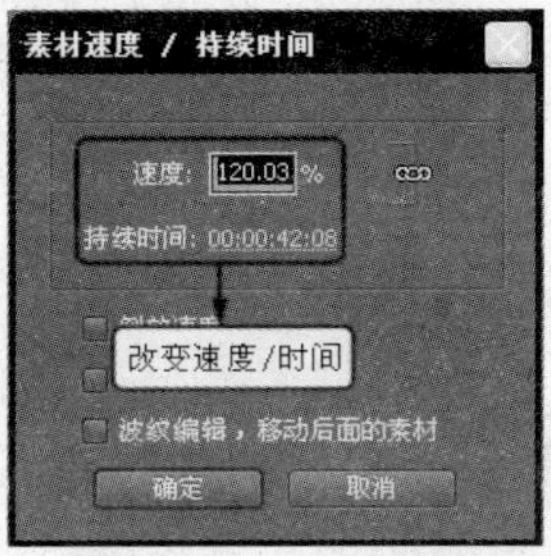

图 6-44 【素材速度/持续时间】对话框

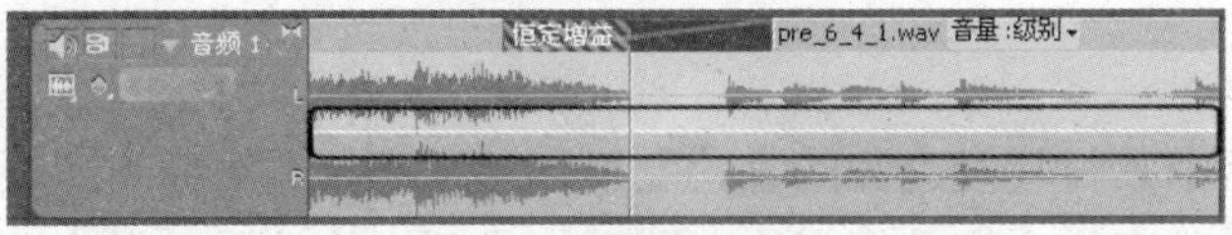

图 6-45 调解音量大小

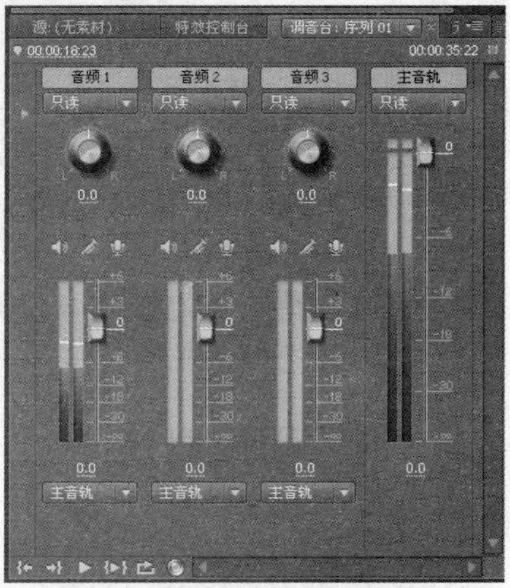

图 6-46 【调音台】面板

6.6　本章小结

学习本章后可了解 Premiere Pro CS4 音频的基础常识；音频的调节基本方法；音频特效的使用方法；音频过渡的方法和调音台的使用方法。但只有通过不断的实践，才能熟练掌握其综合运用的方法。

6.7　本章习题

（1）音频特效包括 3 种类型的声道，分别是________、________和单声道。

（2）音频过渡有 3 种，分别是________、________和________。

（3）多功能延时音频特效中共有 4 个 Tap。每个 Tap 都包含了______、______、______和______4 个参数。

（4）将两端完整的音乐素材文件拖进时间线窗口，为其添加【音频过渡】效果，在【音频过渡】效果中为什么不能调节对齐方式？

（5）简述 Chorus（和声）音频特效的作用。

第 7 章　视频切换

教学目标

学习本章后可对制作 Adobe Premiere Pro CS4 视频切换有个全面的认识，能够给现有的文件添加视频切换，达到转场自然、形式多样的要求。

教学重点与难点

- 为视频片段添加视频切换的方法
- 利用视频切换特效控制台对视频切换进行参数设置
- 11 组视频切换概述

7.1　视频切换概述

平时在电影和电视作品中经常看到两个素材片段之间的直接变换，这种切换效果称为“硬切”。在 Adobe Premiere Pro CS4 中，将两段素材直接首尾相连，即可完成硬切的效果。但这里所说的切换，是指为了消除【时间线】窗口中相连的两个视频素材在过渡中所能产生的画面跳跃和不平稳而采取的，使前一素材以某种渐变的方式平稳地过渡到后一个素材的一种手段。在 Adobe Premiere Pro CS4 中，提供了 11 组共 76 种切换方式，如图 7-1 所示。

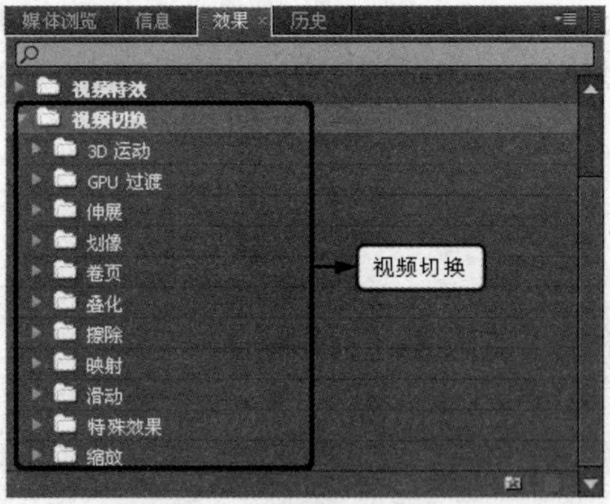

图 7-1 【视频切换】面板

7.2　一个简单的视频切换实例

在编辑影片的过程中，可以很方便地在两个视频素材衔接处添加一个转场视频特效，并且通过转场视频特效中的参数对该效果进行调整，从而制作出极具艺术效果的视频切换效果。

1）打开 Adobe Premiere Pro CS4 中已建立的项目，选择菜单中的【文件】→【导入】命令，也可以在项目创建中右击，在弹出的快捷菜单中选择【导入】命令；如图 7-2 所示。

2）在弹出的【导入】对话框中选定两段所需的视频素材，如图 7-3 所示。

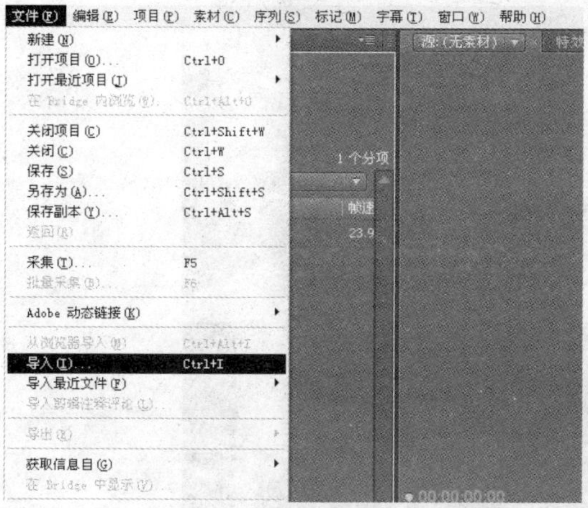

图 7-2　选择【导入】命令

图 7-3　【导入】对话框

3）将两段素材插入到【时间线】窗口，如图 7-4 所示。

4）打开位于【效果】面板中的视频切换组，如图 7-5 所示。

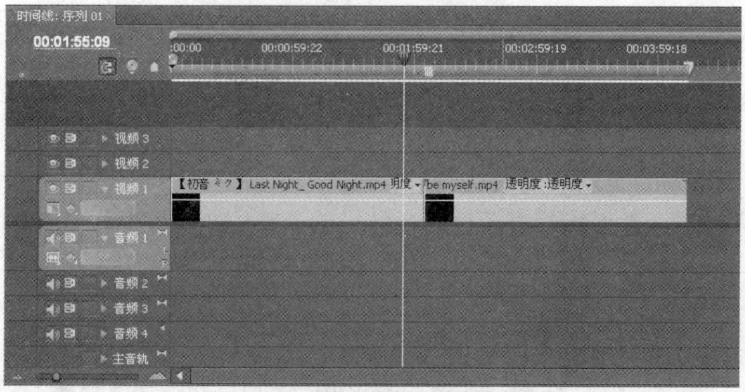

图 7-4　插入素材

图 7-5　【视频切换】面板

5）展开视频切换组下的【3D 运动】，选择图 7-6 所示的【门】特效命令，并使用鼠标将其拖动到两素材连接处，如图 7-7 所示。

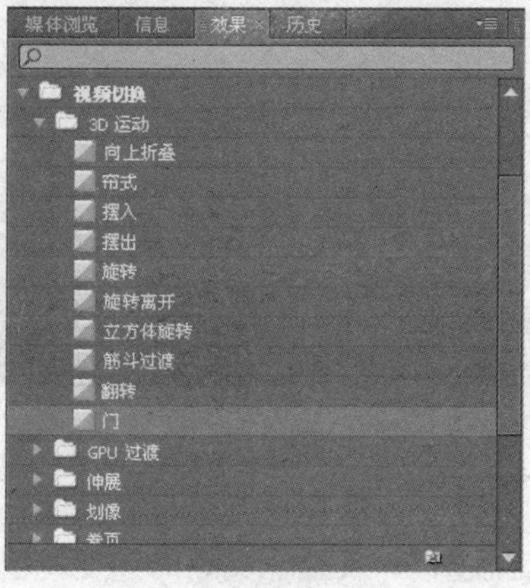

图 7-6　【门】特效

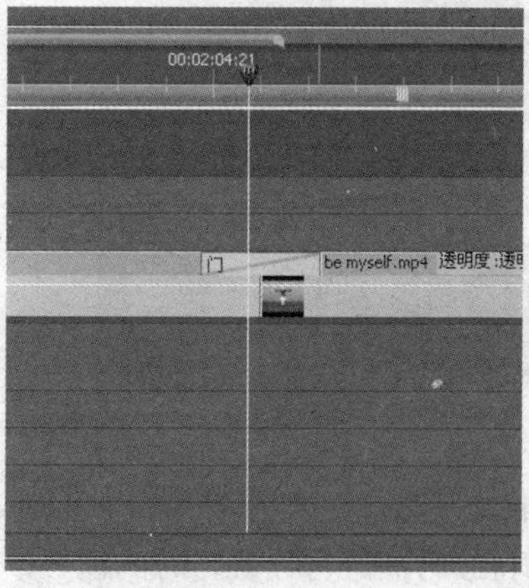

图 7-7　加入特效

6）单击【节目监视器】窗口中的【播放/停止】开关按钮▶，即可预览到添加了转场特效后的效果，如图 7-8 所示。

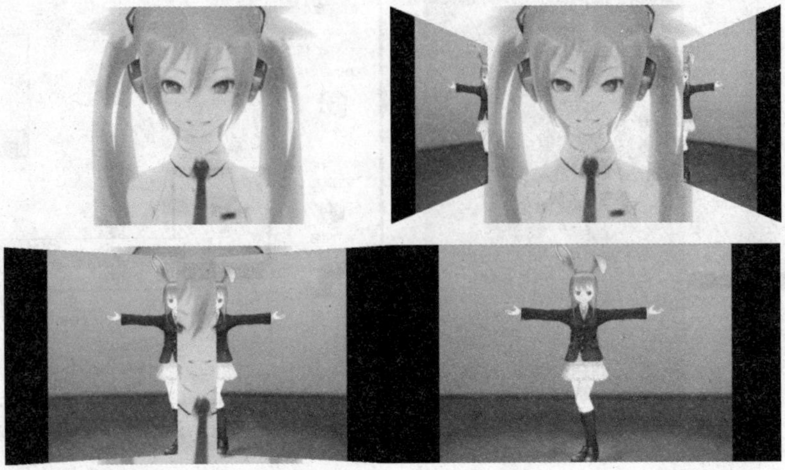

图 7-8　效果

7.3　控制转场特效

由于转场特效是用于两段相邻素材之间的转场，所以在一般情况下都是将转场特效添加在两段素材的连接处，如果想要对转场特效进行参数设置和调整，就要使用【特效控制台】面板。

1）在【时间线】窗口单击，选择图 7-9 所示的转场特效。

2）在单击转场特效后，【特效控制台】面板将显示该转场特效的参数控制面板，如图 7-10 所示。

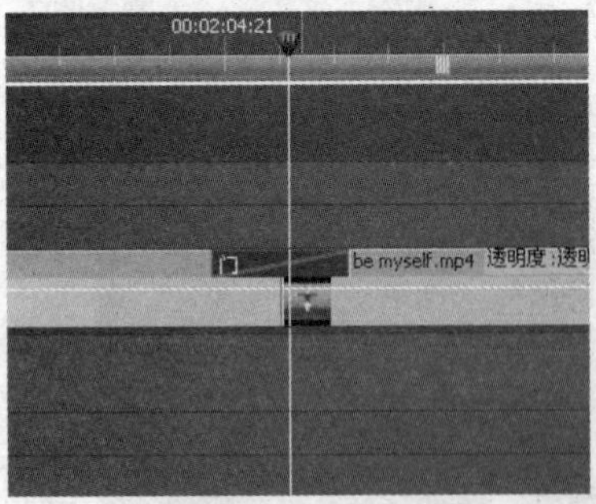

图 7-9　选择特效

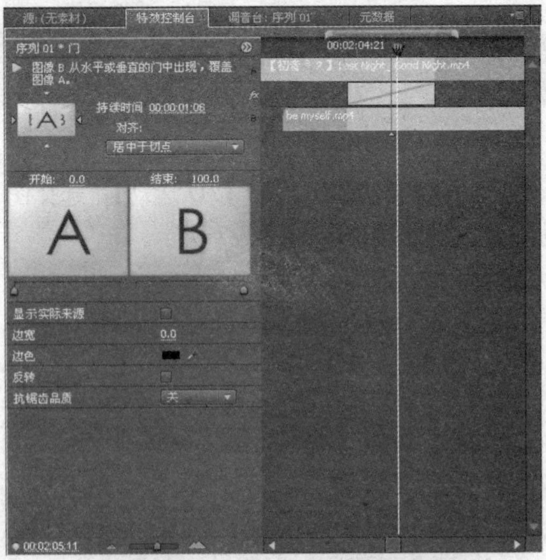

图 7-10　参数控制面板

3）将光标放置于持续时间参数上时，可观察到光标变为带有双向箭头的手形，再此可对该特效的持续时间进行设置，时间越长，转场的速度就越慢，反之，转场的速度就越快，如图 7-11 所示。

4）持续时间左侧的图标箭头可以对转场的方向进行设置，方向数量根据特效的区别有所不同，如图 7-12 所示。

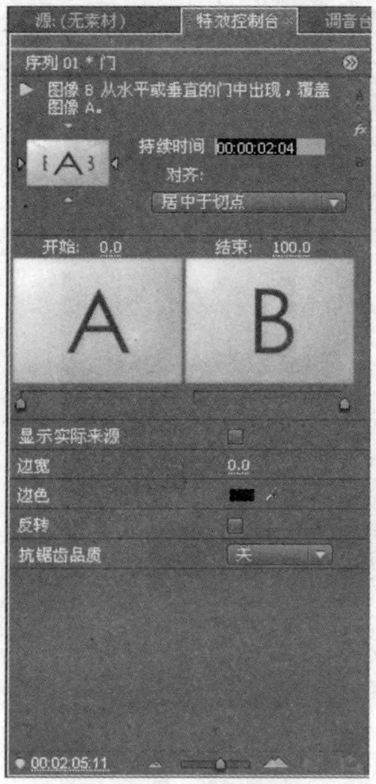

图 7-11　设置时间

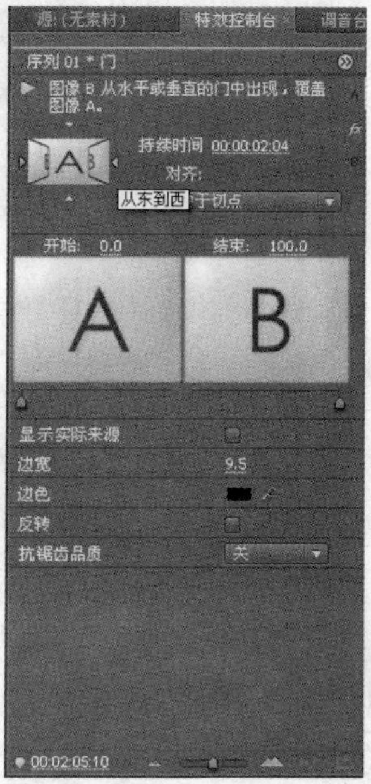

图 7-12　设置参数

5）【对齐】卷展栏可以对转场的开始位置进行设置，有居中于切点、开始于切点、结束于切点和自定义开始 4 种方式，如图 7-13 所示。

6）开始和结束两项参数用于控制转场特效的开始于切点及结束状态，参数的默认值分别为 0 和 100。

7）选中【显示实际来源】复选框后，缩略图将以实际素材方式显示，如图 7-14 所示。

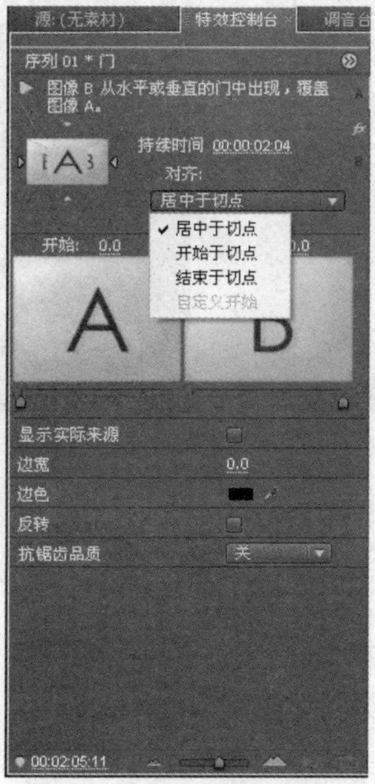

图 7-13　【对齐】选项

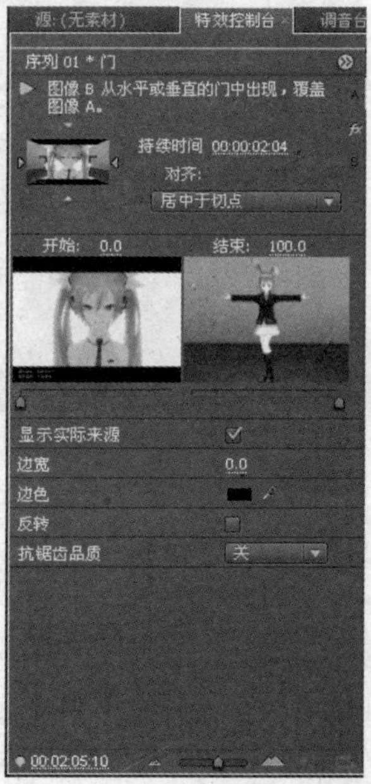

图 7-14　选中【显示实际来源】

8）可以通过边宽和边色选项给视频素材添加边框，并且可以自由设置边的颜色。如图 7-15 所示。

图 7-15　设置边的颜色

9）选中【反转】复选框后，可以将素材 A 和 B 互换，其效果如图 7-16 所示。

10）选中【抗锯齿品质】复选框，即可打开图 7-17 所示的 4 个预设选项，通过选择预设选项可设置转场效果的抗锯齿效果。

图 7-16　素材互换

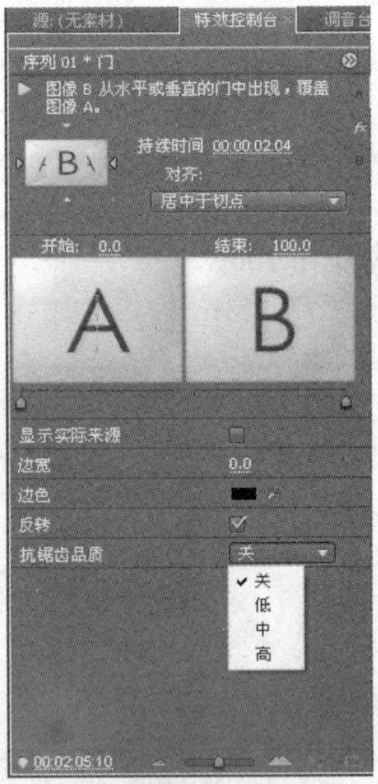

图 7-17　【抗锯齿品质】选项

7.4　视频切换介绍

为了让读者对每一种切换效果有一个直观的认识，本节将把 76 种视频切换方式的效果实例一一呈现在读者面前。每个实例中包含 4 张图，其中第一张和第四张图分别代表切换的起始帧和结束帧，中间两张图则为切换过程中的两个关键帧。为了加深读者对切换效果应用的认识，本节还将挑选一些重要的切换效果进行重点分析。

7.4.1　3D 运动

【3D 运动】中的各种切换效果如下。

（1）向上折叠

该切换是将视频素材 A 像折叠纸一样不断叠小，从而将视频素材 B 显示出来，如图 7-18 所示。

图 7-18　“向上折叠”效果

（2）帘式

该切换是将视频素材 A 从屏幕中心分割成两块，然后像拉窗帘一样将视频素材 B 显示出来，其效果如图 7-19 所示。

图 7-19　“帘式”效果

（3）摆入

该切换是将视频素材B以屏幕的一边为中心绕着从后方转入屏幕，从而显示出来，其效果如图7-20所示。

图7-20 “摆入”效果

（4）摆出

该切换是将视频素材B以屏幕的一边为中心绕着从前方转入屏幕，从而显示出来，其效果如图7-21所示。

图7-21 “摆出”效果

（5）旋转

该切换是将视频素材 B 从屏幕的中心逐渐展开并将视频素材 A 覆盖，从而显示出来，其效果如图 7-22 所示。

图 7-22　“旋转”效果

（6）旋转离开

该切换是将视频素材 B 从屏幕中心旋转飞入从而显示出来，其效果如图 7-23 所示。

图 7-23　“旋转离开”效果

（7）立方体旋转

该切换是将视频素材 A 和视频素材 B 作为一个立方体的两个面，通过旋转该立方体将视频素材B显示出来，其效果如图7-24所示。

图7-24 “立方体旋转”效果

（8）筋斗过渡

该切换是将视频素材A在屏幕的中心旋转着逐渐缩小消失，将视频素材B显示出来，其效果如图7-25所示。

图7-25 “筋斗过渡”效果

（9）翻转

该切换是将视频素材A和视频素材B分别作为一页纸的两面，通过旋转该页面的方式将视频素材显示出来，其效果如图7-26所示。

图 7-26　“翻转”效果

该效果的【特效控制台】面板可以对翻转带和背景颜色进行自定义，如图 7-27 所示。

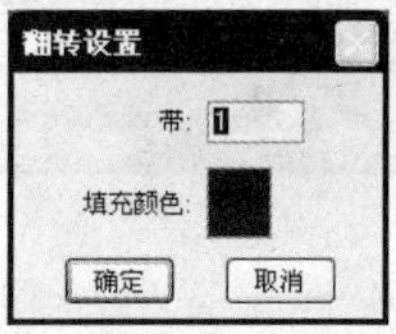

图 7-27　【翻转设置】对话框

(10) 门

该切换是将视频素材 B 用关门的方式将视频素材 A 覆盖，从而显示出来，其效果如图 7-28 所示。

图 7-28　“门”效果

7.4.2　GPU 过渡

在【GPU 过渡】中的各种切换效果如下。

（1）中心剥落

该切换是将视频素材 A 从其中心分割成四块，且同时均匀不断地向屏幕四角卷起将视频素材 B 显示出来，其效果如图 7-29 所示。

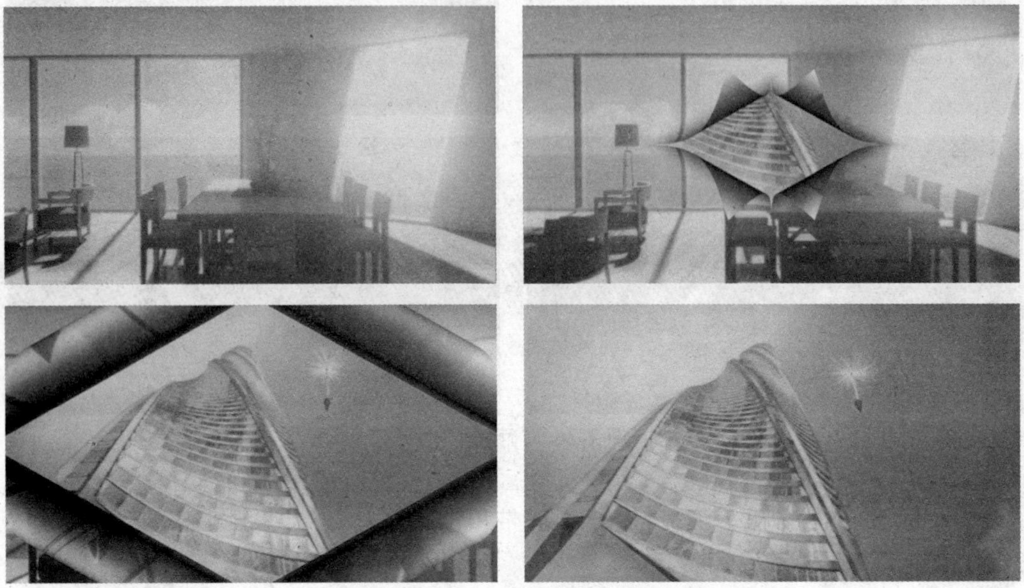

图 7-29 “中心剥落”效果

（2）卡片翻转

该切换效果是将视频素材 A 分裂为矩形，然后翻转并显示视频素材 B，如图 7-30 所示。

图 7-30 “卡片翻转”效果

该效果的【特效控制台】面板中可对卡片翻转设置进行自定义，如图 7-31 所示。

行、列数：卡片横向和纵向的分割次数。

翻转顺序：卡片的翻转形式，提供了棋盘、多米诺骨牌、扫描线、螺旋翻转 4 种方式。

轴：每个卡片的自身旋转轴向。

（3）卷页

该切换效果是将视频素材 A 如页面般卷曲，以显示下面的视频素材 B，如图 7-32 所示。

图 7-31 【卡片翻转设置】对话框

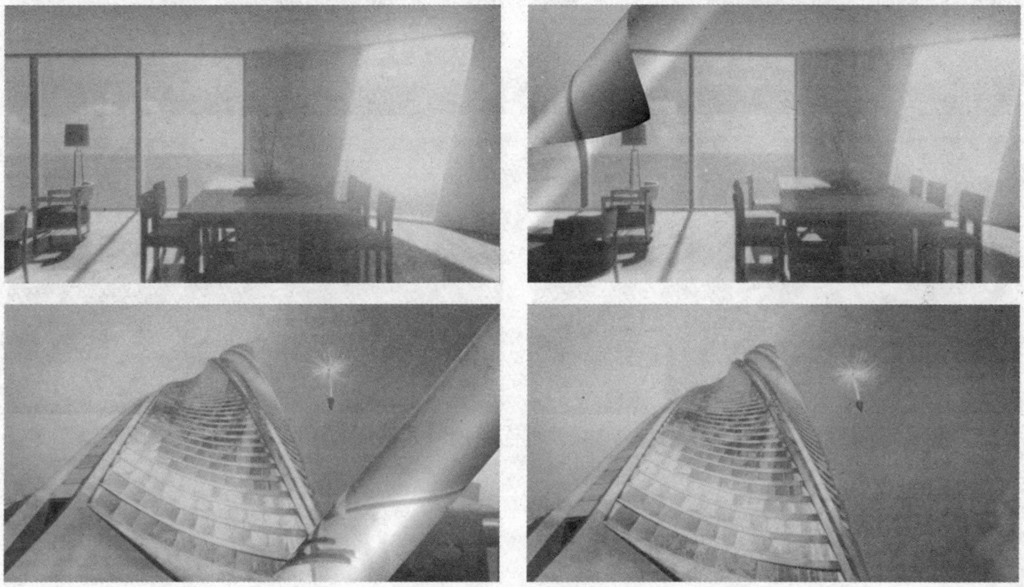

图 7-32 “卷页”效果

（4）球体

该切换效果是将视频素材 A 变形为球体后滚开，以显示下面的视频素材 B，如图 7-33 所示。

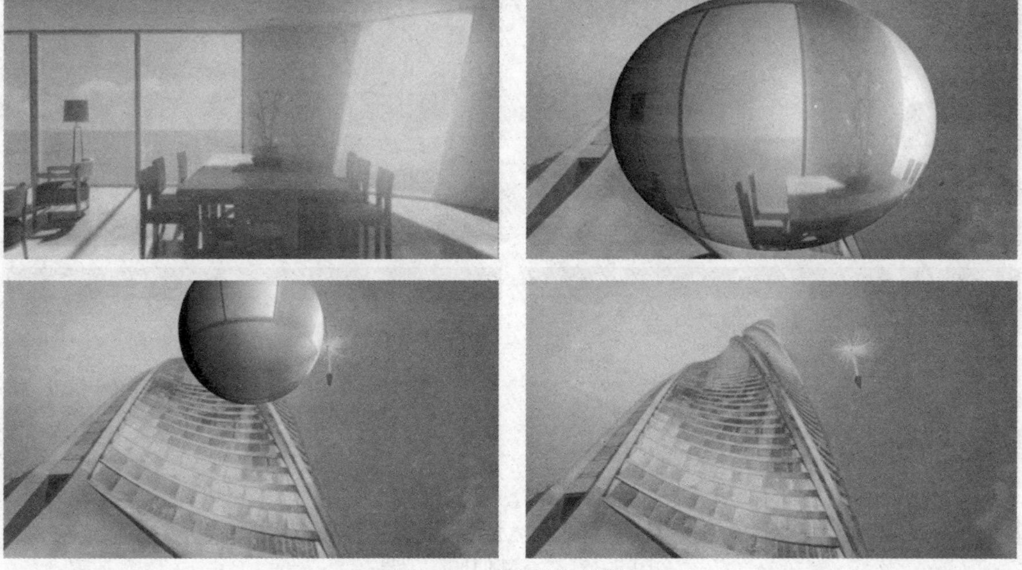

图 7-33 “球体”效果

（5）页面滚动

该切换效果是将视频素材 A 如页面般从一侧滚动，以显示下面的视频素材 B，如图 7-34 所示。

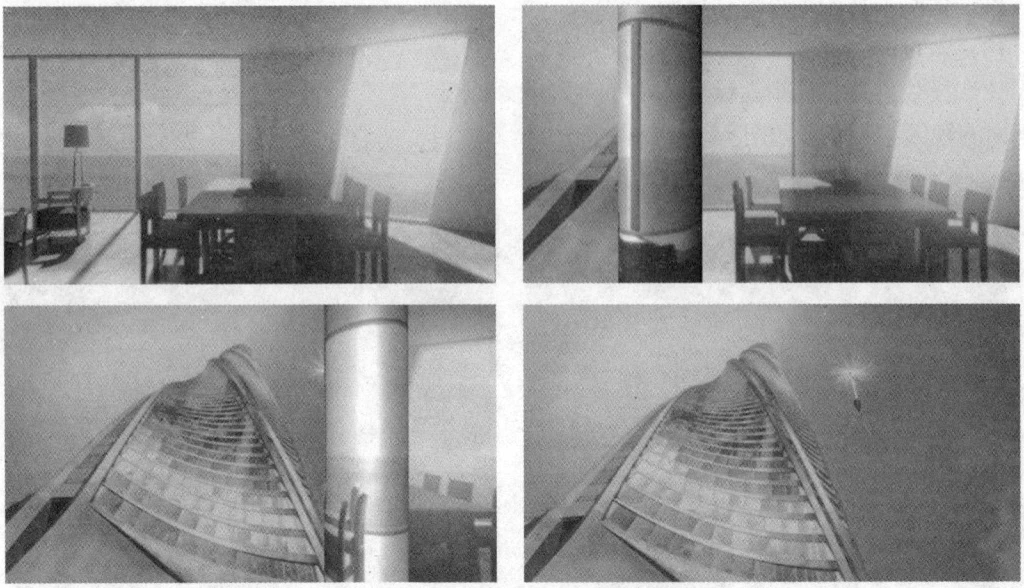

图 7-34 “页面滚动”效果

7.4.3 伸展

在【伸展】中的各种切换效果如下。

（1）交叉伸展

该切换效果是将视频素材 A 从一侧开始伸展，同时视频素材 B 从一侧开始收缩，如图 7-35 所示。

图 7-35 “交叉伸展”效果

(2) 伸展

该切换效果是将视频素材 A 从一侧开始伸展并覆盖素材 B，但素材 B 不收缩，如图 7-36 所示。

图 7-36 “伸展”效果

(3) 伸展覆盖

该切换是将视频素材 B 从一条直线开始展开，并覆盖图像 A，如图 7-37 所示。

图 7-37 “伸展覆盖”效果

(4) 伸展进入

该切换是视频素材 A 逐渐淡出，而视频素材 B 则会以缩小的方式进入屏幕，从而显示出来，如图 7-38 所示。

图 7-38 “伸展进入”效果

该效果的【特效控制台】面板中可对伸展进入的带的数量进行自定义。

7.4.4 划像

在【划像】中的各种切换效果如下。

(1) 划像交叉

该切换是将视频素材 A 从其中心分割成四块，且同时不断地向屏幕四角移动将视频素材 B 显示出来，其效果如图 7-39 所示。

图 7-39 “划像交叉”效果

(2) 划像形状

该切换是将视频素材 B 以菱形、矩形或椭圆形在视频素材 A 上以不同的数量逐渐展开而覆盖视频素材 A，从而显示出来，其效果如图 7-40 所示。

图 7-40 “划像形状”效果

该效果的【特效控制台】面板中可对划像数量和形状类型进行自定义，如图 7-41 所示。

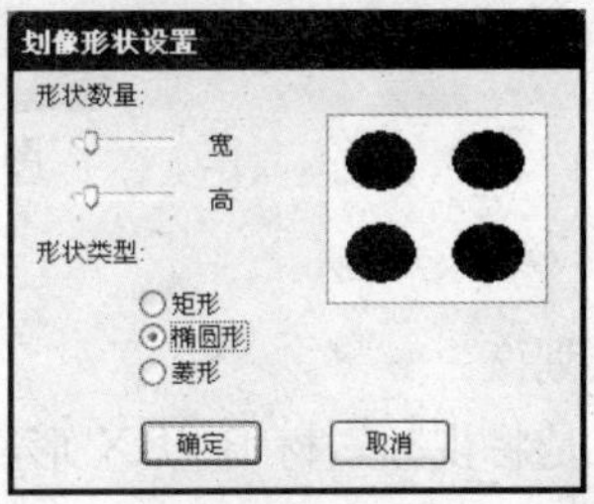

图 7-41 【划像形状设置】对话框

（3）圆划像

该切换是将视频素材 B 以圆形从屏幕中心逐渐放大将视频素材 A 覆盖，从而显示出来，其效果如 7-42 所示。

图 7-42 “圆划像”效果

（4）星形划像

该切换是将视频素材 B 以星形的形状从屏幕中心逐渐放大，逐渐将视频素材 A 覆盖，从而显示出来，其效果如 7-43 所示。

图 7-43 “星形划像”效果

（5）点划像

该切换是将视频素材 B 以 X 形从屏幕四边不断地向屏幕中心运动将视频素材 A 覆盖，从而显示出来，如图 7-44 所示。

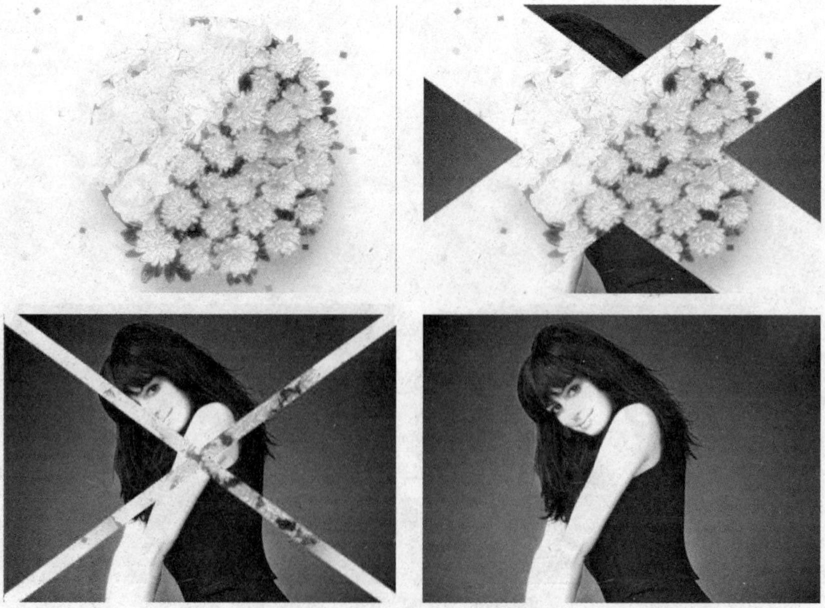

图 7-44 “点划像”效果

（6）盒形划像

该切换是将视频素材 B 以矩阵的形式从屏幕中心逐渐放大，并将视频素材 A 覆盖，从而显示出来，如图 7-45 所示。

图 7-45　“盒形划像”效果

（7）菱形划像

该切换是用来将视频素材 B 以菱形的形式从屏幕中心逐渐放大，并将视频素材 A 覆盖，从而显示出来，如图 7-46 所示。

图 7-46　“菱形划像”效果

7.4.5　卷页

在【卷页】中的各种切换效果如下。

（1）中心剥落

该切换是将视频素材 A 从其中心分割成四块，且同时均匀不断地向屏幕四角卷起将视频素材 B 显示出来，其效果如图 7-47 所示。

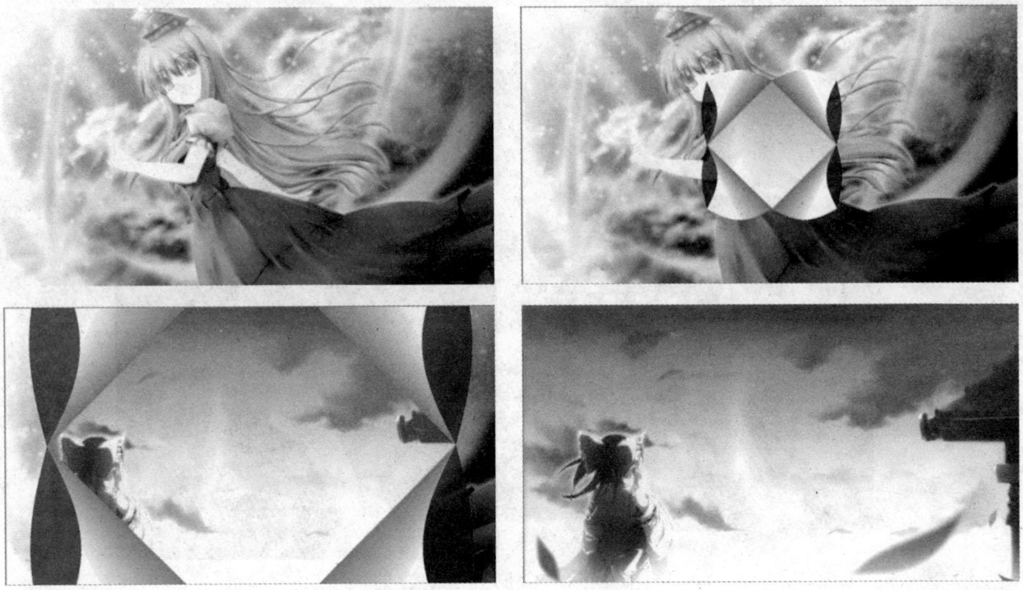

图 7-47 “中心剥落”效果

（2）剥开背面

该切换是将视频素材 A 分为四块，按照次序从屏幕的中心分别卷起四个块，将视频素材 B 显示出来，其效果如图 7-48 所示。

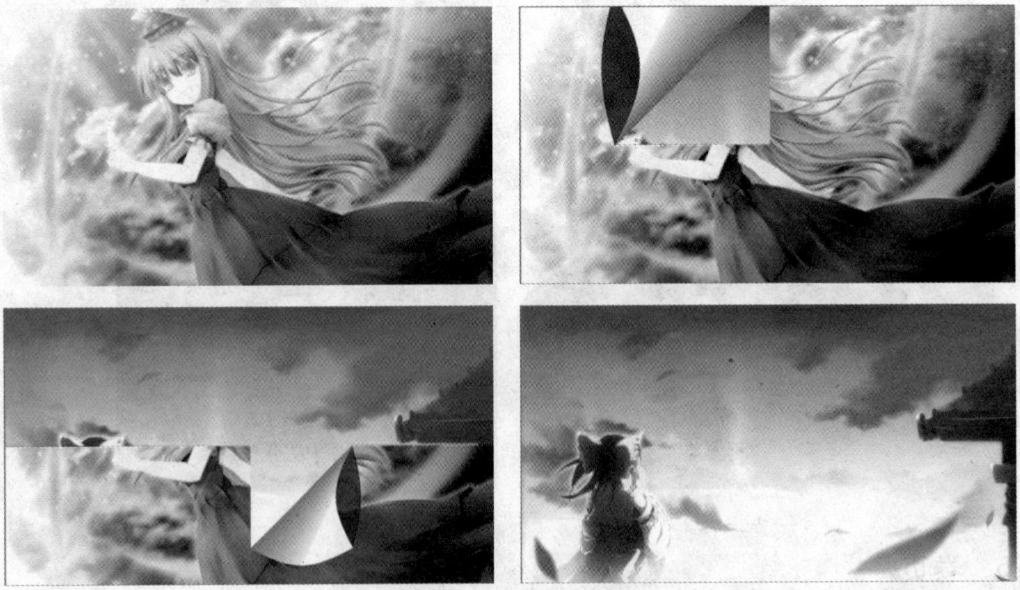

图 7-48 “剥开背面”效果

(3) 卷走

该切换是将视频素材 A 像纸一样卷起来，以使视频素材 B 显示出来，其效果如图 7-49 所示。

图 7-49 “卷走”效果

(4) 翻页

该切换是将视频素材 A 以翻页的形式从屏幕的一角卷起，从而将视频素材 B 显示出来，素材 A 的背面为透明显示，其效果如图 7-50 所示。

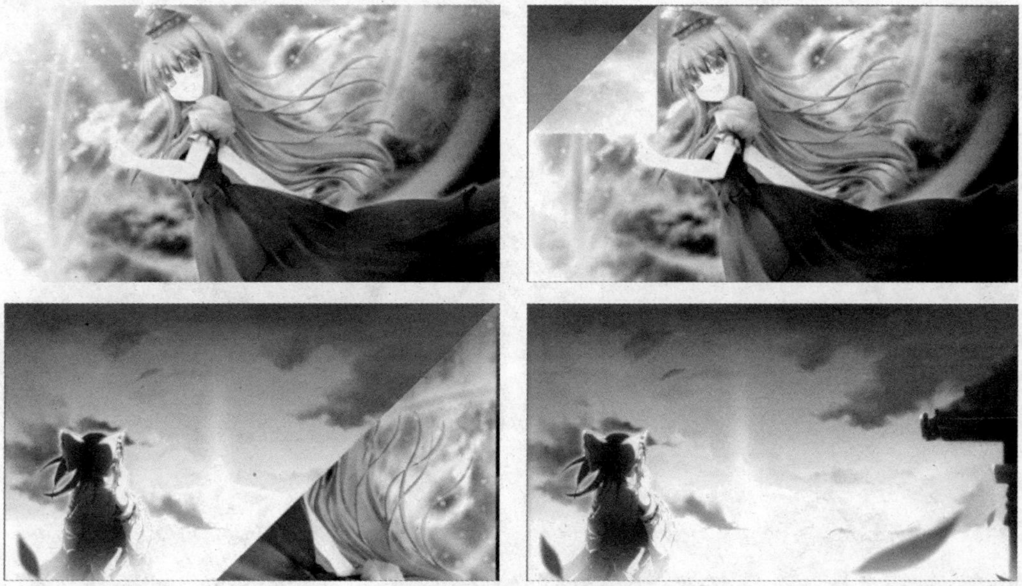

图 7-50 “翻页”效果

（5）页面剥落

该切换是将视频素材A以翻页的形式从屏幕的一角卷起，从而将视频素材B显示出来，其效果如图7-51所示。

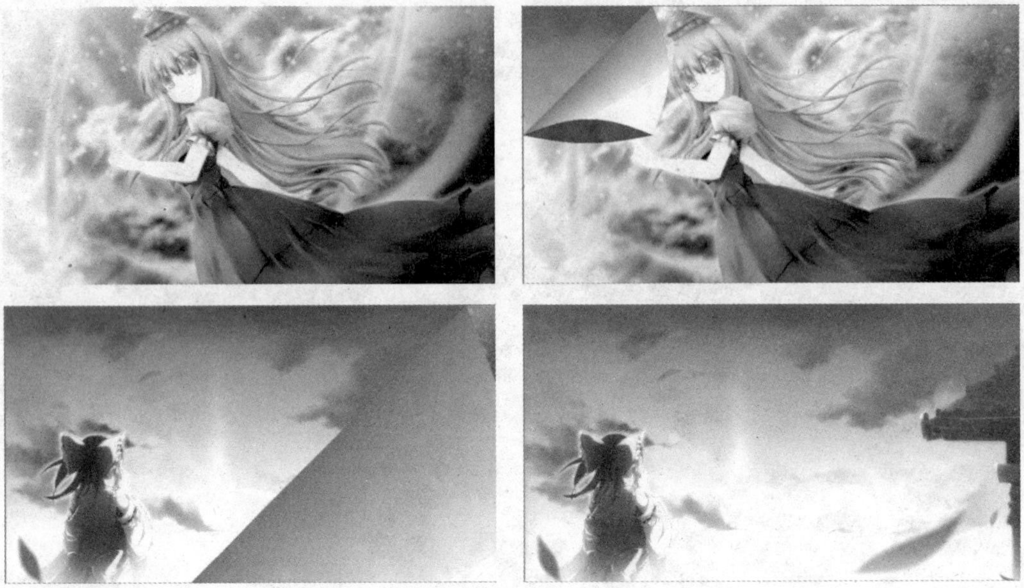

图7-51 “页面剥落”效果

7.4.6 叠化

在【叠化】中的各种切换效果如下。

（1）交叉叠化

该切换是将视频素材A逐渐淡化为视频素材B，其效果如图7-52所示。

图7-52 “交叉叠化”效果

（2）抖动溶解

该切换是将视频素材 A 和视频素材 B 以网格化溶解的叠加效果显示出来，其效果如图 7-53 所示。

图 7-53　“抖动溶解”效果

（3）白场过渡

该切换效果是将视频素材 A 渐隐为白色，然后显示视频素材 B，其效果如图 7-54 所示。

图 7-54　“白场过渡”效果

（4）附加叠化

该效果是将视频素材 B 直接以叠加的方式显示到视频素材 A 上，其效果如图 7-55 所示。

图 7-55 “附加叠化”效果

（5）随机反相

该切换是将视频素材 A 以随机反色的形式逐渐消失，从而将视频素材 B 显示出来，其效果如图 7-56 所示。

图 7-56 “随机反相”效果

该效果的【特效控制台】面板中可对方格宽高以及进行反相的素材源进行自定义，如图 7-57 所示。

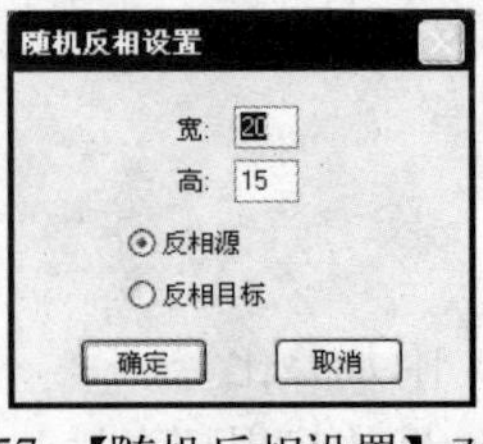

图 7-57 【随机反相设置】对话框

（6）非附加叠化

该效果是将视频素材 B 中亮度较高的区域直接叠加到视频素材 A 上，从而将其本身显示出来，其效果如图 7-58 所示。

图 7-58　“非附加叠化”效果

（7）黑场过渡

该效果是将视频素材 A 渐隐为黑色，然后显示视频素材 B，其效果如图 7-59 所示。

图 7-59　“黑场过渡”效果

7.4.7　擦除

【擦除】中的各种切换效果如下。

（1）双侧平推门

该切换效果是将视频素材 A 用开门或关门的方式将视频素材 B 显示出来，其效果如图 7-60 所示。

图 7-60 “双侧平推门”效果

（2）带状擦除

该切换效果是用带状条交叉擦除视频素材 A 从而将视频素材 B 逐渐显示出来，其效果如图 7-61 所示。

图 7-61 “带状擦除”效果

该效果的【特效控制台】面板中可对带的数量进行自定义，如图 7-62 所示。

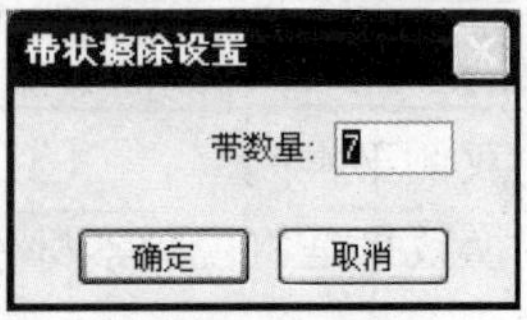

图 7-62 【带状擦除设置】对话框

（3）径向划变

该切换是将视频素材 B 从屏幕的一角辐射开来，不断将视频素材 A 覆盖，从而将其本身显示出来，其效果如图 7-63 所示。

图 7-63 “径向划变”效果

(4) 插入

该切换是将视频素材 B 从屏幕的一角不断地向屏幕另一角插入从而将视频素材 A 覆盖并将其本身显示出来，其效果如图 7-64 所示。

图 7-64 “插入”效果

(5) 擦除

该切换是将视频素材 B 从屏幕的一边将视频素材 A 逐步擦除，从而将其本身显示出来，其效果如图 7-65 所示。

图 7-65 “擦除”效果

(6) 时钟式划变

该切换是将视频素材 B 以时钟转动的方式将视频素材 A 擦除从而将其本身显示出来，其效果如图 7-66 所示。

图 7-66 “时钟式划变”效果

(7) 棋盘

该切换是将视频素材 B 以棋盘的方式把视频素材 A 逐渐擦除而将其本身显示出来，其效果如图 7-67 所示。

图 7-67　“棋盘”效果

该效果的【特效控制台】面板中可对棋盘格水平和垂直切片数目进行自定义，如图 7-68 所示。

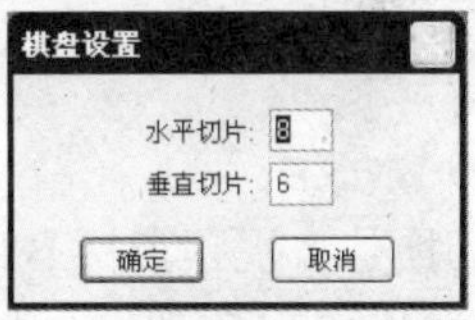

图 7-68　【棋盘设置】对话框

（8）棋盘划变

该切换是将以棋盘划出的方式显示位于视频素材 A 下面的视频素材 B，其效果如图 7-69 所示。

图 7-69　“棋盘划变”效果

该效果的【特效控制台】面板中可对棋盘格水平和垂直切片数目进行自定义，如图 7-70 所示。

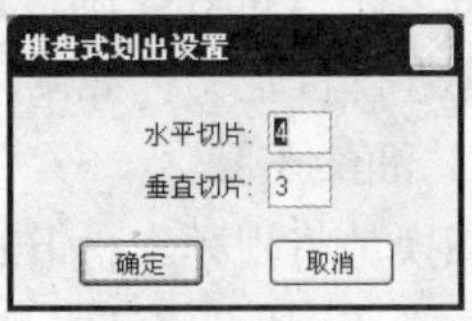

图 7-70　【棋盘式划出设置】对话框

（9）楔形划变

该切换是将视频素材 B 从屏幕的中心像打开一把扇子一样逐渐覆盖视频素材 A，从而将其本身显示出来，其效果如图 7-71 所示。

图 7-71 “楔形划变”效果

（10）水波块

该切换是将视频素材 B 以“Z”形的方块逐渐将视频素材 A 扫除，从而将其本身显示出来，其效果如图 7-72 所示。

图 7-72 “水波块”效果

该效果的【特效控制台】面板中可对方格的水平和垂直数量进行自定义，如图 7-73 所示。

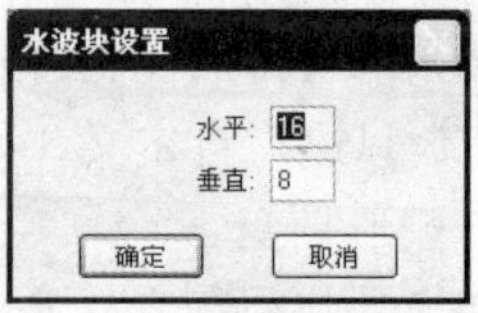

图 7-73 【水波块设置】对话框

（11）油漆飞溅

该切换是将视频素材 B 以油漆飞溅的墨点形式将视频素材 A 覆盖，从而将其本身显示出来，其效果如图 7-74 所示。

图 7-74　“油漆飞溅”效果

（12）渐变擦除

渐变擦除切换实际上是预先制定一幅灰度图像，Adobe Premiere Pro CS4 将其按照灰度值划分为几个等级，在进行渐变擦除时，视频素材 B 按照灰度等级由高到低（即由黑到白）的顺序，用相应位置上的像素取代灰度图像中某个等级的像素，直到视频素材 B 完全显示出来，其效果如图 7-75 所示。

图 7-75　“渐变擦除”效果

该效果的【特效控制台】面板中可对【渐变擦除设置】进行自定义，如图 7-76 所示。

【选择图像】：自定义灰度图。

【柔和度】：数值越小，视频素材出现的越慢，切换边缘锯齿现象越强，反之，切换效果较柔和。

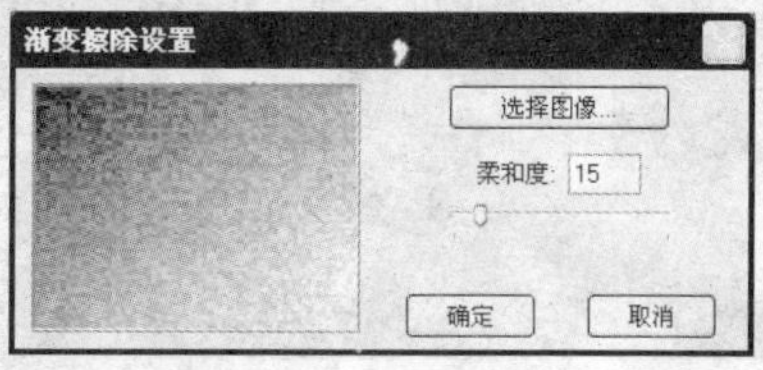

图 7-76　【渐变擦除设置】对话框

(13) 百叶窗

该效果是将视频素材B以线条的形式逐渐放大将视频素材A覆盖，从而显示出来，其效果如图7-77所示。

图7-77 “百叶窗”效果

该效果的【特效控制台】面板中可对百叶窗的数量进行自定义，如图7-78所示。

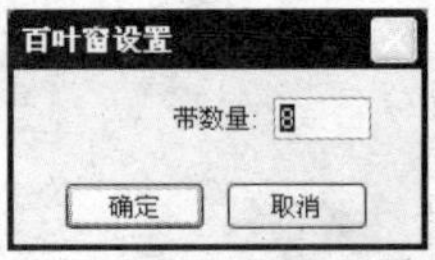

图7-78 【百叶窗设置】对话框

(14) 螺旋框

该切换是将视频素材B以螺旋形式逐渐将视频素材A覆盖，从而将其本身显示出来，其效果如图7-79所示。

图7-79 “螺旋框”效果

该效果的【特效控制台】面板中可对螺旋框水平和垂直细分数进行自定义，如图 7-80 所示。

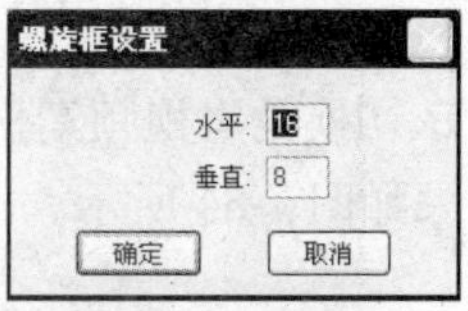

图 7-80 【螺旋框设置】对话框

(15) 随机块

该切换是将视频素材 B 以随机方式产生的方块将视频素材 A 覆盖，从而将其本身显示出来，其效果如图 7-81 所示。

图 7-81 “随机块”效果

该效果的【特效控制台】面板中可对随机块的宽和高进行自定义，如图 7-82 所示。

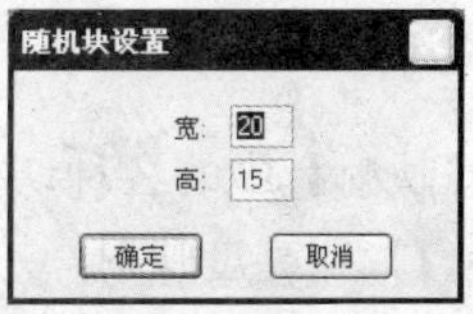

图 7-82 【随机块设置】对话框

(16) 随机擦除

该切换是将视频素材 B 以随机的方式从屏幕的一段逐渐擦除视频素材 A，从而将其本身显示出来，其效果如图 7-83 所示。

图 7-83 “随机擦除”效果

(17) 风车

该切换是将视频素材B以风车的形状不断旋转将视频素材A覆盖，从而将其本身显示出来，其效果如图7-84所示。

图7-84 “风车”效果

该效果的【特效控制台】面板中可对【风车设置】中的楔形数量进行自定义，如图7-85所示。

图7-85 【风车设置】对话框

7.4.8 映射

【映射】中的各种切换效果如下。

(1) 明亮度映射

该切换是将视频素材B和视频素材A进行色调混合，从而将其本身显示出来，其效果如图7-86所示。

图7-86 “明亮度映射”效果

（2）通道映射

选择该切换时会弹出图 7-87 所示的对话框，在该对话框中选择需要使用的通道，作用到视频素材 A 或视频素材 B 上并显示出来，其效果如图 7-88 所示。

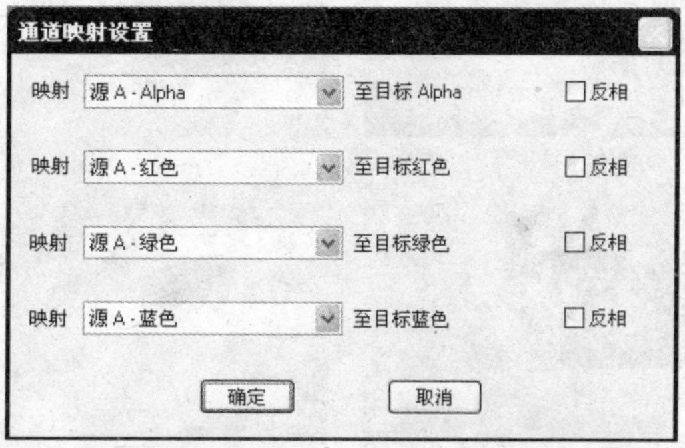

图 7-87 【通道映射设置】对话框

图 7-88 “通道映射”效果

7.4.9 滑动

【滑动】中的各种切换效果如下。

（1）中心合并

该切换是用来将视频素材 A 从其中分割成四块，同时不断地向屏幕中心缩小将视频素材 B 显示出来，其效果如图 7-89 所示。

（2）中心拆分

该切换是将视频素材 A 从其中心分割成四块，同时不断地向屏幕四角滑动将视频素材 B 显示出来，其效果如图 7-90 所示。

（3）互换

该效果是将视频素材 B 从视频素材 A 后方转向前方盖压视频素材 A，从而将其本身显示出来，其效果如图 7-91 所示。

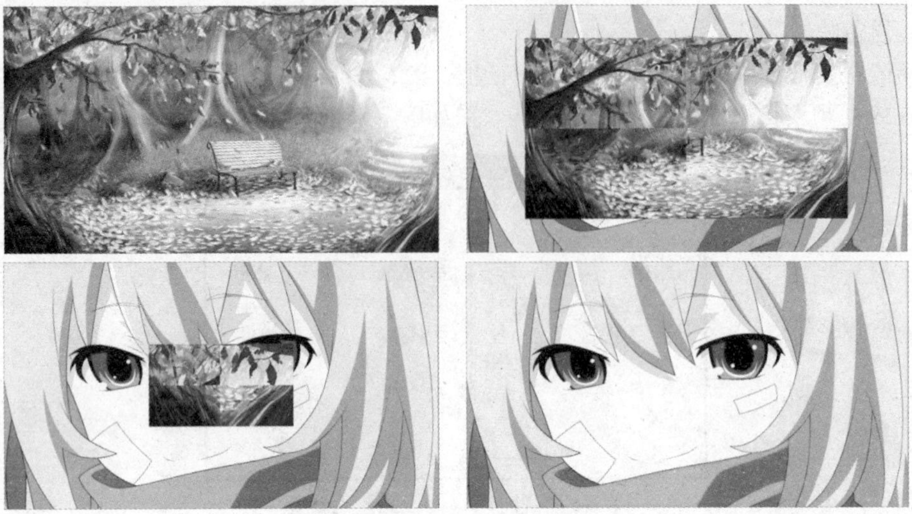

图 7-89 “中心合并”效果

图 7-90 “中心拆分”效果

图 7-91 “互换”效果

(4) 多旋转

该效果是将视频素材 B 以任意个矩形不断旋转放大，直到将视频素材 A 覆盖，其效果如图 7-92 所示。

图 7-92 “多旋转”效果

该效果的【特效控制台】面板中可对多旋转的水平和垂直格数进行自定义，如图 7-93 所示。

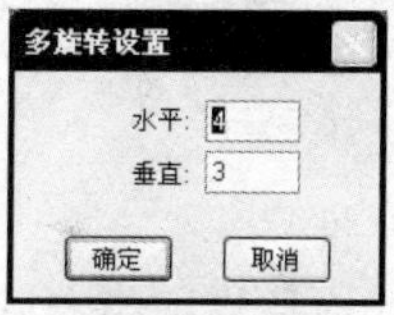

图 7-93 【多旋转设置】对话框

(5) 带状滑动

该效果是将视频素材 B 逐渐用带状条交叉覆盖视频素材 A，从而将其本身显示出来，其效果如图 7-94 所示。

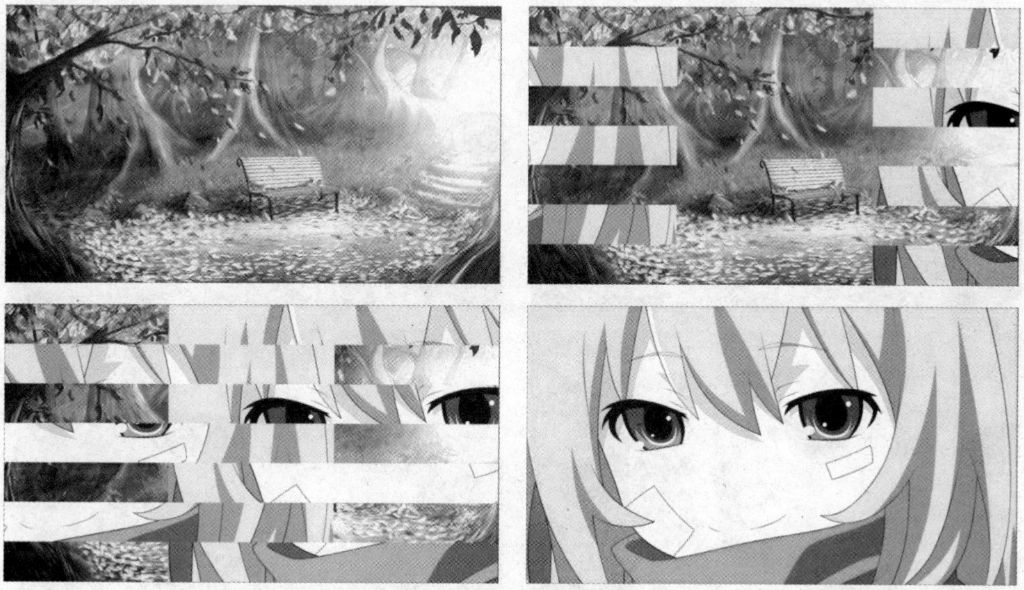

图 7-94 “带状滑动”效果

该效果的【特效控制台】面板中可对多带状滑动的带数量进行自定义，如图 7-95 所示。

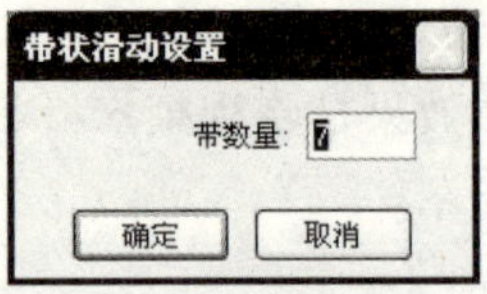

图 7-95 【带状滑动设置】对话框

（6）拆分

该切换是将视频素材 A 向两边推开，以便将视频素材 B 显示出来，其效果如图 7-96 所示。

图 7-96 “拆分”效果

（7）推

该切换是将视频素材 B 以推动的方式把视频素材 A 推出屏幕，从而将其本身显示出来，其效果如图 7-97 所示。

图 7-97 “推”效果

（8）斜线滑动

该切换是将视频素材 B 以斜线形式滑入屏幕并将视频素材 A 覆盖，从而将其本身显示出来，其效果如图 7-98 所示。

图 7-98　“斜线滑动”效果

该效果的【特效控制台】面板中可对斜线滑动的切片数量进行自定义，如图 7-99 所示。

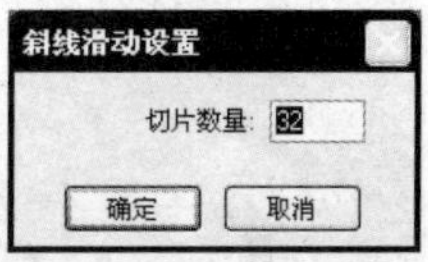

图 7-99　【斜线滑动设置】对话框

（9）滑动

该切换是将视频素材 B 以播放幻灯片的形式将视频素材 A 推出屏幕，从而将其本身显示出来，其效果如图 7-100 所示。

图 7-100　“滑动”效果

（10）滑动带

该切换是将视频素材 B 以百叶窗的形式用许多水平或垂直的线条逐渐显示出来，其效果如图 7-101 所示。

图 7-101 “滑动带”效果

（11）滑动框

该切换是将视频素材 B 以块状逐步将视频素材 A 显示出来，其效果如图 7-102 所示。

图 7-102 “滑动框”效果

该效果的【特效控制台】面板中可对带数量进行自定义，如图 7-103 所示。

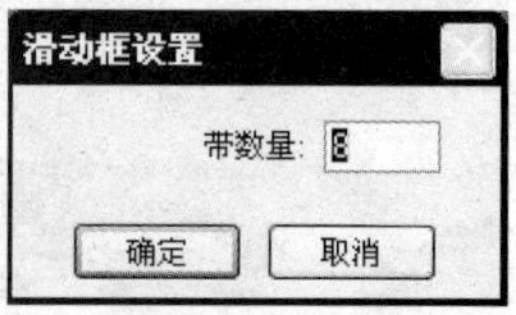

图 7-103 【滑动框设置】对话框

（12）漩涡

该切换是将视频素材 B 分为若干方块，从屏幕的中心旋转着逐渐放大，从而将视频素材 A 显示出来，其效果如图 7-104 所示。

图 7-104　“漩涡”效果

该效果的【特效控制台】面板中可对方块的水平、垂直数量以及移动速率进行自定义，如图 7-105 所示。

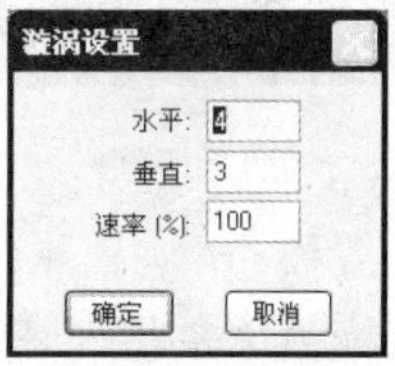

图 7-105　【漩涡设置】对话框

7.4.10　特殊效果

【特殊效果】中的各种切换效果如下。

（1）映射红蓝通道

该切换是将视频素材 A 中的红色和蓝色通道混合到视频素材 B 中，从而将视频素材 B 显示出来，其效果如图 7-106 所示。

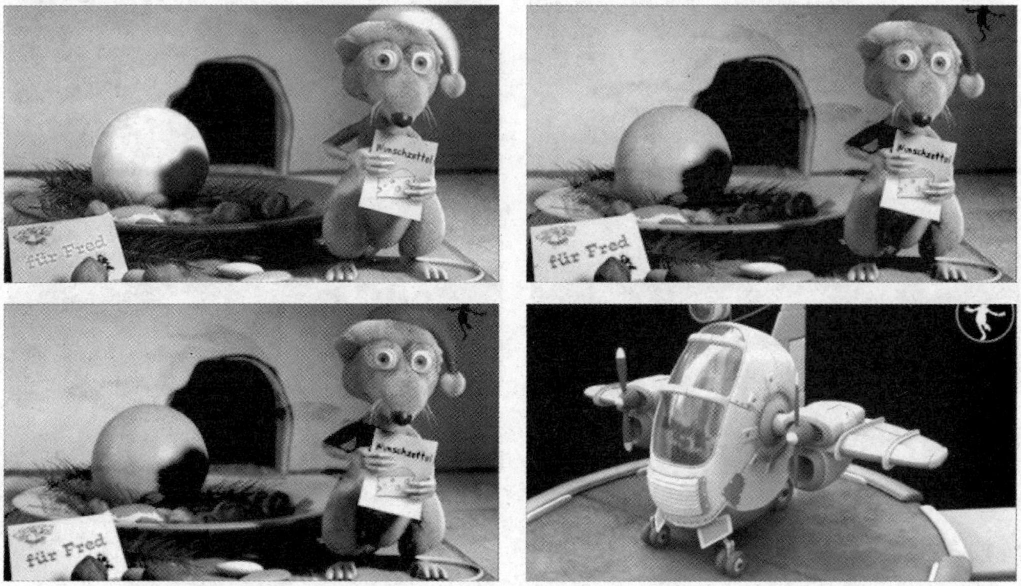

图 7-106　“映射红蓝通道”效果

（2）纹理

该切换效果是将视频素材 A 的效果映射到视频素材 B 上，其效果如图 7-107 所示。

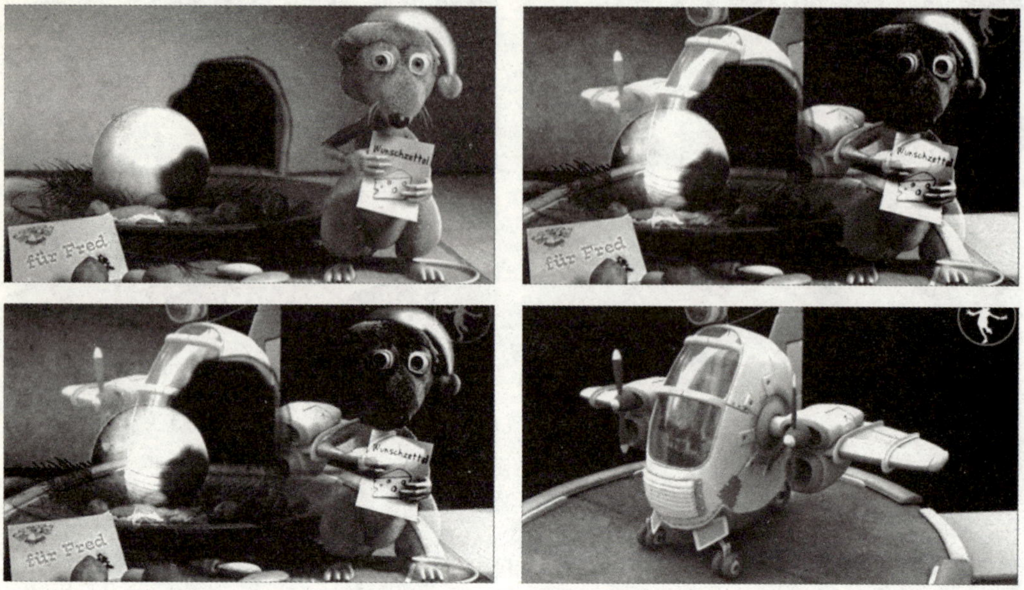

图 7-107 “纹理”效果

（3）置换

该切换效果是将视频素材 A 的 RGB 通道置换到视频素材 B 的像素上，其效果如图 7-108 所示。

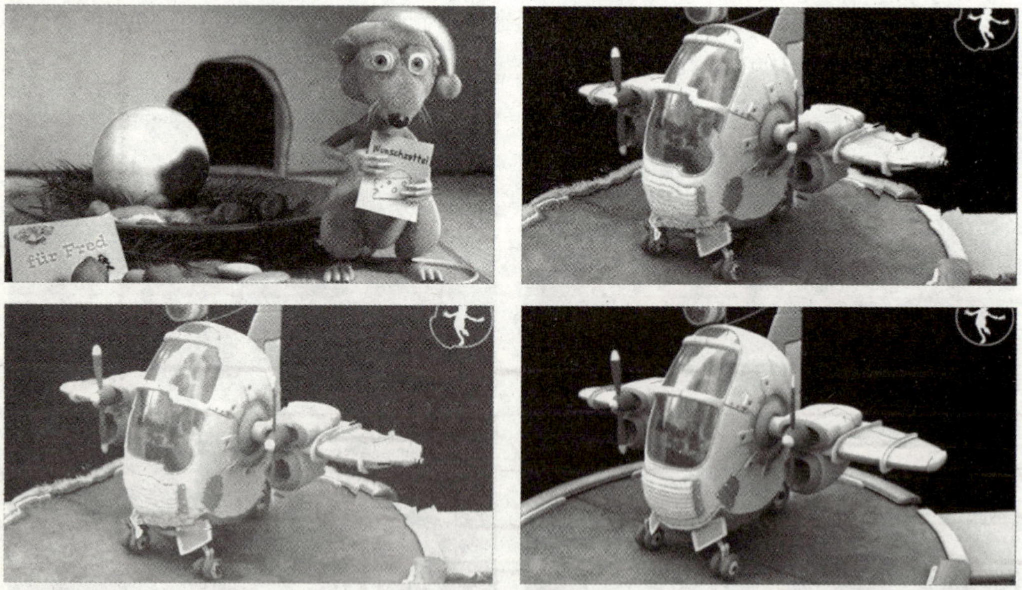

图 7-108 “置换”效果

7.4.11 缩放

【缩放】中的各种切换效果如下。

（1）交叉缩放

该切换是将视频素材 A 逐渐放大至溢出屏幕，视频素材 B 则逐渐缩小至实际大小从而显示出来，其效果如图 7-109 所示。

图 7-109 “交叉缩放”效果

（2）缩放

该切换是将视频素材 B 从屏幕的中心逐渐放大，从而显示出来，其效果如图 7-110 所示。

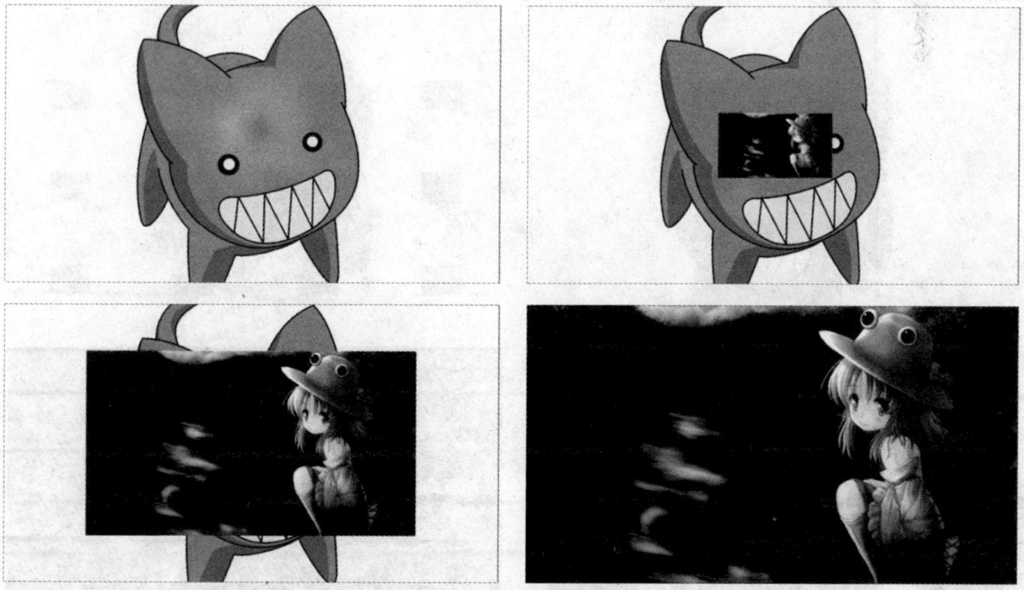

图 7-110 “缩放”效果

（3）缩放拖尾

该切换是将视频素材 A 逐渐拉远，形成一种远视图的效果，从而显示出视频素材 B，其效果如图 7-111 所示。

图 7-111 “缩放拖尾”效果

该效果的【特效控制台】面板中可对拖尾数量进行自定义，如图 7-112 所示。

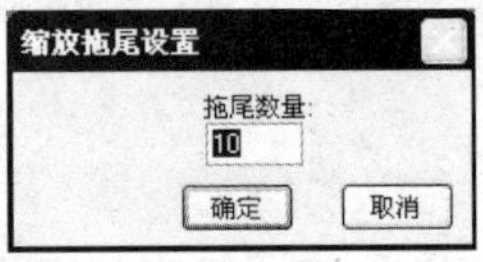

图 7-112 【缩放拖尾设置】对话框

（4）缩放框

该切换是将视频素材 B 分为多个方块并逐渐放大，从而显示出来，其效果如图 7-113 所示。

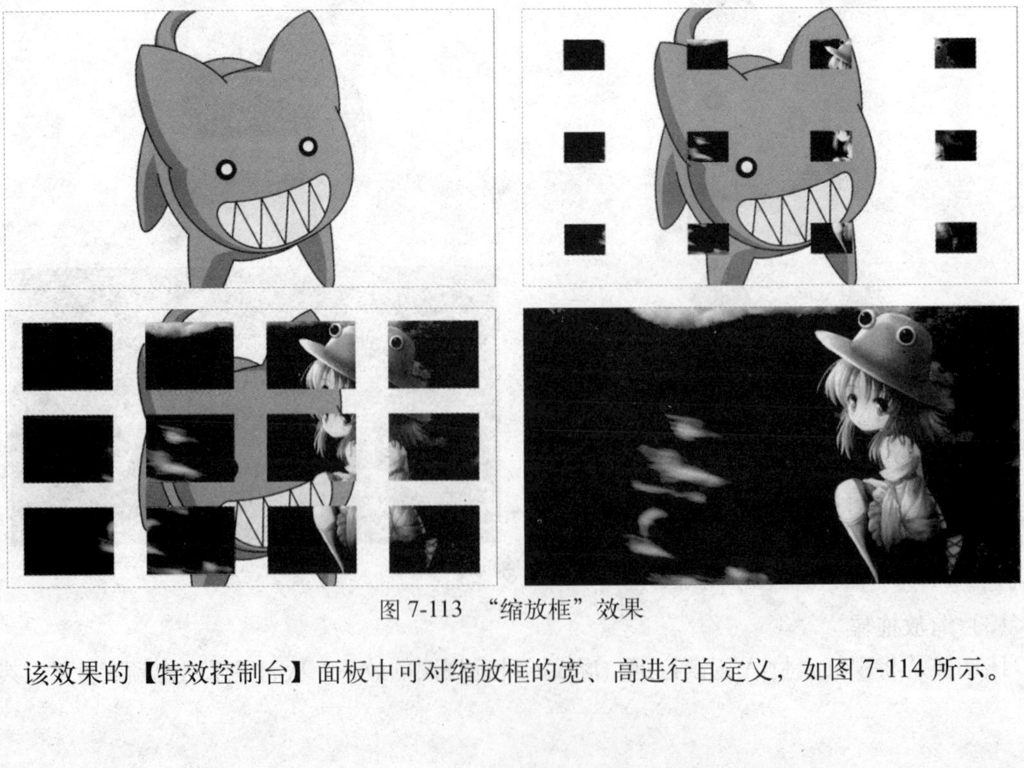

图 7-113 “缩放框”效果

该效果的【特效控制台】面板中可对缩放框的宽、高进行自定义，如图 7-114 所示。

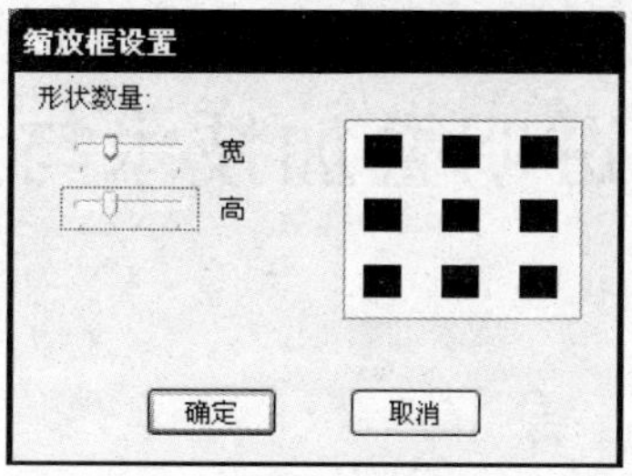

图 7-114 【缩放框设置】对话框

7.5 本章小结

所谓转场，是指为了在各种影视以及视频作品中，消除视频切换之间不自然而产生的一种切换方式，本章详细介绍了 Adobe Premiere Pro CS4 中所提供的各种过渡效果，转场效果的操作方式相对来说比较简单，参数也并不复杂，但在实际的制作过程中，主要难点就是要根据视频的主题、风格、音乐以及节奏来选择相应合适的转场效果，只有选择与视频主题相匹配的转场效果，才可以发挥深化角色特点，从而提高视频质量的作用。

7.6 本章习题

（1）Adobe Premiere Pro CS4 中共提供了（　　）种视频切换方式。

A. 74 种　　B. 75 种　　C. 76 种　　D. 77 种

（2）下列（　　）种切换方式不属于【3D 运动】的过渡类型。

A. 帘式　　B. 拆分　　C. 筋斗过渡　　D. 门

（3）下列（　　）种切换方式属于【GPU 过渡】的过渡类型。

A. 旋转　　B. 插入　　C. 拆分　　D. 卷页

（4）下列（　　）种切换方式不属于【滑动】的过渡类型。

A. 互换　　B. 推　　C. 卷走　　D. 漩涡

（5）擦除中共有（　　）种切换方式。

A. 15　　B. 16　　C. 17　　D. 18

（6）下列对于过渡效果的描述是（　　）个效果：“该切换是用来将视频素材 B 以屏幕的一边为中心绕着从后方转入屏幕，从而显示出来”。

A. 摆入　　B. 摆出　　C. 翻转　　D. 伸展

（7）下列对于过渡效果的描述是（　　）个效果：“该切换是用来将视频素材 A 从其中心分割成四块，同时不断地向屏幕四角滑动将视频素材 B 显示出来”。

A. 带状滑动　　B. 拆分　　C. 中心合并　　D. 中心拆分

（8）下列对于过渡效果的描述是（　　）个效果：“该切换是视频素材 A 逐渐淡出，而视频素材 B 则会以缩小的方式进入屏幕，从而显示出来”。

A. 伸展　　B. 伸展进入　　C. 伸展覆盖　　D. 交叉伸展

第 8 章　透明叠加技术与运动效果

教学目标

学习本章内容后可了解透明叠加技术的基本原理和在电影电视中的重要性，掌握制作透明叠加特效的基本流程和 Alpha 图像的生成方式；熟悉使用几种常用的键控滤镜。了解运动面板的分类，掌握运动面板的使用方法，并能够通过其制作电影片段。

教学重点与难点

- 透明叠加技术滤镜使用的操作步骤
- Alpha 通道的制作和使用方法
- Alpha 通道、透明度、色键的叠加方式
- 运动效果的添加和操作
- 运动方向、字幕运动、运动中变化的制作
- 画中画效果的制作方法

8.1　透明叠加技术概述

透明叠加的实现，在电视制作上称为键，也常被称作抠像，而在电影制作中称为遮片。Adobe Premiere 建立叠加的效果是将视轨上的片段叠加到底层的片段上，叠加视轨编号较高的片段，会叠加在编号较低的视轨片段上。

使用透明叠加的原理是因为每个片段都有一定的不透明度，在不透明度为 0%时，图像完全透明；在不透明度为 100%时，图像完全不透明；介于两者之间的不透明度，图像呈半透明。叠加是将一个片段部分地显示在另一个片段之上，它所利用的就是片段的不透明度。Premiere 可以通过对不透明度的设置，为对象制作透明叠加混合效果。

在进行操作之前对叠加的使用说明如下。

1）叠加效果的产生必须有两个或者两个以上的素材出现。

2）只能对可重叠轨道上的素材应用透明叠加设置，默认时，每一个新建项目都包含一个可重叠轨道，当然可以另外增加 96 个可重叠轨道。

3）Premiere Pro CS4 合成叠加特技的过程是：首先合成视频主轨上的素材，包括转场效果，然后将被叠加的素材叠加到背景素材中去。在叠加过程中首先合成叠加较低层轨道的素材，然后再以合成叠加后的素材为背景来叠加较高层的素材，这样在叠加完成后，最高层的素材位于叠加画面的顶层。

4）透明的素材必须放置在其他素材剪辑之上，也就是要将想要叠加的素材放在叠加轨道上或者更高的视频轨道上。

5）背景素材可以放在视频主轨、转场切换轨道或者比要叠加的素材所在轨道低的轨道上，也就是说较低层叠加轨道上的素材可以作为较高层叠加轨道上素材的背景。

6）注意要对最高层轨道上的素材使用透明度，否则位于其下方的素材不能显示出来。

7）叠加分为两种：混合叠加和淡化叠加。前者是将素材的一部分叠加到另一个素材上，因此作为前景的素材最好具有单一的底色，并且与需要保留的部分对比鲜明，这样很容易将底色变为透明，再叠加到作为背景的素材上。背景素材在前景素材的透明处可见，使得前景素材的保留部分好像本来就属于背景素材似的，这便形成了一种混合。后者淡化叠加是通过调节整个前景素材的透明度，让它整个暗淡而背景素材逐渐显现出来，达到一种梦幻或者朦胧的效果。

8.2　一个简单的透明度叠加实例

透明度叠加只需要调整素材的透明度就可以制作出叠加动画，下面就通过一个简单的透明叠加的例子来讲解。

制作透明叠加动画的步骤如下。

1 打开 Premiere Pro CS4 文件菜单栏，单击【新建项目】图标，从弹出的对话框中选择文件存储位置，将项目命名为“透明叠加实例”，如图 8-1 所示。在新建序列里选择视频模式，在这个范例里选择的是 HDV 格式，尺寸为 1280×720 的格式，如图 8-2 所示。

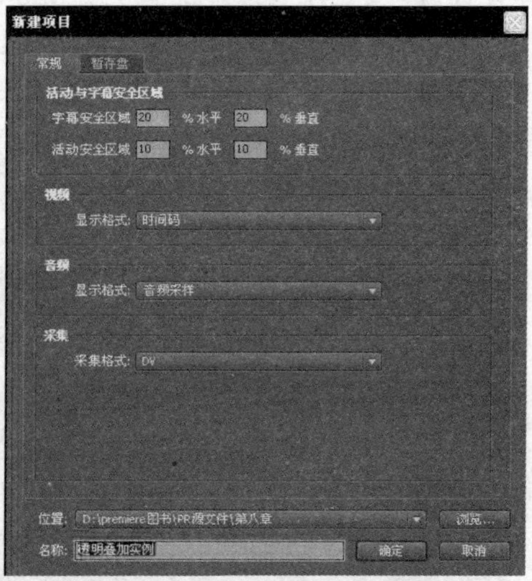

图 8-1　【新建项目】对话框

2 双击【项目】窗口空白处，用弹出的导入文件窗口将随书光盘中的素材文件\第 8 章\下的 publicenemies.mov 和 Christian Bale.psd 两个素材分别导入到项目中，如图 8-3 所示。请注意，“Christian Bale.psd”文件为分层 psd 文件，所以在导入 Premiere 的时候弹出对话框，读者应该选择“单个图层”并将其所包含的 4 个图层全部导入 Premiere 中，如图 8-4 所示。在导入到项目中后，可以看到在项目菜单里有一个文件夹，展开后可以看到“Christian Bale.psd”文件内包含的 4 个图层已经全部导入其中，如图 8-5 所示。

图 8-2　【新建序列】对话框

图 8-3　【导入】对话框

图 8-4 【导入分层文件】对话框

图 8-5 【项目】窗口

3 在【项目】窗口中选中导入的 publicenemies.mov 素材，右击，在弹出的快捷菜单中选择【定义影片】命令更改其影片属性。publicenemies.mov 默认的帧速率为 23.976，现将其帧速率更改为与序列 1 相同的 25 帧，如图 8-6 所示。

4 双击素材 publicenemies.mov，弹出监视器窗口的素材剪辑窗口。在监视器窗口的素材剪辑子窗口中，使用快捷键 I 和 O 来设置素材的出点和入点，如图 8-7 所示。

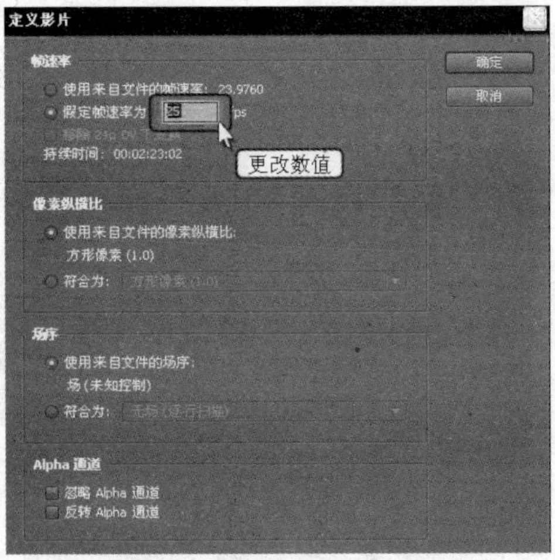

图 8-6 【定义影片】对话框

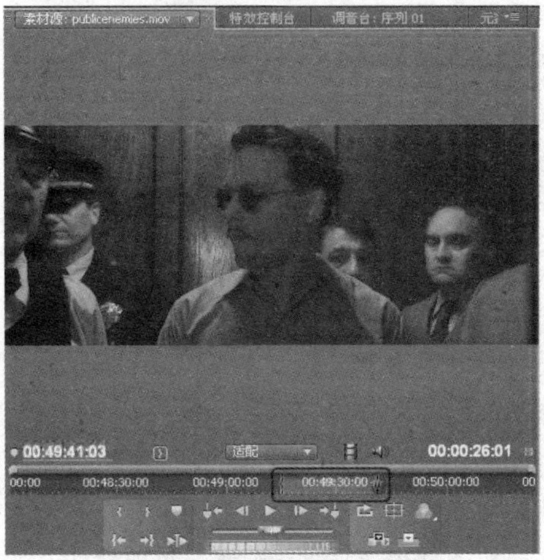

图 8-7 设置出点和入点

5 将素材 publicenemies.mov 拖放到【时间线】窗口的视频 1 轨道上，Christian Bale.psd 内的四个图层分别拖放到视频 2、3、4、5 轨道上，并且将 Christian Bale.psd 素材的时间长度增长 6 秒，如图 8-8 所示。将所有素材拖入时间线后，可以在监视器窗口中看到其效果，由于 Christian Bale.psd 为分层文件，所以各个图层自动进行叠加，如图 8-9 所示。

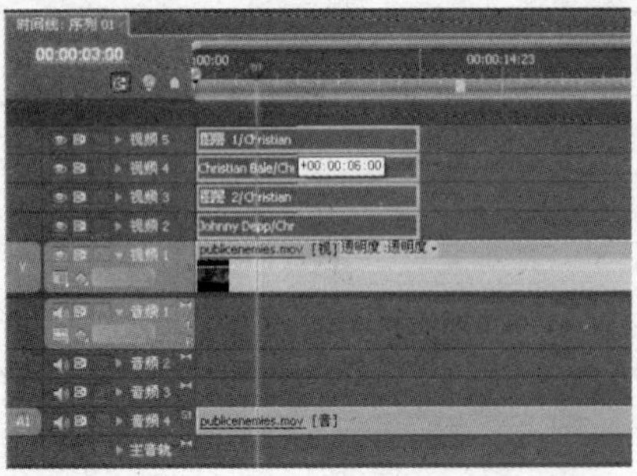

图 8-8 增长时间

图 8-9 叠加文件

6 现在如果按空格键对影片进行预览，会发现素材从起帧开始一直出现，直到 11 秒的时候 Christian Bale.psd 素材内的 4 个图层同时消失，仅仅剩下 publicenemies.mov 的素材在播放，而这并不是想要的效果，下面就用透明度进行动画设置来使画面丰富起来。

7 选中位于视频轨道 3 上的“图层 2”文件，并将时间编辑线移动到 1 秒处，打开【透明度】面板，分别在 1 秒、2 秒、5 秒、6 秒处添加关键帧，并将 1 秒和 6 秒处的【透明度】数值更改为 0，如图 8-10 所示。

图 8-10　设置透明度

8 选中位于视频轨道 2 上的 Johnny Depp 文件，打开【透明度】面板，分别在 2 秒、3 秒、5 秒、6 秒处添加关键帧，并将 2 秒和 6 秒处的【透明度】数值更改为 0。

9 选中位于视频轨道 5 上的“图层 1”文件，打开【透明度】面板，分别在 6 秒、7 秒、10 秒、11 秒处添加关键帧，并将 6 秒和 11 秒处的【透明度】数值更改为 0。

10 选中位于视频轨道 4 上的 Christian Bale 文件，打开【透明度】面板，分别在 7 秒、8 秒、10 秒、11 秒处添加关键帧，并将 7 秒和 11 秒处的【透明度】数值更改为 0。

11 播放影片对其进行预览，可以看到素材 Christian Bale.psd 的 4 个图层先后出现又消失的过程，比刚开始没有调整的时候要生动得多。在进行操作的时候还可以为其添加位置动画使其充满动感；各图层显示和消失的时间是作者在进行多次尝试后，才选定的效果，读者要想做出符合视觉习惯又生动的影片同样也需要进行多次尝试。播放影片单帧效果如图 8-11 所示。

图 8-11　播放效果

8.3　各种透明叠加方式

8.3.1　Alpha 通道叠加方式

Alpha 通道是一个 8 位的灰度通道，该通道用 256 级灰度来记录图像中的透明度信息，定义透明、不透明和半透明区域，其中黑色表示全透明，白色表示不透明，灰色表示半透明。Alpha 通道的部分通道变成透明，使用 Alpha 通道键可以达到最佳的透明效果，因为在对 Alpha 通道进行设计的时候，可以对所需要去掉的图像进行有针对的选择。

下面就分两个部分介绍 Alpha 通道的叠加方式，第一步介绍在 Photoshop 中建立 Alpha 通道的方法，第二步介绍 Alpha 通道在视频叠加中的使用。

（1）Alpha 通道的建立方法

Alpha 通道是很多图像格式带有的图像信息，一些图像编辑软件可以生成带有 Alpha 通道信息的图像文件，在使用这种带有通道的图像文件作为 Premiere Pro CS4 的素材之前，学习该通道的建立方法是十分必要的。

Adobe Photoshop 是能够生成 Alpha 通道的非常常用的一款软件，下面就以一个普通的图像文件生成 TGA 带有 Alpha 通道的文件为例，简单介绍一下生成带有 Alpha 通道的方法。该例子需要用户提前安装 Adobe Photoshop 软件。

建立 Alpha 通道的步骤如下。

1 打开 Adobe Photoshop 软件，将随书光盘中素材文件\第 8 章\的 pandas.jpg 文件导入 Photoshop 中，如图 8-12 所示，同时可以在文件【打开】对话框下对图片进行预览。

2 将该文件导入 Photoshop 之后，先将图像放大以便观察，然后打开工具窗口，选择“钢笔”工具（或者可以按 P 键），将熊猫的形状勾画出来，在勾画的过程中，读者可以配合 Alt 键和 Ctrl 键来对曲线进行调整使其更加贴合图像。如图 8-13 所示。

3 在图像的空白区域右击，在弹出的快捷菜单中选择【建立选区】命令，就可以选中刚才勾选的熊猫部分，如图 8-14 所示。

图 8-12　导入素材

图 8-13　勾画图像

图 8-14　建立选区

4 确保选区不变，切换到通道面板。单击窗口右下角的新建通道图层按钮创建一个新的 Alpha 通道，如图 8-15 所示。单击增加新通道按钮之后，可以看到 Photoshop 会自动用当前选区创建一个 Alpha 通道，并命名为 Alpha1 通道，如图 8-16 所示。可以看到新建的 Alpha 通道是黑色的。后面步骤中需要保留的部分将在下面的步骤中填充为白色，这样在进行视频叠加时，需要保留的部分就会被保留下来。

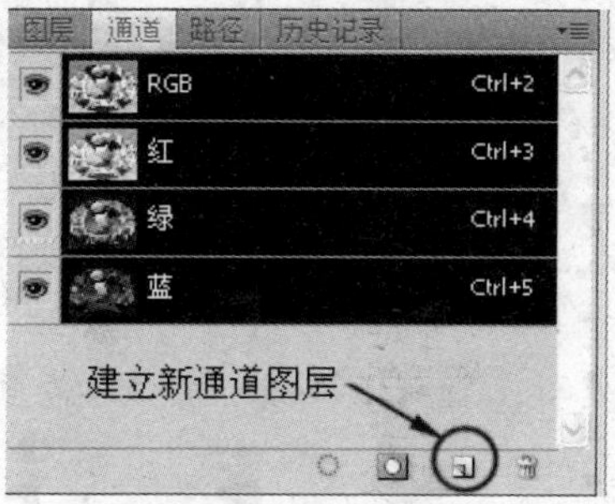

图 8-15　新建 Alpha 通道

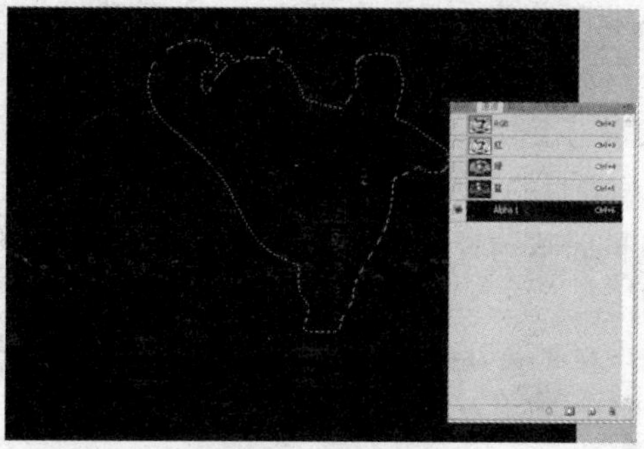

图 8-16　命名通道

5 按着工具窗口中渐变填充按钮不放，在其弹出的菜单中选择油漆桶工具，确保当前的前景色为白色，如图 8-17 所示。

6 在通道面板中选定 Alpha 通道，然后用油漆桶工具在选区中单击，将选区填充为白色，如图 8-18 所示。可以看到通道面板中的通道图像预览缩略图也被填充为白色。

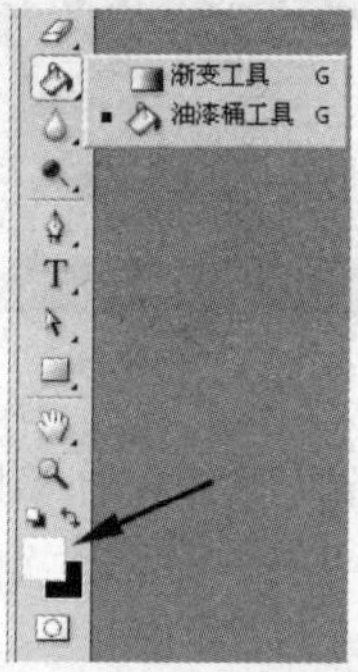

图 8-17　选择油漆桶工具

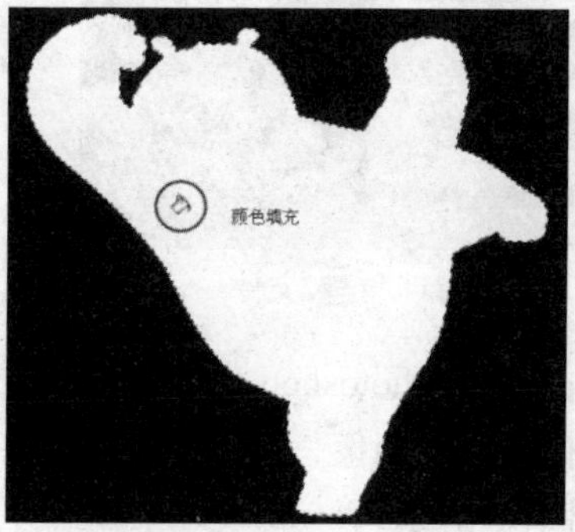

图 8-18　填充白色

7 选择菜单中的【文件】→【存储为】命令，在弹出的【另存为】对话框中选择 Targa 文件格式进行保存，选择存储路径，将文件命名为 Panda.tga，如图 8-19 所示。若要保留 TGA 中所需要的 Alpha 通道信息，就要在 Targa 选项中选择 32 位/像素，如图 8-20 所示。

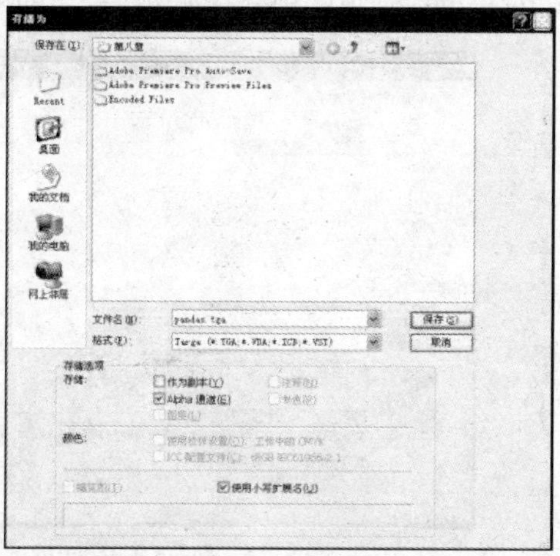

图 8-19　保存文件

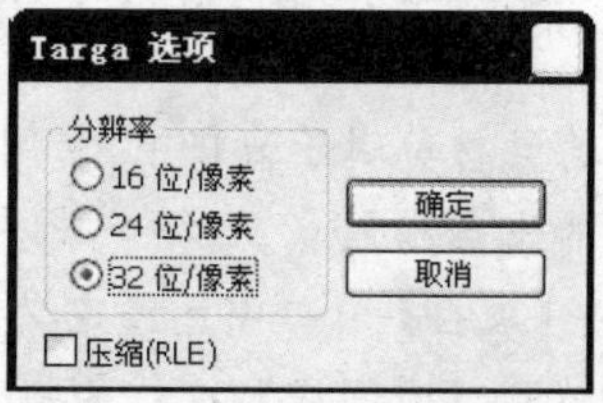

图 8-20　【Targa 选项】对话框

TGA是由美国Truevision公司为其显示卡开发的一种图像文件格式，已被国际上的图形、图像工业所接受。现在已成为数字化图像，以及运用光线跟踪算法所产生的高质量图像的常用格式。TGA文件的扩展名为.tga。TGA的结构比较简单，属于一种图形、图像数据的通用格式，目前大部分文件为24位或32位真彩色，在多媒体领域有着很大影响。由于Truevision公司推出TGA的目的是为了采集、输出电视图像，所以TGA文件总是按行存储和按行进行压缩的，这使其同时成为计算机生成图像向电视转换的一种首选格式。使用Photoshop软件可以打开此类文件。

8 在Premiere Pro CS4中导入制作好的Panda.tga文件，就可以在项目窗口中看到图像带有Alpha通道信息，如图8-21所示。

9 直接将Panda.tga文件拖放到时间线窗口的视频轨道上，就可以看到Alpha通道带来的效果，图像的背景部分自动变成了透明，如图8-22所示。

图8-21 导入文件

图8-22 效果

上面介绍的是用Photoshop建立带Alpha通道图像的方法，除此之外，许多图像编辑软件都可以建立这样效果的图像，用户可以根据自己的情况选择建立Alpha通道的软件，只要保存为较为常见的图像格式，Premiere Pro CS4基本都可以识别。

（2）用Alpha通道进行视频叠加

学会建立带有Alpha通道的图像文件后，接下来就可以用该文件进行视频叠加了。一般情况下，利用该通道进行视频叠加的方法很简单，就是直接把带有Alpha通道的文件拖放到Premiere Pro CS4时间线窗口的视频轨道上即可，编号较低的视频轨道内容会自动透过Alpha通道显示出来。除了简单的视频拖放之外，还可以对Alpha通道的视频叠加做进一步的控制，下面就通过一个简单的例子来进行说明。

用Alpha通道进行视频叠加的步骤如下。

1 双击【项目】窗口的空白处，将随书光盘中的transformers_h720p.mov和Iceage3.tga两个素材分别导入项目中，如图8-23所示。

2 双击【项目】窗口中的素材transformers_h720p.mov，弹出监视器窗口的素材剪辑窗口。在监视窗口的素材剪辑子窗口中，使用快捷键I和O设置素材的出点和入点。

3 将【项目】窗口中已经定义好入点和出点的素材拖放到【时间线】窗口的轨道1上。

图8-23 【导入】对话框

4 将 Iceage3.tga 素材拖放到【时间线】窗口的轨道 2 上，用鼠标向右拖动素材的边缘，直至出现对齐的竖线时松开鼠标，如图 8-24 所示。调整完成后 Iceage3.tga 素材与 transformers_h720p.mov 素材的时间长度保持一致。两素材的叠加效果在监视器窗口中可见，如图 8-25 所示。

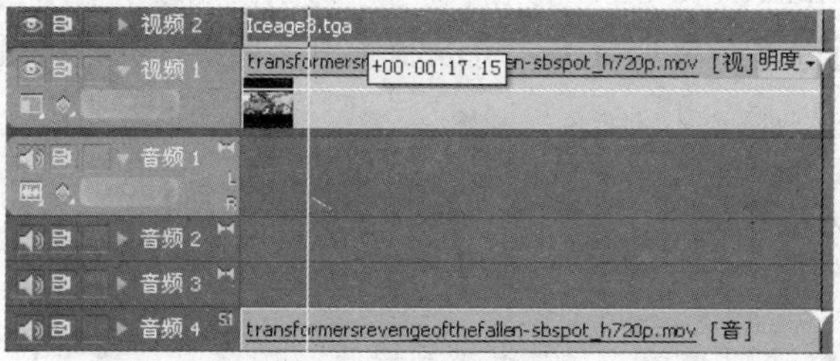

图 8-24　拖动素材

图 8-25　叠加效果

5 选择菜单栏中的【窗口】→【效果】命令，将【效果】窗口打开，选择视频特效的【键控】中的【Alpha 调整】命令，将其拖放到【时间线】窗口的视频轨道 2 上，如图 8-26 所示。

6 单击标题左边的小三角按钮，打开【特效控制台】面板中的【Alpha 调整】面板。

7 将【效果】控制右边关键帧控制子窗口中的编辑线移动到素材开始的位置，单击反相项前面的添加动画按钮，给该项参数添加关键帧，如图 8-27 所示，同时可以看到在该项参数右边出现了添加/移除关键帧按钮。

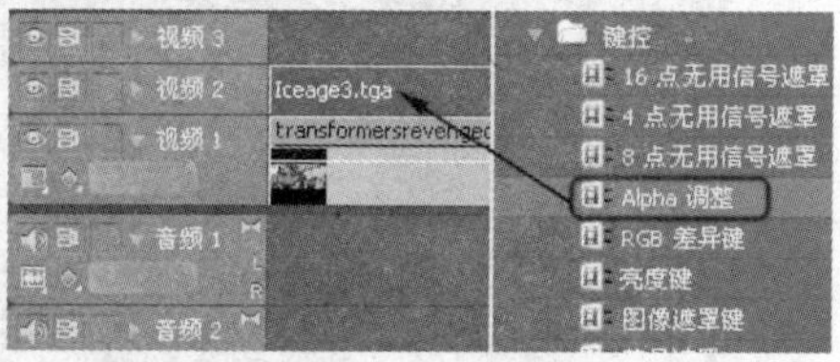

图 8-26　拖放素材

图 8-27　添加关键帧

8 选中【反相】复选框，反相选择让视频叠加的效果与原来相反，也就是反选了 Alpha 通道的效果，如图 8-28 所示。

9 将该编辑线移动到素材的后半部分，直接单击【效果】控制面板 Alpha 调整标题右边的重置按钮，Premiere Pro CS4 就会自动给当前位置发生变化的参数添加关键帧并回归到参数未调整前的状态。

现在对带有 Alpha 通道的图像的视频叠加已经完成，按空格键就可以在监视器窗口对合成效果进行预览。如图 8-29 所示就是素材运行到某一时刻的叠加效果。

图 8-28　效果

图 8-29　叠加效果（预览）

8.3.2 透明度叠加方式

使用透明度叠加的原理是因为每个视频或者图像素材都有一定的不透明度，在不透明度为0%时，图像或视频完全透明；在不透明度为100%时，图像或者视频完全不透明；介于两者之间的不透明度图像或视频素材呈现半透明状。叠加的方法就是将一个片段部分的显示到另一个片段上，它所利用的就是片段的半透明度。Premiere Pro CS4可以通过对不透明度的设置，对视频或者图像素材制作透明混合的叠加效果。通过这个叠加效果，可以制作出多种多样的视频叠加效果。

透明度叠加方式的步骤如下。

1 双击【项目】窗口的空白处，将随书光盘中的transformers_h720p.mov和Iceage3.tga两个素材分别导入项目中。

2 双击【项目】窗口中的素材transformers_h720p.mov，弹出监视器窗口的素材剪辑窗口。在监视器窗口的素材剪辑子窗口中，使用快捷键I和O设置素材的出点和入点。

3 将【项目】窗口中已经定义好入点和出点的素材拖放到【时间线】窗口的轨道1上。

4 将Iceage3.tga素材拖放到【时间线】窗口的轨道2上，用鼠标向右拖动素材的边缘，直至出现对齐的竖线时松开鼠标。调整完成后Iceage3.tga素材与transformers_h720p.mov素材的时间长度保持一致。

5 按空格键进行预览，可以在监视器窗口中看到素材Iceage3.tga已经叠加到了另一个视频轨道transformers_h720p.mov上，因为Iceage3.tga本身素材带有Alpha通道，所以该素材本身没有完全覆盖下层的视频内容，如图8-30所示。

图8-30 透明度叠加效果

6 打开【视频效果】中的【透明度】面板，单击标题栏前的小三角按钮，将透明度的详细内容展开，如图8-31所示。

7 将时间线上的编辑线移动到序列的开头，然后单击透明度前的切换动画按钮，给Iceage3.tga素材的当前编辑线位置添加一个关键帧，如图8-32所示。

8 下面将编辑线向后移动到素材6秒左右的位置，将透明度数值调整到50%，那么在这个时间透明度自动添加了一个关键帧。这样在监视器窗口中可以看到Iceage3.tga已经变为半透明状态叠加到transformers_h720p.mov上。如图8-33所示。

图8-31 【透明度】面板

图8-32 添加关键帧

图8-33 添加后的效果

9 现在按空格键就可以在监视器窗口中看到动态透明叠加的过程。在视频最开始小动物们是完全显现的，随着播放，慢慢变为半透明状。

通过这样的方法用户可以实现从无到有，从有到无的叠加方式，经过不断学习和思考，可以继续将视频素材进行处理和加工。这里讲的只是一个简单的视频素材透明度的叠加方法，实际工作中如何能运用得合理，还需要用心体会和研究。

8.3.3 色键透明叠加方式

Premiere Pro CS4 在视频滤镜中提供了一组色键透明叠加的方式，简单的效果已经在前面的章节有所介绍，最为常用的是色度键和蓝屏键透明叠加键。其中色度键功能强大，让用户控制的参数相对比较多，而蓝屏键滤镜的使用方法十分简单有效。

蓝屏键是用来处理蓝色背景的滤镜。它是著名的蓝屏技术的体现。让演员在蓝色的背景上表演，然后利用去背技术将拍摄到的画面中的蓝色去掉就只剩下演员了，然后将去背后的剪辑叠加在其他背景上就可以了。一个最简单的范例就是：在前方放置一大块蓝色背景，然后将演员悬吊在半空中，演员穿着潜水服等道具，做着游泳的动作。拍摄完这个镜头后，在后期制作中利用蓝屏技术去除拍摄视频中的蓝色背景，让演员全部“透明”，然后再叠加一个单独的水的镜头，加入一些后期特效（例如气泡），现在看到的画面就是演员在水中游泳了。但实际上并没有把摄像机放入水中，演员也没有实际下水去表演。

下面就通过一个例子来介绍蓝屏键滤镜的使用方法，应用蓝屏键色键叠加效果的步骤如下。

1 双击【项目】窗口的空白处，将随书光盘中素材文件\第 8 章\两个素材 dancer.avi 和 grassland.jpg 分别导入项目中，如图 8-34 所示。

2 双击【项目】窗口中的素材 dancer.avi，在监视器窗口的素材剪辑子窗口中可以看到素材是一段在蓝背景上舞蹈的女孩的视频。将 Grassland.jpg 素材拖入视频轨道 1，将 dancer.avi 素材拖入视频轨道 2，并将 Grassland.jpg 的素材长度改为与 dancer.avi 素材长度相同，如图 8-35 所示。在监视器窗口中，可以看到 dancer.avi 素材的完整图像，而 Grassland.jpg 素材被完全挡住，如图 8-36 所示。

图 8-34 【导入】对话框

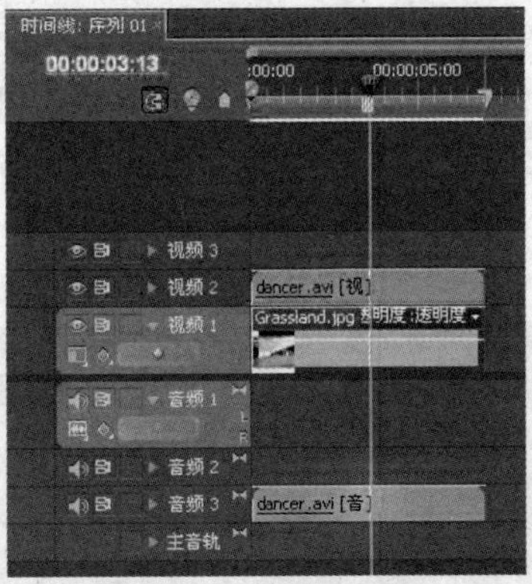

图 8-35 拖入素材

3 打开【效果】面板，展开【视频特效】下面的键控文件夹，在其中可以找到蓝屏键。

4 将选中的【蓝屏键】视频滤镜效果拖放到【时间线】窗口视频轨道 2 的 dancer.avi 素材上，如图 8-37 所示。

图 8-36　叠加效果

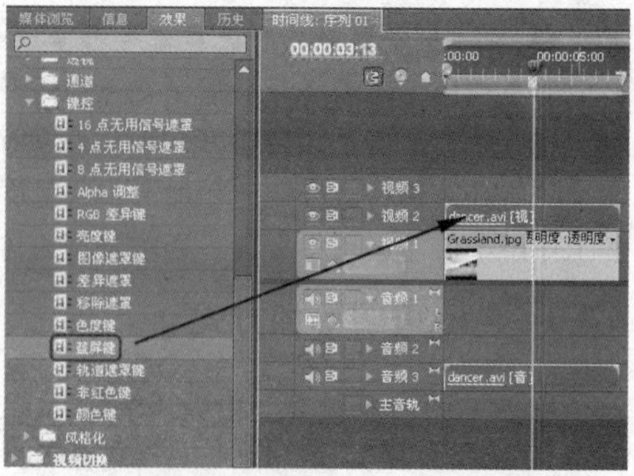

图 8-37　选中【蓝屏键】拖放视频滤镜

5 现在已经可以在监视器窗口看到蓝屏键的效果了，dancer.avi 中的蓝色背景已经被自动去掉了，原来完全被覆盖的 Grassland.jpg 素材部分视频画面出现在监视窗口中，如图 8-38 所示，不过现在的效果还是不太好，下面采用一些方法进行处理。

6 单击【视频效果】下面的【蓝屏键】前的小三角按钮，如图 8-39 所示。

图 8-38　去蓝屏效果

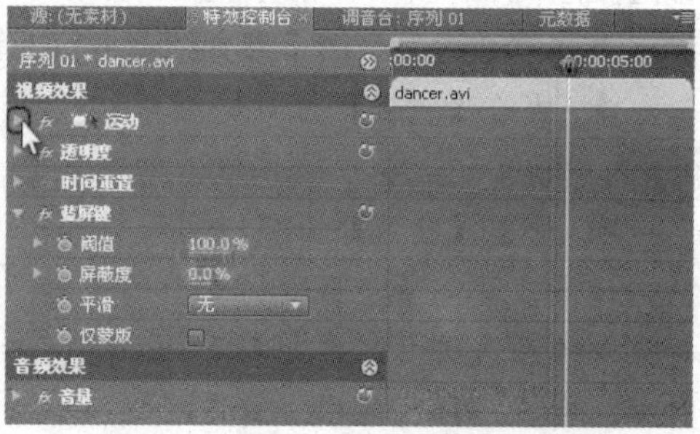

图 8-39　单击【蓝屏键】前的按钮

7 单击【阈值】将其数值更改为 40，【屏蔽度】数值更改为 20，如图 8-40 所示。经过数值调整后，可以看到监视器窗口中的画面背景蓝色去除得更加干净，而主体任务保留也比较完整，如图 8-41 所示。制作影片的时候需要多次进行更改数值来调试使最终的效果达到最好，而不是仅仅依靠死记数值来改变画面效果。

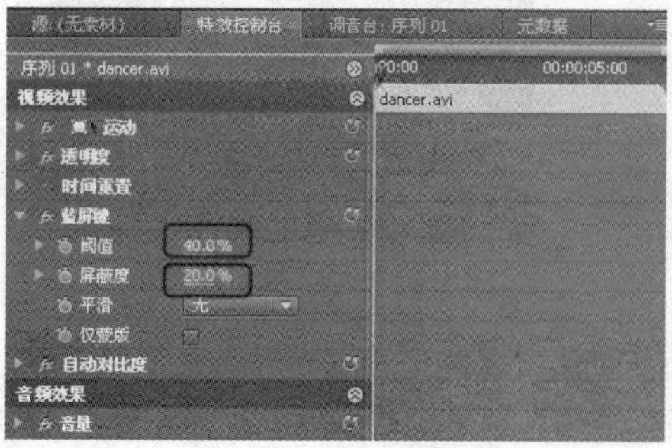

图 8-40　修改数值

图 8-41　最终效果

8 现在就可以按空格键对影片进行预览了，可以看到原来在枯燥的蓝色背景中舞蹈的女孩，现在已经在草原上翩翩起舞了。还可以将背景更换为动态素材，这样女孩就可以在动态背景中舞蹈了。也可以继续对影片进行调整，添加一系列的滤镜效果，使影片更加丰富。

8.3.4　遮罩透明叠加方式

遮罩是一个轮廓，为视频对象定义遮罩后，将建立一个透明区域，该区域显示其下层图像。所有使用遮罩透明的方式都需要为进行透明处理的视频内容指定一个遮罩对象。Premiere Pro CS4 提供了 3 种遮罩键效果。

1）图像遮罩键：这个滤镜特效可将当前图层上叠加上另外的图像素材，被叠加图像自身的白色区域将完全透明，黑色区域为不透明。而介于黑白之间的颜色将按亮度值的大小呈现为不同的半透明效果。

2）差异遮罩键：这个滤镜的透明叠加方式的原理是通过一个对比遮罩与需要透明的对象进行比较，然后将该对象中位置及颜色与遮罩中相同的像素变为透明键出。在无法使用纯色背景的抠像大场景拍摄中，这是一个非常有用的抠像特效。

3）轨道遮罩键：这个滤镜特效为当前图层添加一个蒙板图层，蒙板图层位于当前图层之上，蒙板的黑色部分透明，白色部分将保持不变或者相反。

具体操作方式和效果可以在 Premiere Pro CS4 中尝试，这里就不一一赘述了。下面的图 8-42、图 8-43、图 8-44 和图 8-45 所示为几张键控在电影、电视中应用的静帧对比图像，可以从中体会一下键控在实际中的应用。

图 8-42　键控效果一

图 8-43　键控效果二

图 8-44　键控效果三

图 8-45　键控效果四

8.4　其他叠加方式

8.4.1　字幕文件叠加方式

字幕在创建的时候，Premiere Pro CS4 会自动给其加上一个 Alpha 通道，所以也能带来透明叠加的效果。Premiere Pro CS4 的字幕创建工具已经增加了许多功能，可以创建一些简单的几何图形，当然，对运动文字图像编辑的功能是更强了。

可以发挥创造力，在需要进行视频叠加的时候，利用字幕创建工具制造出文字或者图形的可叠加视频内容，然后再利用【时间线】窗口进一步处理。字幕的创建和制作在本书有专门的一章进行讲解，用户可以翻阅前面章节内容进行查阅和学习。

8.4.2　淡入淡出叠加方式

在前面的例子中，可以看到有些叠加方式都类似前面在视频转场中常用到的淡入淡出方式，不过，前面所介绍的叠加方式提供给用户的控制参数更为丰富一些，而淡入淡出的方式一般用在两个视频素材之间进行转场使用。在一些简单的情况下，也可以考虑采用淡入淡出的方式进行视频叠加。本书在过渡效果一章中详细介绍了淡入淡出的叠加方式，以及更多的转场叠加方式的应用，可以根据该章的内容对本章所述内容进行比较和学习。

8.5　运动效果概述

在特效控制面板上固定出现的有运动、透明度以及添加的各种视频或音频特效。由此可以看出，运动和透明度在 Premiere Pro CS4 中有着非常重要的作用，也正是由于这两个功能的出现，使 Premiere Pro CS4 具备了更多的合成成分。

Premiere Pro CS4 虽然不是动画制作软件，但却有强大的运动生成功能，通过运动设定对话框，能轻易地将图像（或视频）进行移动、旋转、缩放以及变形等，可让静态的图像产生运动效果。本章将对 Premiere Pro CS4 的运动功能进行讲解。

图 8-46　【运动】面板

【运动】设置面板中包含以下选项，如图 8-46 所示。

【位置】：用于控制素材图像或视频的中心位置。

【缩放比例】：用于控制素材图像或视频的大小比例。

【旋转】：用于控制素材图像或视频的旋转角度。

【定位点】：用于控制素材图像或视频的位置。

【抗闪烁过滤】：用于控制素材图像或视频在运动过程中的抗闪烁能力。

8.6　一个简单的运动效果实例

下面通过一个简单的例子来讲解运动效果的添加过程。

制作运动效果的步骤如下。

1 打开 Premiere Pro CS4 文件菜单栏，单击【新建项目】图标，从弹出的对话框中选择文件存储位置，将项目命名为“运动效果实例”，如图 8-47 所示。在【新建序列】对话框里选择视频模式，这个范例选择的是 HDV 格式，尺寸为 1280 × 720 的格式，如图 8-48 所示。

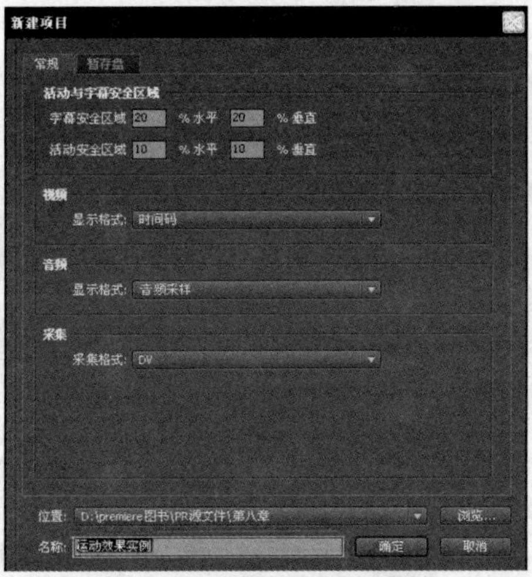

图 8-47　【新建项目】对话框

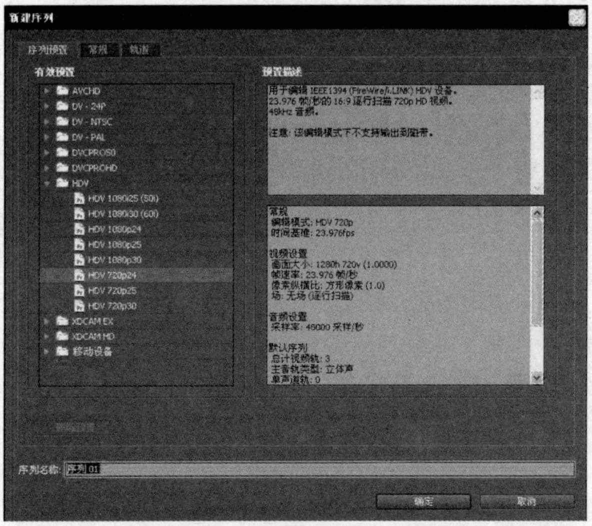

图 8-48　【新建序列】对话框

2 双击【项目】窗口空白处，在弹出的【导入】文件窗口将随书光盘中的素材文件\第 8 章\下的 Astro Boy.mov、Astro Boy_A.psd 和 Astro Boy_B.jpg 三个素材分别导入项目中，如图 8-49 所示。请读者注意，Astro Boy_A.psd 文件为分层 PSD 文件，所以在导入 Premiere 的时候弹出对话框，读者应该选择“单个图层”并将其所包含的两个图层全部导入到 Premiere 中，如图 8-50 所示。在导入到项目后，可以看到在项目菜单里有一个文件夹，展开后可以看到 Astro Boy_A.psd 文件内包含的两个图层已经全部导入其中，如图 8-51 所示。

图 8-49　【导入】对话框

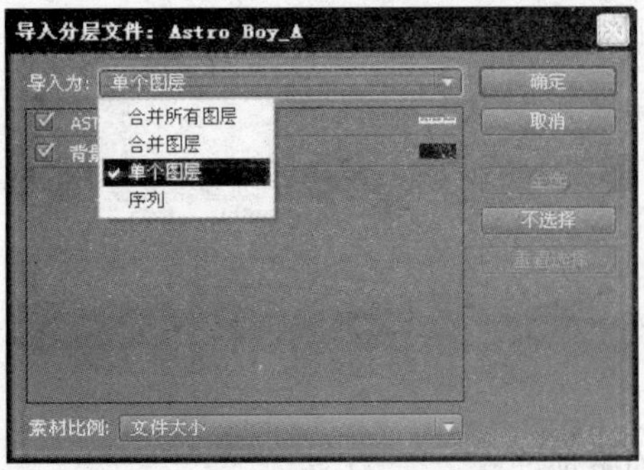

图 8-50 【导入分层文件】对话框

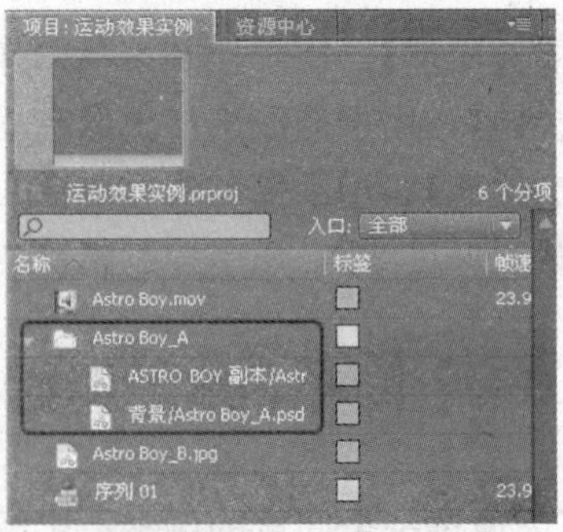

图 8-51 导入的文件

3 双击素材 Astro Boy.mov，弹出监视器窗口的素材剪辑窗口。在监视器窗口的素材剪辑子窗口中，使用快捷键 I 和 O 设置素材的出点和入点，如图 8-52 所示。

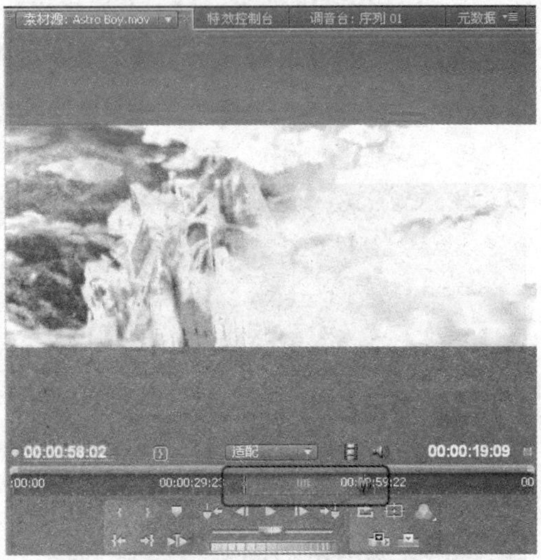

图 8-52 设置出点和入点

4 将素材 Astro Boy.mov 拖放到【时间线】窗口的视频 1 轨道上，Astro Boy_A.psd 内的两个图层分别拖放到视频 2、3 轨道上，并且将位于视频轨道 3 上的“Astro Boy 副本”素材的时间长度增长至 10 秒，将 Astro Boy.jpg 拖放到视频轨道 2 上，并与位于视频轨道 3 上的“Astro Boy 副本”对齐，如图 8-53 所示。将所有素材拖入时间线后，可以在监视器窗口中看到其效果。

5 现在如果按空格键对影片进行预览，会发现素材从起帧开始一直出现，直到 5 秒的时候 Astro Boy_A.psd 素材内“背景”层消失，10 秒的时候“Astro Boy 副本”图层消失，并且 Astro Boy_B 出现，然后在 15 秒的时候消失。这并不是想要的效果，下面就通过对“位置”进行动画设置使画面丰富起来。

6 选中位于视频轨道 2 上的“背景”文件，并将时间编辑线移动到起始位置，打开【运动】面板，在参数【位置】上分别为“00：00”、“00：10”、“02：10”、“02：20”，并将“00：00”处的位置数值更改为“2000，360”，“02：20”处的位置数值更改为“-700，360”，中间两个关键帧的数值不变，如图 8-54 所示。

图 8-53 拖入素材

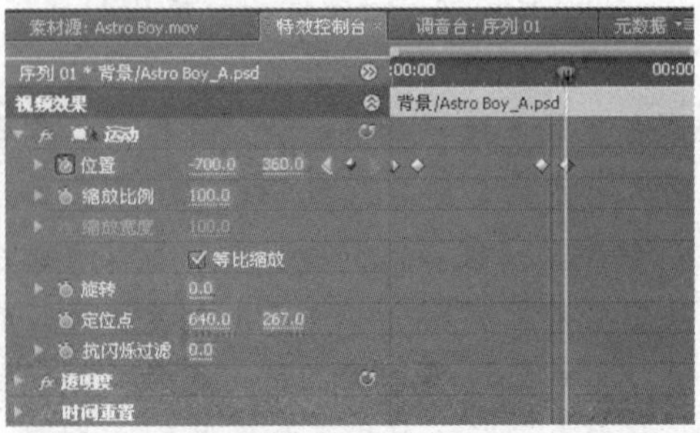

图 8-54 修改关键帧

7 选中位于视频轨道 3 上的“Astro Boy 副本”文件，并将时间编辑线移动到起始位置，打开【运动】面板，在参数【位置】上分别在“01：00”、“01：10”、“06：00”、“06：10”，并将“01：00”处的位置数值更改为“-100，360”，“06：10”处的位置数值更改为“1900，360”，中间两个关键帧的数值不变。

8 选中位于视频轨道 2 上的 Astro Boy_B.jpg 文件，并将时间编辑线移动到“10：00”位置，打开【运动】面板，在参数【位置】上分别在“10：00”、“10：10”、“12：10”、“12：20”，并将“10：00”处的位置数值更改为“640，-400”，“12：20”处的位置数值更改为“640，1000”，中间两个关键帧的数值不变。

9 播放影片对其进行预览，可以看到素材 Astro Boy_A 的两个图层和 Astro Boy_B 产生的位置动画，与 Astro Boy_B 相结合，尤其是再加上声音效果，比刚开始没有调整的时候要生动得多。进行操作的时候还可以为其添加透明度动画使其充满动感，各图层的入画和出画时间是作者在进行多次尝试后，才选定的效果，读者要想做出符合视觉习惯又生动的影片同样也需要进行多次尝试。播放影片的单帧效果如图 8-55 所示。

图 8-55　预览效果

8.7　运动方向设置

在 Premiere Pro CS4 中，视频的运动方向设置可以在【特效控制台】面板的【运动】特效面板中处理，而运动特效是【时间线】窗口中序列上视频素材的自带特效，不需要在【效果】面板中选择特效进行应用。

下面就通过一个简单的实例，对设置视频镜头的运动进行讲解。可以通过这个实例对运动方向的设置有大致的了解，并可以观看到视频镜头的运动效果。设置步骤如下。

1 打开 Premiere Pro CS4 文件菜单栏，单击【新建项目】图标，在弹出的对话框中选择文件存储位置，将项目命名为“运动方向设置”，如图 8-56 所示。在新建序列里选择视频模式，在这个范例里选择的是 DV-PAL 格式，也就是尺寸为 720×576 的标清格式，如图 8-57 所示。

2 双击【项目】窗口空白处，在弹出的【导入】文件窗口将随书光盘中的素材文件\第 8 章\下的 flower.tga 和 iceage_720p.mov 两个素材分别导入项目中，如图 8-58 所示。

3 将 iceage_720p.mov 拖放到【时间线】窗口的视频 1 轨道上，flower.tga 拖放到视频 2 轨道上，并且将 flower.tga 素材的时间长度调整和 iceage_720p.mov 素材长度相同，如图 8-59 所示。

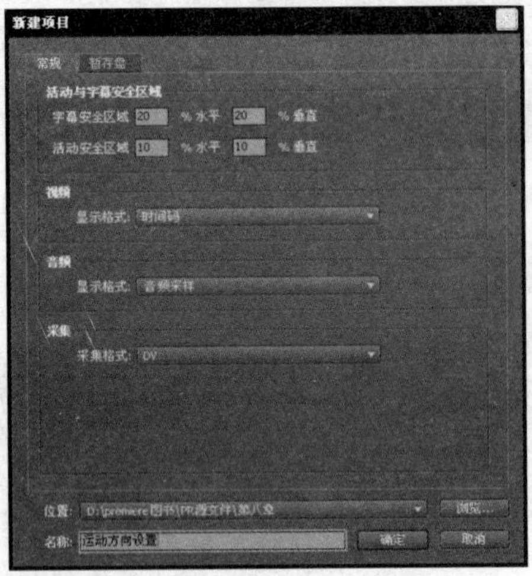

图 8-56 【新建项目】对话框

图 8-57 【新建序列】对话框

4 选中视频轨道 2 上的 flower.tga 素材文件，单击【特效控制台】面板中的【视频效果】下面【运动】前的小三角按钮，将该效果面板的详细内容展开，如图 8-60 所示，可以看到该效果上面的提示，说明是序列 1 的 flower.tga 所带的效果。

图 8-59 拖放素材

图 8-58 【导入】对话框

图 8-60 【运动】面板

5 分别修改【运动】效果的位置和缩放比例数值，如图 8-61 所示，这样可以调整 flower.tga 素材的位置和大小，也可以在监视器窗口的预览子窗口中拖动句柄来对素材进行位置、大小设置旋转角度的调节，尽管手柄调节的精确程度与数值调节还有一定的差距，但是它所带来的直观效果还是使很多人愿意接受的。调整效果如图 8-62 所示。

6 单击【位置】左侧的【切换动画】按钮，给【位置】这个参数添加关键帧控制，如图 8-63 所示。同时可以看到，在【位置】参数值右侧，出现了【添加/移除关键帧】和【关键帧跳转】按钮。

7 在【时间线】窗口内向后移动编辑线至需要 flower.tga 动画结束的位置，然后在监视器窗口中选中 flower.tga 素材将其向右下方拖动，可以看到在拖动的同时，素材会拉出一条运动轨迹，这正是做出的视频素材的运动方向的指示，如图 8-64 所示。

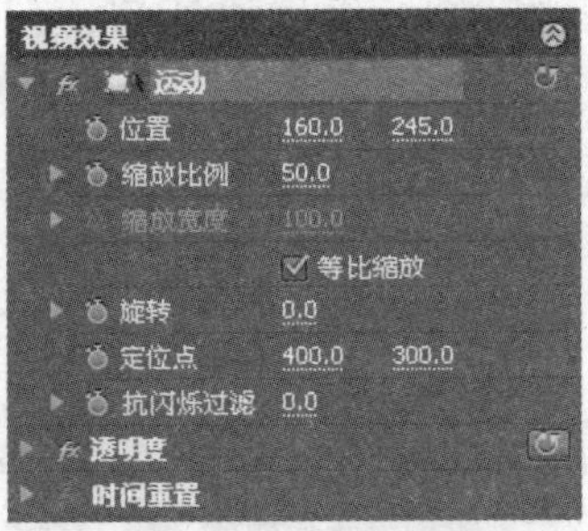

图 8-61 修改数值

图 8-62 调整效果

图 8-63 添加关键帧

图 8-64 移动编辑线

8 现在就可以按空格键来对合成效果进行预览了，可以看到 flower.tga 图像从左上向右下滑动，滑过整个画面。对于轨道的变化，可以通过添加更多的关键帧来进行对其的控制。

9 为了丰富 flower.tga 的运动过程，除了位置的动画，还可以为其添加上旋转动画，添加方式和步骤是与位置动画一样的，如图 8-65 所示。可以单击【跳转到前一/后一关键帧】按钮在关键帧之间进行切换，为 flower.tga 素材添加位置和旋转的效果如图 8-66 所示。

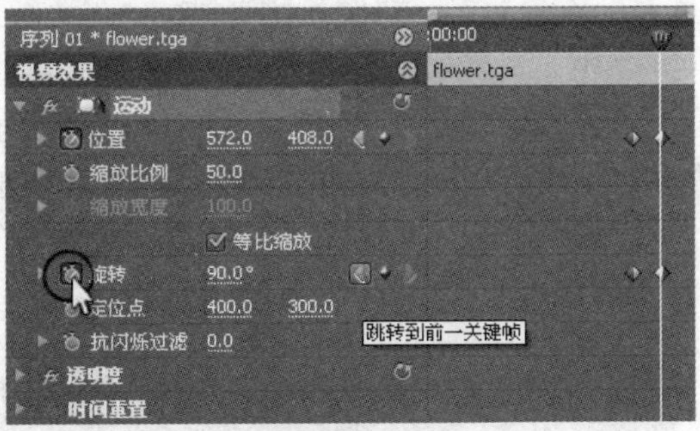

图 8-65 添加动画

图 8-66 添加后的效果

8.8 字幕的运动

字幕运动叠加视频的情况在影视制作中经常能够遇到，尤其是在制作节目的片头片尾、MTV 或者节目特效中经常能够用到。一般情况下，像新闻类的片子字幕的叠加都采取运动简单，形式朴素的方法直接与视频内容进行叠加；而 MTV、晚会等娱乐性较强的文艺性节目无论色彩、运动方式或是采用的技巧就要更为丰富些。

字幕的添加方式在前面的章节中已经有过详细的介绍，这里就不重复讲解，只是结合运动镜头的技巧对字幕的运动实例进行介绍，读者可以更深刻地体会到字幕运动在实际应用中的过程和效果。这个简单的实例使一个字幕从左到右变速移动，并为其加入了一些特殊滤镜，让其产生的效果更为丰富。

字幕的运动步骤如下。

1 打开 Premiere Pro CS4 文件菜单栏，单击【新建项目】图标，从弹出的对话框中选择文件存储位置，将项目命名为“字幕的运动”，如图 8-67 所示。在【新建序列】对话框里选择视频模式，在这个范例里选择的是 DV-PAL 格式，也就是尺寸为 720×576 的标清格式，如图 8-68 所示。

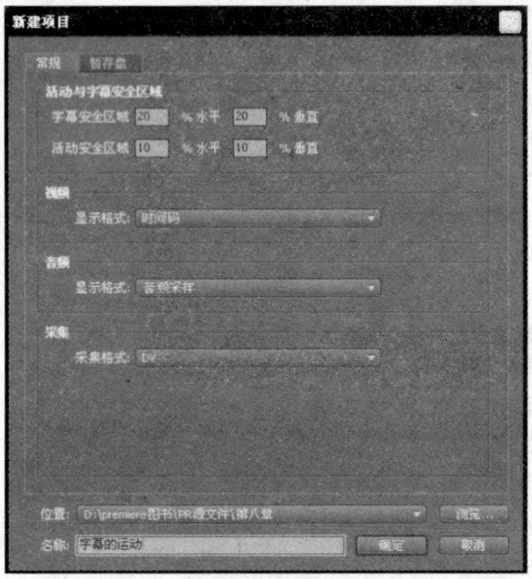

图 8-67 【新建项目】对话框

图 8-68 【新建序列】对话框

2 双击【项目】窗口空白处，在弹出的【导入】文件对话框中将随书光盘中的素材文件\第 8 章\下的 Sherlock_Holmes.flv 和 Holmes.tga 素材导入项目中，如图 8-69 所示。

3 双击【项目】窗口中的素材 Sherlock_Holmes.flv，弹出监视器窗口的素材剪辑窗口。在监视器窗口的素材剪辑子窗口中，使用快捷键 I 和 O 设置素材的出点和入点，如图 8-70 所示。将 Sherlock_Holmes.flv 拖放到【时间线】窗口的视频 1 轨道上，将 Holmes.tga 拖放到视频轨道 2 上。并将 Holmes.tga 的右侧与视频轨道 1 上的素材 Sherlock_Holmes.flv 对齐，如图 8-71 所示。

图 8-69 【导入】对话框

图 8-70 设置出入点

图 8-71　插入素材

4 在时间线视频轨道 2 上选中 Holmes.tga，在监视器窗口中调整其位置，使其靠近屏幕下方，不影响主屏幕的内容播放，如图 8-72 所示。

5 选中视频轨道 2 上的 Holmes.tga 素材文件，单击【特效控制台】面板中的【视频效果】下面的【运动】前的小三角按钮，将该效果面板的详细内容展开，可以看到其位置数值已经发生了变化，当然是因为改变了它的基本位置。

6 由于要制作的是在影片结束时字幕出现，所以将【时间线】窗口中的编辑线定位在 Holmes.tga 素材开始的第一帧，将其向右拖出画框外，如图 8-73 所示。移动完成后单击【位置】前的【切换动画】按钮，给 Holmes.tga 素材在这帧上添加一个关键帧。

图 8-72　调整位置

图 8-73　拖动编辑线

7 将编辑线向后拖动，移到希望出现字幕的帧数位置，拖动 Holmes.tga 素材向左移动，使其位于屏幕的中间位置，也可以通过调整数值来实现这一步骤，如图 8-74 所示。

8 然后将编辑线继续向后拖动，移到希望字幕消失的帧数，拖动 Holmes.tga 素材向左移动，使其消失在画面左侧，如图 8-75 所示。

图 8-74　移动编辑线

图 8-75　继续移动编辑线

9 这个时候对字幕的动画设置已经完成，可以按空格键来对设置效果进行预览。在预览的过程中，发现字幕在屏幕中央停留的时间过于短促，以至于人们还没有看清楚字幕的内容，它就消失在画面左侧了。下面通过简单的调整来对字幕动画进行优化，使其更加符合人们的视觉习惯。

10 将编辑线移动到 Holmes.tga 的第二个关键帧和第三个关键帧之间，在这个位置向右拖动 Holmes.tga，使其更加靠近屏幕的中间位置，如图 8-76 所示。

11 这个时候再按空格键对影片进行预览，可发现字幕在屏幕中间停留的时间增加了，并且已经能够看清楚字幕内容了，不过字幕的入画和出画有些略微迟缓，可以通过移动关键帧的位置来对其速度进行调节，如图 8-77 所示。

图 8-76　右拖素材

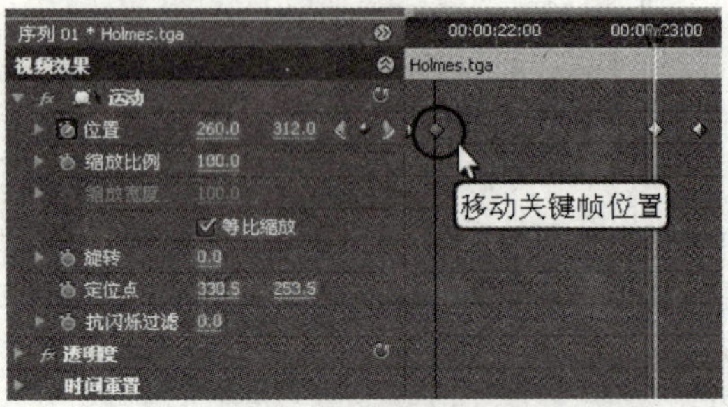

图 8-77　调节速度

12 通过调节后，再次对影片进行预览，可看到预期的效果：字幕自右侧快速飞入画面内，然后缓慢地在画面中央滑动，最后又快速地从画面左侧飞出画面。这个简单的字幕动画就制作完成了，读者还可以继续深入对其进行完善，比如在其快速入画的时候加入动态模糊的视频特效，使其更具动态性等。

实例中的字幕文件同样可以在 Premiere Pro CS4 中建立，这样建立的字幕文件更方便更改和控制，在前面的章节中已经详细介绍过如何建立字幕和添加效果，可以自己尝试一下制作更为复杂和精美的视频。

8.9　运动中的变化

视频镜头或者图片素材文件可以在 Premiere Pro CS4 中进行运动方式的设置。在运动方式的设置中，除了进行运动方向上的控制外，还可以进行各种变化，包括视频内容的整体旋转、视频子窗口几何形状的变化以及镜头推拉和平移的模拟等。下面就分两个部分来介绍视频镜头在运动过程中的变化。

8.9.1　旋转与变形

视频镜头运动过程中的旋转与变形，包括旋转的角度和几何形状的变化，这两个功能可以通过视频镜头的运动效果进行控制。与早期的 Premiere 相比，Premiere Pro 就把视频的运动作为素材自带的运动效果进行处理，取代了原来的运动设置对话框，这样处理后的运动效果更为直观更加简捷，方便用户操作和处理。

下面就通过一个实例介绍 Premiere Pro CS4 中进行视频镜头运动过程中的旋转与变形的方法。

视频镜头中的旋转与变形的步骤如下。

1 打开 Premiere Pro CS4 文件菜单栏，单击【新建项目】图标，从弹出的对话框中选择文件存储位置，将项目命名为“旋转与变形”，如图 8-78 所示。在【新建序列】对话框里选择视频模式，在这个范例里选择的是 DV-PAL 格式，也就是尺寸为 720×576 的标清格式，如图 8-79 所示。

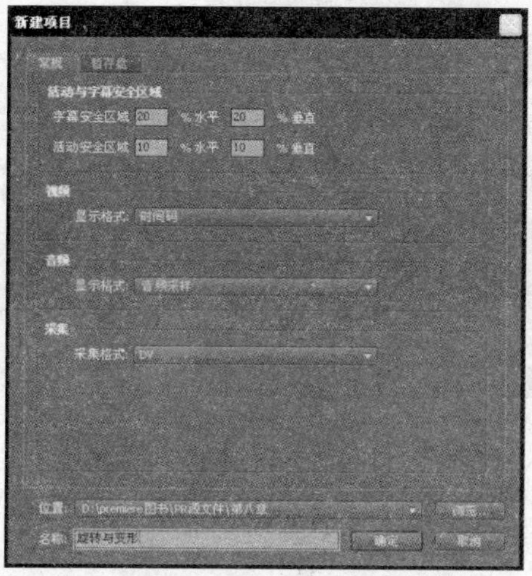

图 8-78　输入项目名称

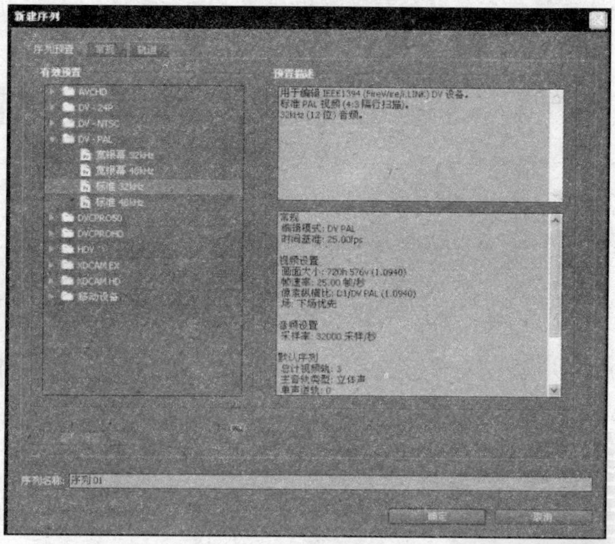

图 8-79　选择视频模式

2 双击【项目】窗口空白处，在弹出的导入文件窗口将随书光盘中的素材文件\第 8 章\下的 iceage_720p 和 cartoon.tga 素材导入项目中，如图 8-80 所示。导入效果如图 8-81 所示。

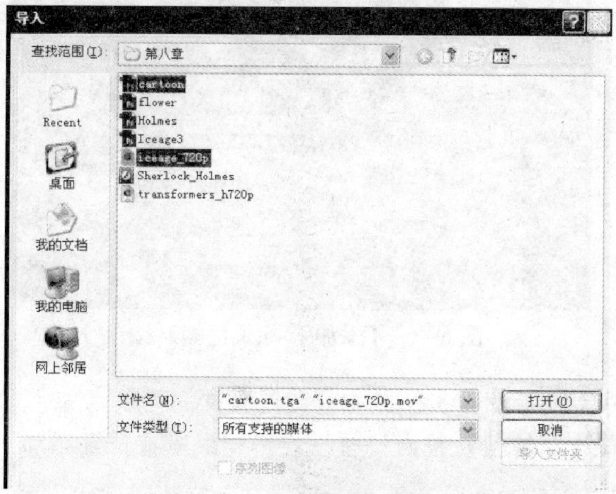

图 8-80　【导入】对话框

图 8-81　效果

3 双击【项目】窗口中的素材 iceage_720p，弹出监视器窗口的素材剪辑窗口，在监视器窗口的素材剪辑子窗口中，使用快捷键 I 和 O 设置素材的出点和入点。将 iceage_720p.mov 拖放到【时间线】窗口的视频 1 轨道上，将 cartoon.tga 拖放到视频轨道 2 上，并拉伸 cartoon.tga 的长度使之与视频轨道 1 上的素材 iceage_720p.mov 长度相同，如图 8-82 所示。

图 8-82　拖入素材

4 选中视频轨道 2 上的 cartoon.tga 素材文件，单击效果控制窗口中的视频效果下面的“运动”前的小三角按钮，将该效果面板的详细内容展开，可以看到该效果上面的提示，说明是序列 1 的 cartoon.tga 所带的效果。

5 选择【缩放比例】，将数值更改为 60，如图 8-83 所示。将 cartoon.tga 的图像大小进行调整，当然，读者也可以在监视器窗口的预览子窗口中拖动句柄来调节图像的大小和位置。虽然这种方式较精确程度来说比更改数值差不少，不过贵在直观和方便用户使用。调整后的效果如图 8-84 所示。

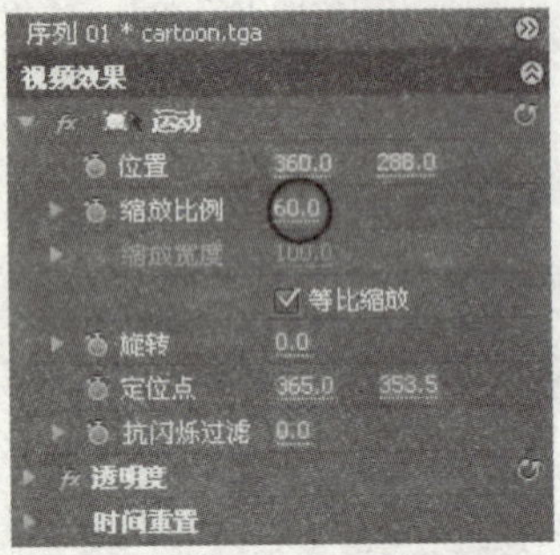

图 8-83 选择缩放比例

图 8-84 调整后的效果

6 将时间线窗口或效果控制窗口中的编辑线定位在序列开始的位置。

7 拖动 cartoon.tga 素材正中央的控制句柄，将其拖动到视频窗口的正上方，直到消失为止，如图 8-85 所示。

8 单击效果控制窗口中【位置】参数左侧的【切换动画】按钮，给该参数添加关键帧，同时可以看到，右边出现了对关键帧的【添加/移除关键帧】控制按钮。如图 8-86 所示。

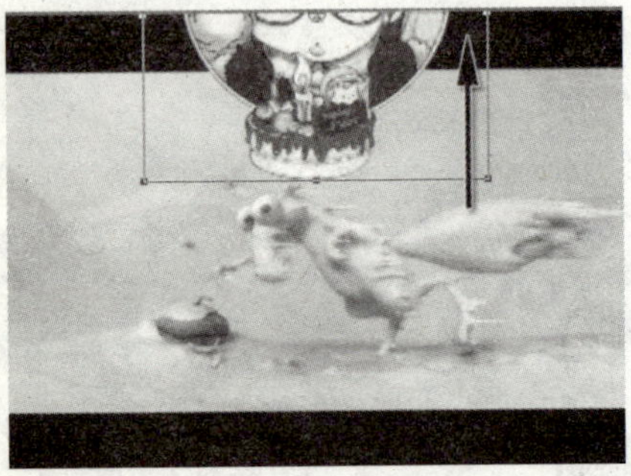

图 8-85 拖后效果

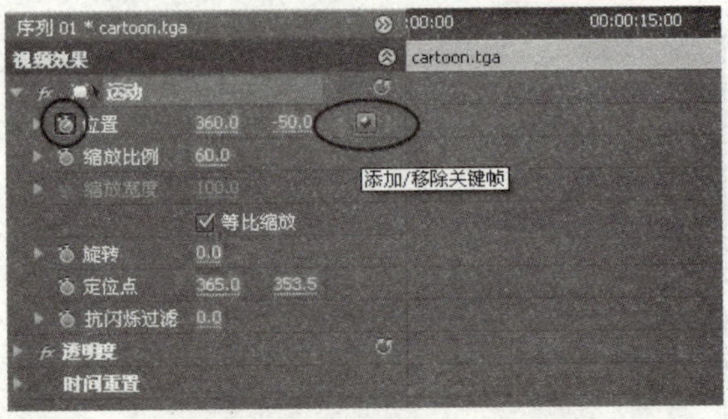

图 8-86 【添加/移除关键帧】按钮

9 将【特效控制台】面板中的编辑线稍微向右移动 3 秒左右的时间长度。

10 单击【位置】参数右边的【添加/移除关键帧】控制按钮，在编辑线当前位置添加一个关键帧，然后单击【位置】参数中纵坐标数值，将数值更改为“260.0”，使图像素材位于视频窗口中央，如图 8-87 所示。

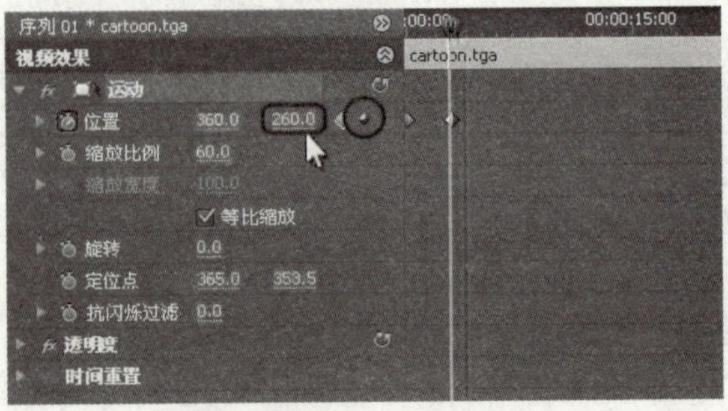

图 8-87 修改【位置】纵坐标

11 下面给这个图像素材添加扭曲效果，让它在下落过程中似乎变扁了，然后又恢复原状。先在刚才添加的关键帧左右临近的地方分别添加一个关键帧，并保持刚才位置的数值不变。

12 下落过程中的变扁形状和位置的变化需要仔细斟酌和反复实验，才能模拟出相对接近现实的结果。在刚才添加的关键帧左右临近的地方分别添加一个关键帧之后，需要对这四个关键帧的图像位置和形状进行调整。

13 中间的关键帧需要让图像内容的形状变扁，可以通过调整素材图像的缩放比例来实现这一效果。首先保证【等比缩放】的复选框未被选中，然后单击【缩放高度】数值，输入 30，如图 8-88 所示。更改缩放数值后的效果如图 8-89 所示。

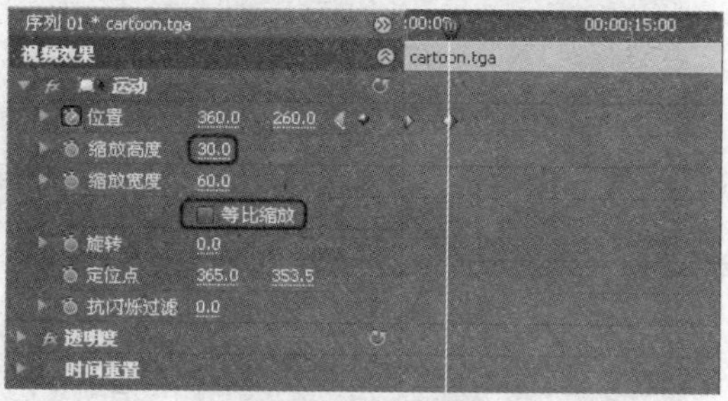

图 8-88 更改数值

图 8-89 更改数值后的效果

14 在这个编辑线内打开【缩放高度】的【动画切换】，在这个时间点添加关键帧，然后回到时间线的起始位置，将【缩放高度】的数值改为 60，然后移动到位置的第三个关键帧，将【缩放高度】的数值同样更改为 60，如图 8-90 所示。

15 这个时候素材的变形动画已经设置完成，可以按空格键对合成影片进行预览。从中可以看到图像素材在下落的过程中逐渐变扁，然后又恢复到原来的形状的过程还是十分有趣和生动的，当然也可以通过拖动关键帧的位置来调整 cartoon.tga 素材运动的快慢。

16 不仅能够给素材添加变形动画，同样还可以给素材添加旋转动画，下面就为刚刚做好变形动画的素材继续添加旋转动画。首先选中视频轨道 2 上的 cartoon.tga 素材文件，将编辑线移动到【缩放高度】的第二个关键帧，打开【旋转】的【切换动画】，在这个位置添加一个关键帧，将【旋转】数值更改为 180，如图 8-91 所示，可以看到 cartoon.tga 素材已经旋转了 180°，变为大头朝下的状态，如图 8-92 所示。

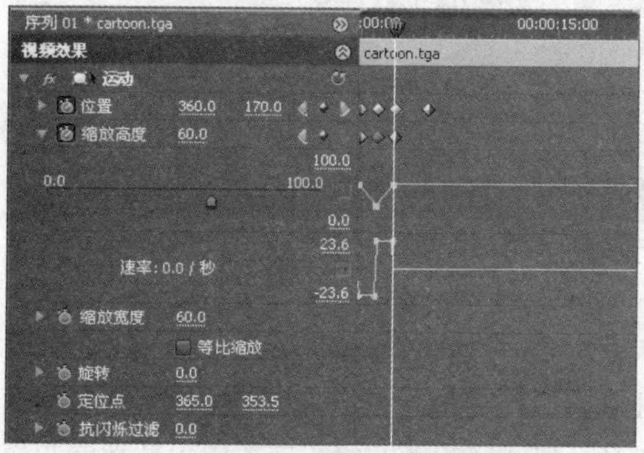

图 8-90 更改【缩放高度】数值

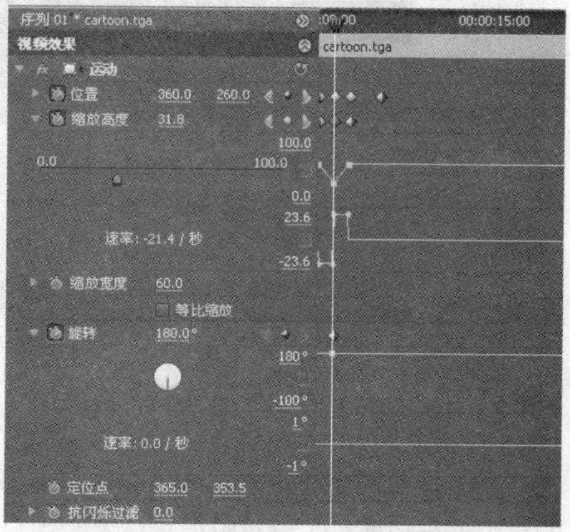

图 8-91 修改数值

17 然后将编辑线移动到时间线起始位置，将【旋转】数值改为 0，再将时间线移动到【缩放高度】的第三个关键帧位置，将【旋转】数值改为 360，如图 8-93 所示。

图 8-92　修改缩放高度后的效果

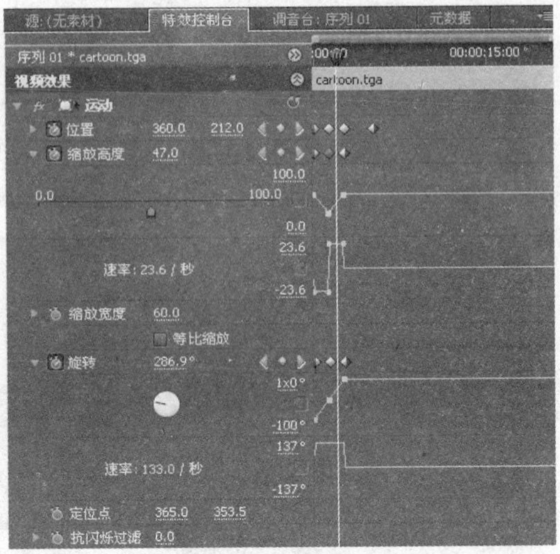

图 8-93　修改【旋转】数值

18 此时素材的旋转动画已经设置完成，可以按空格键对合成影片进行预览。从中可以看到图像素材在下落的过程中，一边旋转一边逐渐变扁，然后又恢复到原来形状的过程，如图 8-94 所示，这比刚才只有变形动画又丰富了不少，读者可以开动脑筋，做出多种变化来丰富画面。

图 8-94　预览

8.9.2　镜头的推拉与平移

运动过程中的变化除了旋转和变形之外，还可以模拟前期拍摄中的镜头推拉技术来对画面的焦距进行转换。了解数码摄影技术的用户可能知道，数字化拍摄的变焦技术中包括光学变焦和数码变焦两种方式。光学变焦是通过镜头组内部镜头之间的距离变换来改变调整焦距的，而数码变焦则是通过直接对画面的细节进行放大来调整焦距的。因此光学变焦不会影响图像的清晰度，但是受摄影器材本身硬件能力的限制比较大，数码变焦能够扩大摄影器材的变焦能力，不过会影响清晰度。Premiere Pro CS4 中可以模拟出镜头的推拉效果，因为是后期制作，所以 Premiere Pro CS4 的推拉属于数码变焦。除了镜头的推拉，Premiere Pro CS4 还可以对画面进行平移处理，下面就通过一个简单的例子来介绍在 Premiere Pro CS4 中模拟镜头推拉和平移镜头技术的方法。

模拟镜头推拉和平移过程的步骤如下。

1 打开 Premiere Pro CS4 文件菜单栏，单击【新建项目】图标，从弹出的对话框中选择文件存储位置，将项目命名为“镜头推拉与平移”，如图 8-95 所示。在【新建序列】对话框里选择视频模式，在这个范例里选择的是 HDV720P25 格式，也就是尺寸为 1280×720 的尺寸格式，如图 8-96 所示。

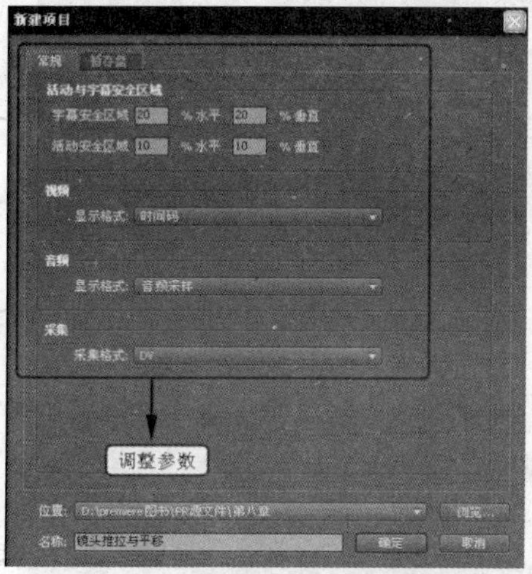

图 8-95 【新建项目】对话框

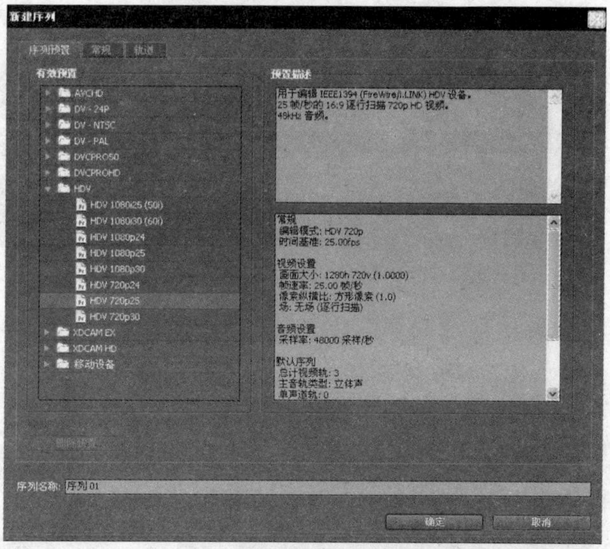

图 8-96 【新建序列】对话框

2 双击【项目】窗口空白处，在弹出的【导入】文件对话框中将随书光盘中的素材文件\第 8 章\下的 Astro Boy.mov 和 harrypotter.mov 素材导入项目中，如图 8-97 所示。

图 8-97 【导入】对话框

3 在【项目】窗口中选中导入的 Astro Boy.mov 素材，右击，在弹出的快捷菜单中选择“定义影片”命令更改其影片属性，如图 8-98 所示。Astro Boy.mov 默认的帧速率为 23.900，现将其帧速率更改为与序列 1 相同的 25 帧，如图 8-99 所示。同样，将素材 harrypotter.mov 的帧速率也改为 25 帧。

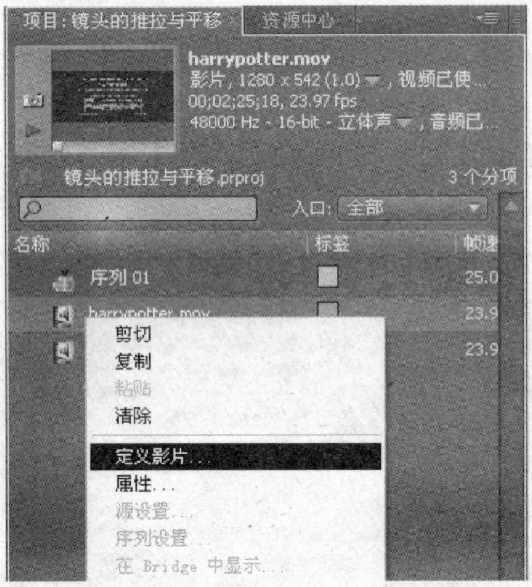

图 8-98　选择【定义影片】命令

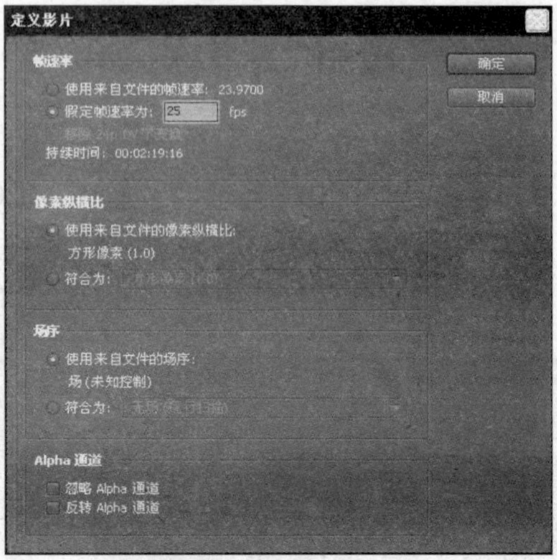

图 8-99　【定义影片】对话框

4 双击【项目】窗口中的素材 Astro Boy.mov，弹出监视器窗口的素材剪辑窗口，在监视器窗口的素材剪辑子窗口中，使用快捷键 I 和 O 设置素材的出点和入点，如图 8-100 所示。将 Astro Boy.mov 拖放到【时间线】窗口的视频 1 轨道，序列 1 的起始位置，将 harrypotter.mov 拖放到视频轨道 2 上同样也放入序列 1 的起始位置。并裁剪 harrypotter.mov 的素材长度使之与视频轨道 1 上的素材 Astro Boy.mov 长度相同，如图 8-101 所示。

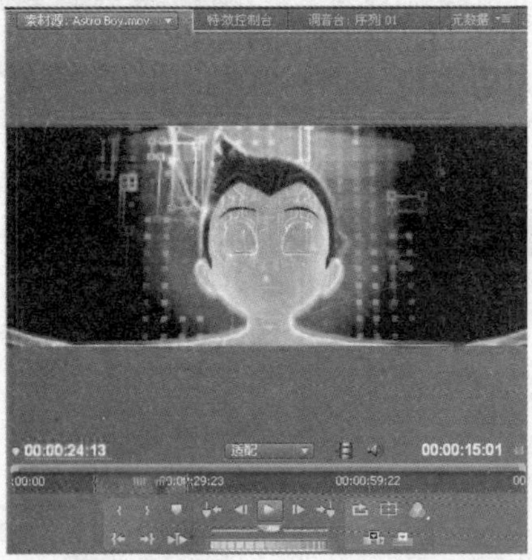

图 8-100　设置出点和入点

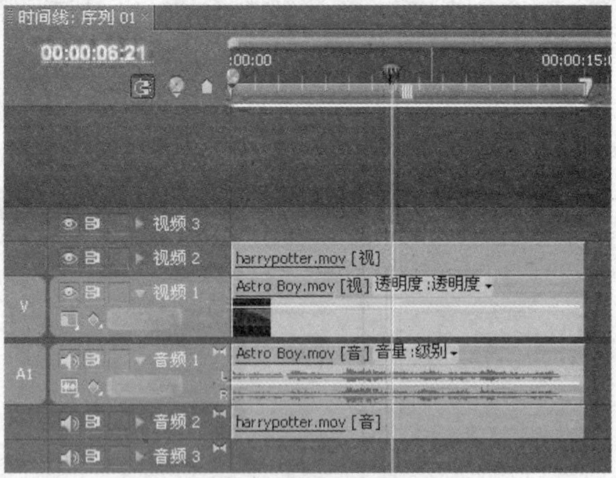

图 8-101　裁剪素材

5 选中视频轨道 2 上的 harrypotter.mov 素材文件，单击【特效控制台】面板中的【视频效果】下面的【运动】前的小三角按钮，将该效果面板的详细内容展开，可以看到 harrypotter.mov 素材自带效果中就有运动效果。

6 单击【特效控制台】面板中的【视频效果】下面的【运动】前的小三角按钮，将该效果的详细内容展开，如图 8-102 所示，可以看到该效果上面的提示，说明是序列 1 的 harrypotter.mov 所带的效果。

7 将【运动】效果面板展开后，首先将右边子窗口中的编辑线移动到素材的起始位置，确认运动效果中【等比缩放】的复选框已被选中，这样就可以让这个视频内容按比例进行缩放。

8 接下来单击【缩放比例】前的【切换动画】按钮，给该参数在这个时间点上添加一个关键帧，同时可以看到在【缩放比例】数值的右侧出现了对关键帧的【添加/移除关键帧】的控制按钮，如图 8-103 所示。在后面的参数设置中，添加/移除关键帧是常用的按钮，因此不要忽略它的存在，它将在很大程度上方便用户切换到某一关键帧。

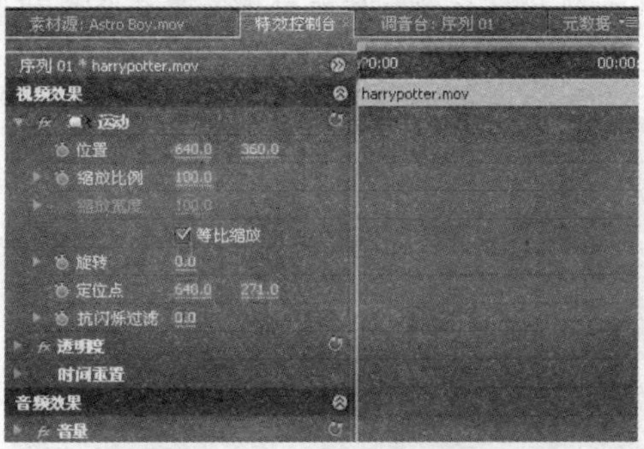

图 8-102　【特效控制台】面板

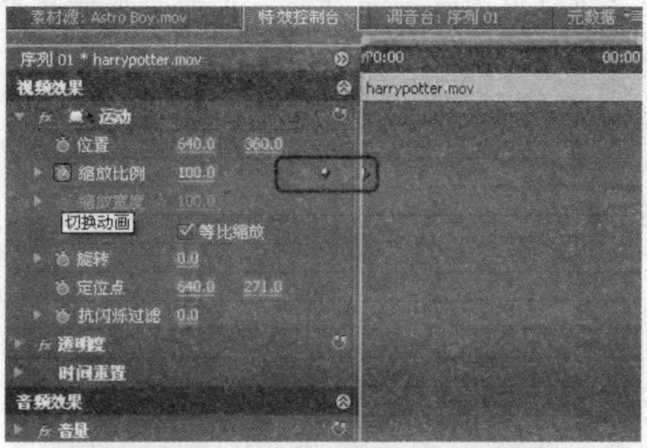

图 8-103　【添加/移除关键帧】按钮

9 将时间编辑线向后移动到素材 8 秒处，或单击素材时间码来对编辑线的位置进行调整，调整到合适的位置后，单击【缩放比例】的参数内容，将数值更改为 220，如图 8-104 所示。同样，可以通过鼠标的拖动来改变参数值的大小，方法虽然简便，但缺点是不够精确，并且数值更改较大时用时比较长。

10 在 harrypotter.mov 素材接近结束位置再给【缩放比例】参数增加一个关键帧，这个关键帧用来恢复原始视频内容的大小，读者可以将数值更改为 100，或者直接单击【特效控制台】对话框中【运动】标题右侧的【重置】按钮来使视频内容恢复大小，如图 8-105 所示。使用【重置】按钮可以使素材恢复到未加入任何特效和变化的初始状态。

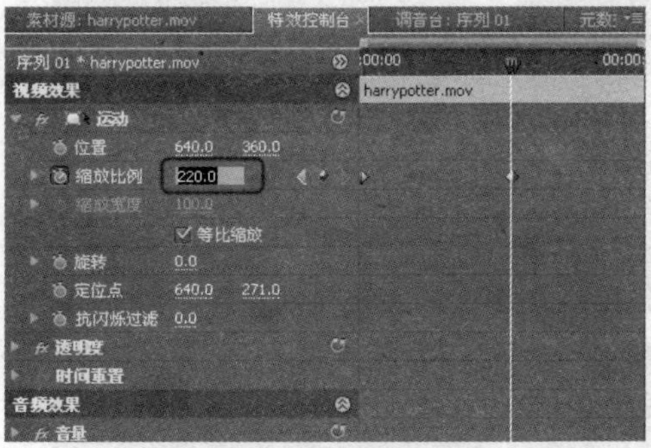

图 8-104　更改数值

图 8-105　【重置】按钮

11 设置了【运动】面板中的【缩放比例】参数的各个关键帧之后，中间的关键帧用来对镜头的推拉进行模拟，两边的关键帧用来保持和恢复视频内容的原始大小。

12 还可以给素材 harrypotter.mov 加上镜头的模拟平移动作。先将时间编辑线移动到【运动】面板下的【缩放比例】的第二个关键帧上，可以用“跳转到前/下一关键帧”按钮来快速使时间编辑线移动到关键帧的位置上。在当前时间编辑线上，单击【位置】标题左边的【切换动画】按钮，在该时间点给【位置】参数添加一个关键帧，保持默认参数值不变，如图 8-106 所示。

13 再用【运动】面板下面【缩放比例】参数的【跳转到下一关键帧】按钮来将【特效控制台】面板中关键帧控制子窗口的编辑线定位到该参数的最后一个关键帧，然后给该时间点的【位置】参数添加一个关键帧，并且保持参数值为默认值不变。

14 在刚才添加的两个【位置】关键帧中间偏后的位置再添加一个关键帧，单击【位置】参数值的横坐标，将原数值更改为“-900”，如图 8-107 所示，以便让视频镜头出现平移的效果。读者也可以在添加关键帧后，在监视器窗口内直接拖动视频素材到合适的位置，系统会自动记录这个位置的数值。

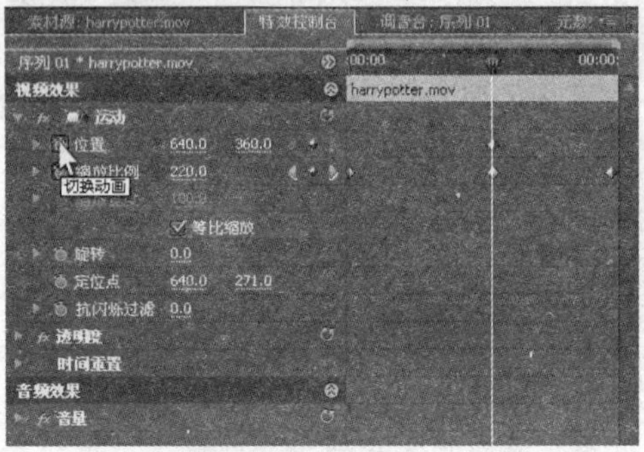

图 8-106 【位置】面板

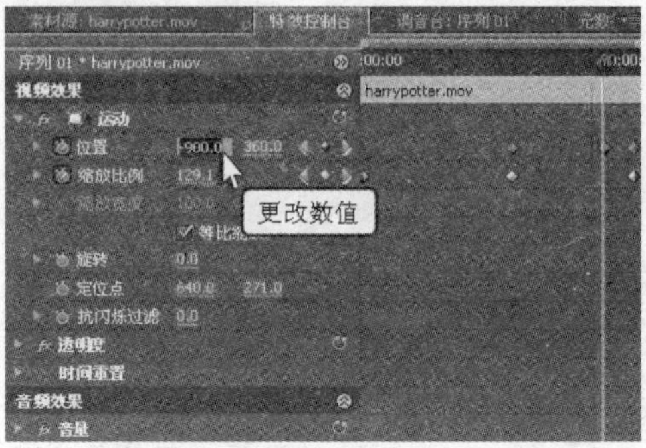

图 8-107 更改【位置】参数

15 现在各个关键帧已经设置好了，运动面板中的【位置】与【缩放比例】这两个参数的巧妙结合，就能够制作出类似前期制作中常用的镜头推拉与平移效果，当然，这是以牺牲一部分画面质量作为代价的。

16 现在就可以按空格键在监视器窗口中对视频的最终效果进行预览，随着视频内容的进行，镜头向 harrypotter.mov 推进，经过简单平移后又拉回到原来的大小，如图 8-108 所示。

图 8-108 预览效果

8.10　画中画效果

画中画效果是影视节目中常见的技巧，可以通过画中画效果来传达更多的信息量，起到丰富画面内容的作用。与传统摄影硬件设备现场合成相比，利用软件合成不仅使用方便，而且效果更为丰富，所以逐渐成为比较常用的制作画中画的方法。在 Premiere Pro CS4 中，可以通过视频切换中的缩放来实现画中画的效果，这在前面的章节中已经做了详细介绍，需要的读者可以翻阅前面的章节来学习；也可以通过在【运动】面板中利用【缩放比例】来实现。两者的区别在于在运动设置中能够将画中画以精确坐标定位，并且可以设定变化的快慢，而在缩放视频切换中却只能够进行直观设置。下面将通过一个简单实例学习在 Premiere Pro CS4 中利用运动设置来实现动态变化画面位置的画中画效果。

实现动态的画中画效果的步骤如下。

1 打开 Premiere Pro CS4 文件菜单栏，单击【新建项目】图标，从弹出的对话框中选择文件存储位置，将项目命名为“画中画”，如图 8-109 所示。在【新建序列】对话框里选择视频模式，在这个范例里选择的是 HDV720P25 格式，也就是尺寸为 1280×720 的尺寸格式，如图 8-110 所示。

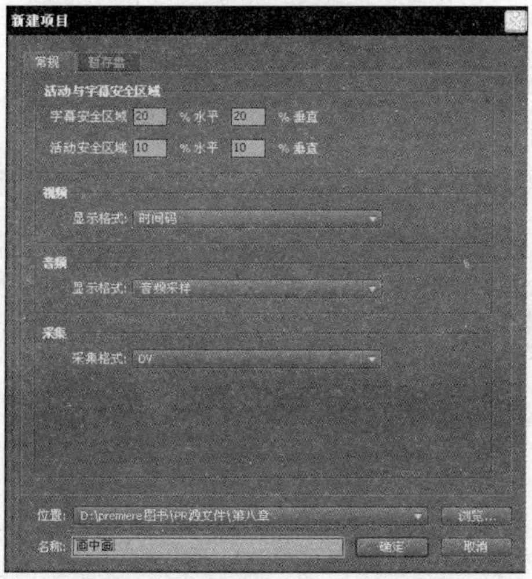

图 8-109　【新建项目】对话框

图 8-110　【新建序列】对话框

2 双击项目窗口空白处，在弹出的【导入】文件对话框中将随书光盘中的素材文件\第 8 章\下的 publicenemies.mov 和 transformers_h720p.mov 素材导入项目中，如图 8-111 所示。导入效果如图 8-112 所示。

3 右击，在弹出的快捷菜单中选择【定义影片】命令，在弹出的对话框中将素材帧速率调整为 25 帧/秒，双击【项目】窗口中的素材 publicenemies.mov，弹出监视器窗口的素材剪辑窗口，在监视器窗口的素材剪辑子窗口中，使用快捷键 I 和 O 设置素材的出点和入点，如图 8-113 所示。将 publicenemies.mov 拖放到【时间线】窗口的视频 1 轨道，序列 1 的起始位置，如图 8-114 所示。

4 选中素材 transformers_h720p.mov，将时间编辑线调整到序列 1 的起始位置，选定需要加入素材的视频轨道 2 和音频轨道 2。单击素材剪辑窗口中的【覆盖】按钮（或者使用快捷键

“.”)，将素材 transformers_h720p.mov 放入轨道 2 序列的当前编辑线位置。

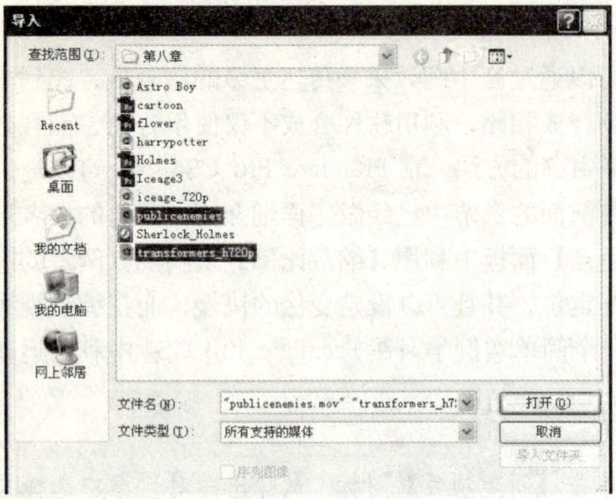

图 8-111 【导入】对话框

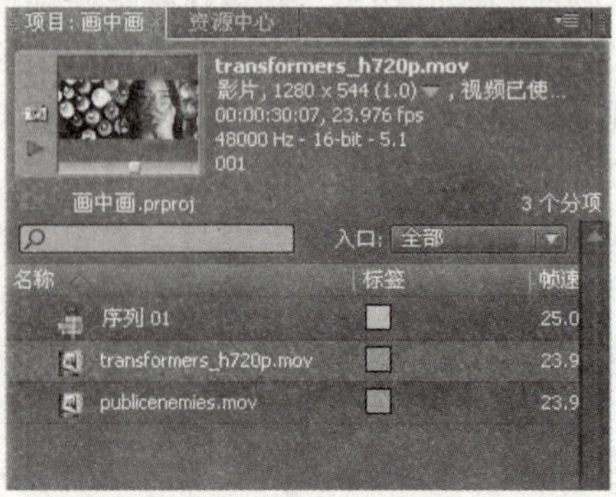

图 8-112 导入效果

图 8-113 设置出点和入点

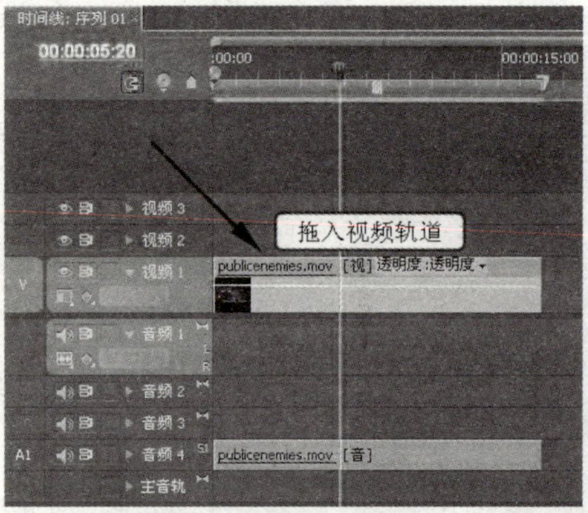

图 8-114 拖入素材

5 将时间编辑线移动到素材 publicenemies.mov 的最后一帧，在【时间线】窗口选中位于视频轨道 2 上的素材 transformers_h720p.mov，选择时间线右侧工具栏内的“剃刀工具”，放大时间线以便能清楚观察到裁剪位置，在时间编辑线当前位置单击，对素材 transformers_h720p.mov 进行裁剪，使其长度与素材 publicenemies.mov 的相同，如图 8-115 所示，并删除裁剪下来的素材。

6 对于本例中所要实现的画中画效果来说，素材 publicenemies.mov 和素材 transformers_h720p.mov 是完全重叠的，可以看到两个素材的音频部分也是完全重叠的，那么在播放的时候，两个素材的音频就会互相干扰，所以要对音频进行关闭或删除工作来保证输出文件音频的正确性。

7 如图 8-116 所示，【时间线】窗口中的每个轨道包括音频和视频轨道都有是否输出的控制，视频轨道的输出控制按钮为一个小眼睛图案，音频轨道的输出控制按钮为一个小喇叭图案。如果显示的是小眼睛或小喇叭图案，则该视频或音频内容就会被输出，如果没有该小眼睛或小喇叭图案，那么该轨道的内容就会被屏蔽而不进行输出。

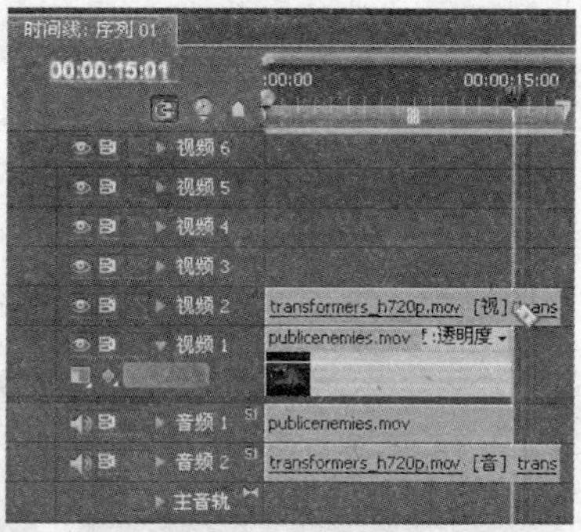

图 8-115　裁剪素材

图 8-116　【时间线】窗口

8 若想只保留一个素材的音频，只需关闭另一个音频轨道即可；而如果想将两段素材重新配乐，则需要将原音频素材删除重新加入新的音频文件。选中位于视频轨道 1 的素材 publicenemies.mov，位于音频轨道 1 的音频素材也同时被选中，在素材 publicenemies.mov 上右击，从弹出的快捷菜单中选择【解除音视频链接】命令，如图 8-117 所示，这样素材的音频和视频素材就不再链接在一起了。选中位于音频轨道 1 的素材 publicenemies.mov 的音频素材，将不会同时选中位于视频轨道 1 的视频素材，如图 8-118 所示。这样删除素材 publicenemies.mov 的音频素材也就不会误删除其视频素材了。同样，对素材 transformers_h720p.mov 进行相同的操作，删除其音频素材保留视频素材，完成后的效果如图 8-119 所示。这样影片就没有任何声音了，可以根据其动态和特点为其选一段合适的音频素材添加上去，这里就不一一赘述了。

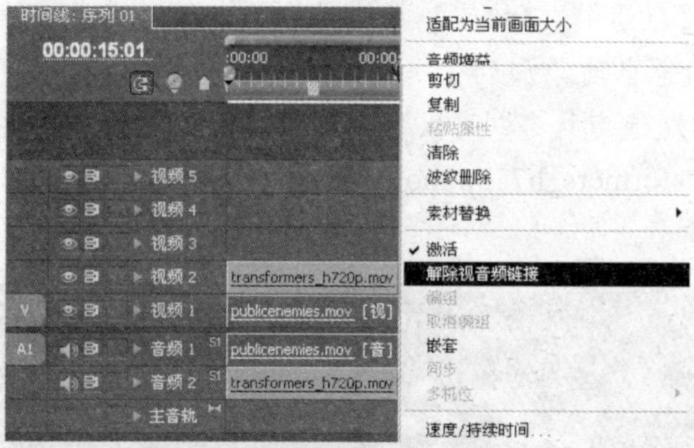

图 8-117　选择【解除视音频链接】命令

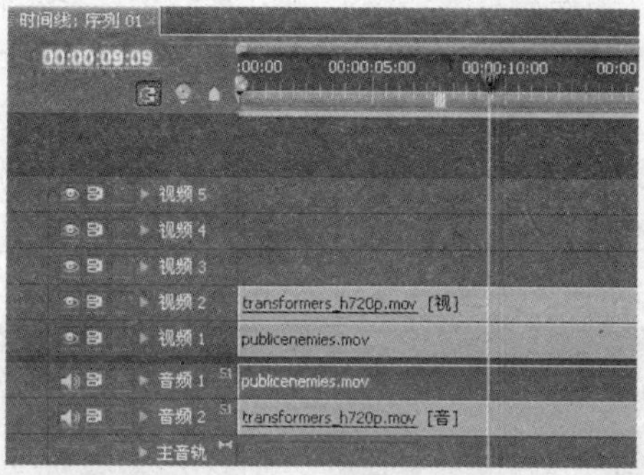

图 8-118　选中视频素材

9 选中时间线轨道 2 上的素材 transformers_h720p.mov，单击【特效控制台】面板中【视频效果】下【运动】面板前的小三角按钮将该效果的详细内容展开，如图 8-120 所示。

图 8-119　效果

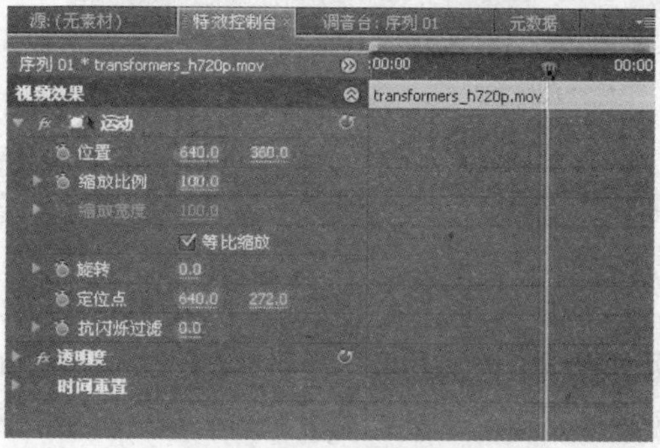

图 8-120　【运动】面板

10 将效果展开后，先来做出静止的画中画效果。先保证【特效控制台】面板中【运动】面板中的【等比缩放】复选框是被选中的，然后单击【缩放比例】的数值，将数值更改为60，如图8-121所示。可以在监视器窗口中看到素材transformers_h720p.mov的画面已经成比例变小，素材transformers_h720p.mov的画面外可以看到位于视频轨道1的publicenemies.mov素材的视频内容，如图8-122所示。

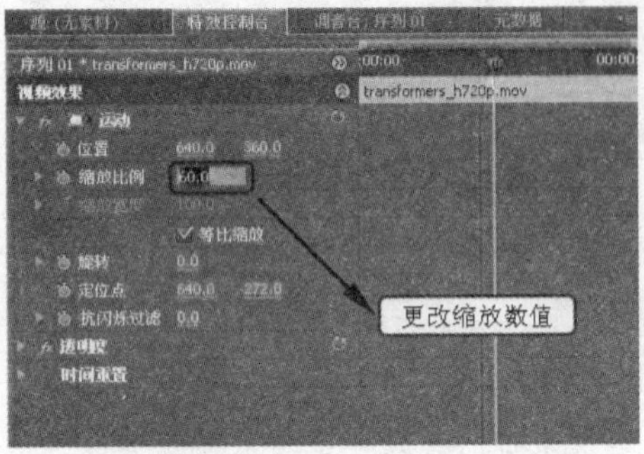

图8-121　更改数值

图8-122　效果

11 制作完静止的画中画效果后，再给其添加动画，让静止的画中画子画面运动起来。先将【时间线】窗口的编辑线移动到序列的开始位置，以便于动画从视频内容开始播放的时候就开始进行。

12 单击【视频效果】窗口中【运动】面板下【位置】参数左边的【切换动画】按钮，给该参数添加关键帧控制，如图8-123所示。同时可以看到，【位置】数值的右侧出现了对关键帧的【添加/移除关键帧】控制按钮，第一个关键帧也自动添加到了关键帧控制子窗口中。

13 单击选定视频效果窗口中的【运动】标题选定状态，可以看到监视器窗口中出现了控制手柄，拖动中间的控制手柄，将缩小的素材transformers_h720p.mov移动到监视器窗口中屏幕的右下方，如图8-124所示。

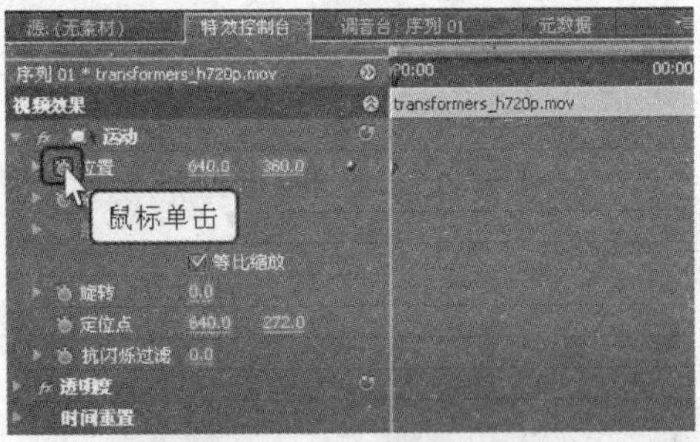

图8-123　添加关键帧

图8-124　移动素材

14 保持【视频效果】窗口下的【运动】标题选定状态不变，将【特效控制台】面板中关键帧控制子窗口里的时间编辑线向后移动，然后单击【添加/删除关键帧】按钮在该位置给【位置】参数添加一个关键帧，如图8-125所示。

15 单击【特效控制台】面板中【位置】数值的“纵坐标”，更改数值为200，让子画面在横坐标不变的情况下向上移动到屏幕的200的高度位置。当然，也可以在监视器窗口中选中视频画面拖动子画面来移动到合适的位置，不过在这种情况下容易造成横坐标的变化，这里不推荐使用。

16 将时间编辑线移动到素材的结束位置，单击【添加/移除关键帧】按钮在该位置再添加一个关键帧，直接单击【特效控制台】面板中【位置】的横坐标数值，将其更改为 400，如图 8-126 所示。这样的调整可以让素材 transformers_h720p.mov 在视频内容结束的时候移向画面的左下角。

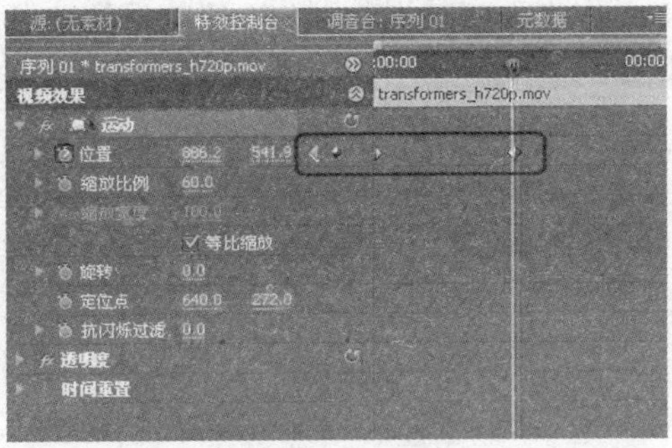

图 8-125　添加关键帧

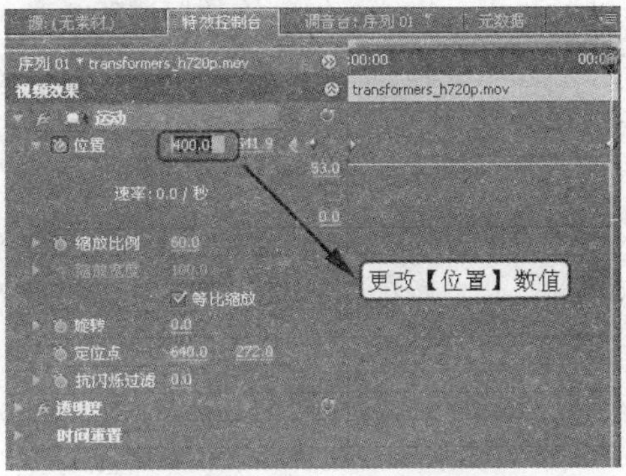

图 8-126　更改【位置】数值

17 用户也可以在监视器窗口中向左侧拖动子画面，直到将子画面移出屏幕，可达到同样的效果，这种方法虽然精确度不够，但在画面移动要求不严格的时候还是相当直观和方便的。

18 无论是在【特效控制台】面板中改变参数的数值来进行位置的控制，还是直接在监视器窗口中拖动子画面的控制手柄来调整子画面的移动位置动画后，在监视器窗口中都会留下子画面运动的轨迹。轨迹的每一小段长度代表了一个单位时间内的运动距离，可以通过观察轨迹来查看其运动的动态，也可以通过多次对位置的数值和关键帧的调整来达到理想的效果。

19 现在可以按空格键在监视器窗口中对影片进行实际预览。随着视频内容的播放，子画面的位置逐渐变化，如图 8-127 所示为画面的运动过程。还可以运用前面所学的知识为这个影片添加更多的效果，制作出更加精彩的影片。

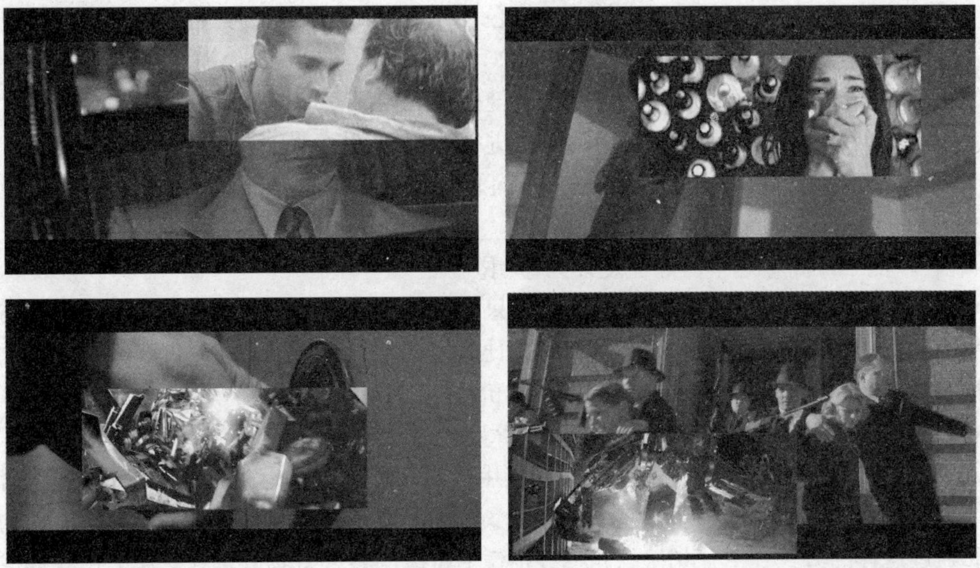

图 8-127　效果

8.11 本章小结

Premiere Pro CS4 中有多种方法可以实现透明叠加画面技术，单就抠像技术而言，Premiere Pro CS4 就专门提供了一组视频键控特效来实现不同的抠像效果。通过对本章的学习再加上前几章的知识，应该能够熟练掌握透明叠加画面的各种视频技术，并能够制作出喜欢的影片。除了要掌握这些叠加方式的使用方法之外，影视的前期工作也不容忽视，因为一般的抠像技术都要采用指定的背景颜色进行抠像，所以这就要求在拍摄的前期做好工作，这样抠像的效果才会理想。

学习本章后还可以通过 Premiere Pro CS4 制作出运动的画面，使素材旋转和变形，模拟镜头的推拉和平移，制作画中画效果等。

8.12 本章习题

(1) 关于透明叠加画面的论述，下列（　　）项是错误的。

A. 透明叠加的实现，在电视制作上称为“键”

B. 透明叠加的实现，在电视制作上常常被称为“抠像”

C. 透明叠加的实现，在电影的制作中称为“蒙板”

D. 透明叠加的实现，在电影的制作中被称为“遮片”

(2) 下列关于蓝屏键的论述，（　　）项是正确的。

A. 蓝屏键是最为常用的色键，它可以给设置透明度的剪辑选择一种颜色或颜色范围

B. 蓝屏键可以为键出的对象设置投影

C. 若要有效利用蓝屏键，就需要背景是照明均匀的明亮标准蓝屏的素材

D. 蓝屏键可以为素材设置透明度使其变为半透明叠加到别的素材上

(3) 关于颜色键的论述，下列（　　）项是不正确的。

A. 应用颜色键，可以使用吸管选取颜色使其部分变为透明，并且还可以通过控制颜色宽容度来扩大缩小颜色选择范围

B. 颜色键在选择颜色的同时可以控制键控色的相似程度，以调整透明的效果

C. 颜色键在使用时可以对键控的边缘进行羽化，消除“毛边”的区域

D. 颜色键是一种单一的键控方式，只能除去固定的颜色，而不能由用户自由选择

(4) 对于明暗反差很大的图像，可以应用__________使背景透明，并通过设置某个亮度值为“阀值”，低于或高于这个值的亮度设为透明。

(5)“抠像”并不是只能用蓝或绿背景，只要是______________颜色就可以，但是与演员的服装、皮肤的颜色反差越大越好，这样键控比较容易实现。如果是实时的“抠像”都需要视频切换台或者支持实时色键的视频捕获卡，其价格比较昂贵，个人基本上是承受不起的。

(6) 随着电视技术的发展，键控技术逐渐得到了广泛的应用。“键控”一词是从________中得来的，英文称作_________，意思是吸取画面中的某一种颜色作为透明色，画面中所包含的这种透明色将被清除，从而使位于该画面下的背景画面显现出来，这样就形成了两层画面的叠加合成。通过这样的方式，单独拍摄的角色经抠像后可以与各种景物叠加在一起，由此形成丰富而神奇的艺术效果。

第 9 章　综合实例

教学目标

学习本章后可对制作 Adobe Premiere Pro CS4 动态视频有个直观而全面的认识，从设计的思路到制作的流程以及成品的效果，可以结合前面所学的知识自己动手做一部自己喜欢的片子，相信能给你的生活带来不小的乐趣。

教学重点与难点

- 综合运用剪辑、特效和过渡等工具，实际制作项目
- 掌握剪辑节奏的控制
- 掌握渲染工具 Adobe Media Encoder 的使用方法
- 学会按照分镜头剧本剪辑动画
- 灵活使用 Premiere Pro CS4 的功能，弥补素材的不足之处
- 掌握变速的方法

9.1　实例 1

学习了前几章的内容后，下面把以前学到的知识贯穿起来，综合运用，制作一个城市宣传片。

在制作之前，要准备好宣传片所需的素材，包括视频和音频两部分，在光盘中/第 9 章　综合实例/实例 1/素材文件目录下可以找到这些文件。

首先，打开 Premiere Pro CS4，在默认弹出的窗口中单击【新建项目】图标，如图 9-1 所示。

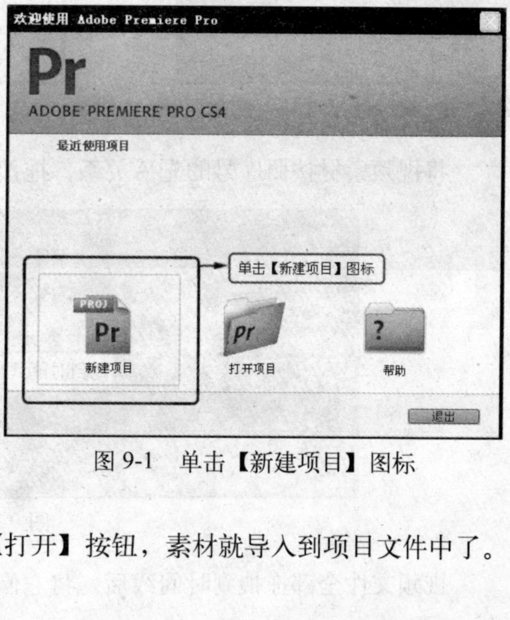

图 9-1　单击【新建项目】图标

单击之后会弹出【新建项目】对话框，从中选择要保存项目的目录，并为项目命名，最后单击【确定】按钮。这里，特别提醒读者一定要为项目建立有效而规范的目录和名称，这将会为今后的制作带来很大的方便，如图 9-2 所示。

在【新建序列】对话框中，选择 DV-PAL 下拉菜单中的【标准 48kHz】，这是中国标准清晰度电视所用的制式，如图 9-3 所示。之后单击【确定】按钮，建立项目。

在【项目】窗口中，右击，从弹出的快捷菜单中选择【导入】命令。如图 9-4 所示。

在弹出的对话框中选中要使用的素材，单击【打开】按钮，素材就导入到项目文件中了。如图 9-5 所示。

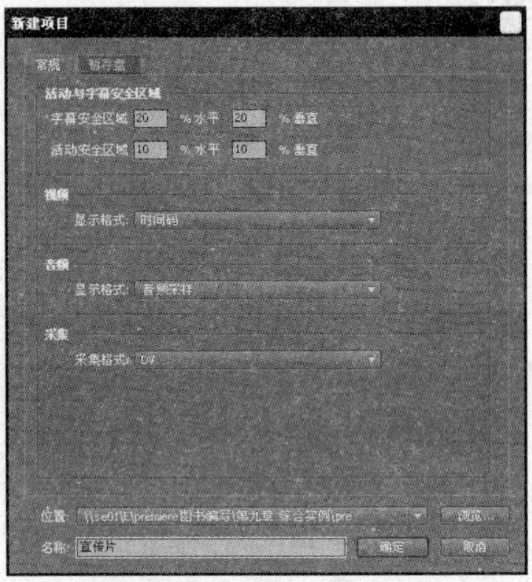

图 9-2 【新建项目】对话框

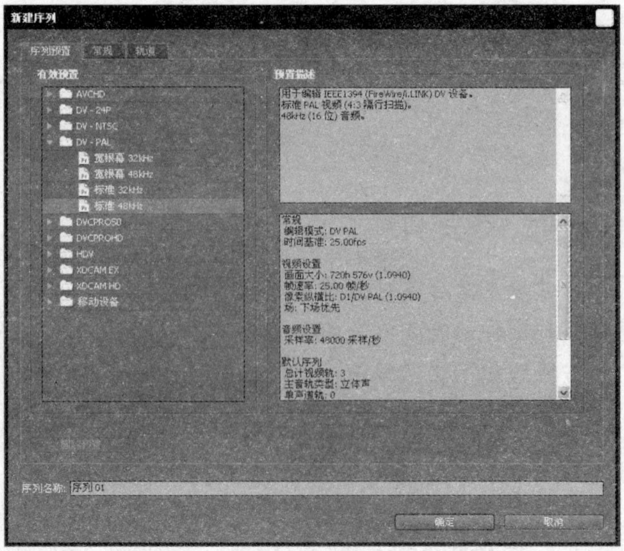

图 9-3 【新建序列】对话框

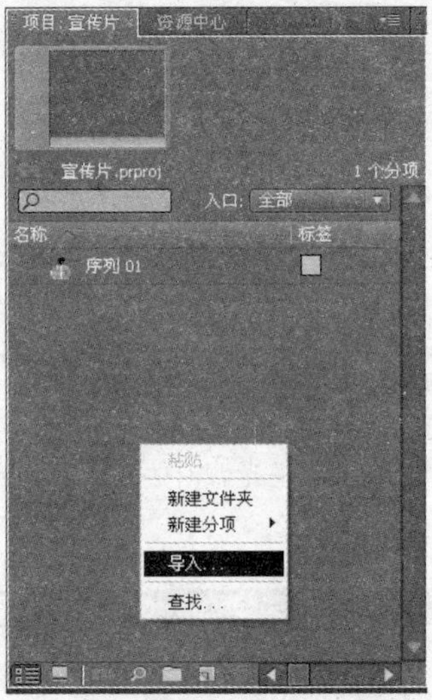

图 9-4 选择【导入】命令

图 9-5 【导入】对话框

将视频素材按照序号的先后关系，拖拽到时间线的视频 1 通道上。如图 9-6 所示。

图 9-6 拖入素材

视频文件全部拖拽到时间线后，将它们首尾对齐，如图 9-7 所示。

图 9-7　对齐素材

将解说音频文件也拖拽到时间线上，首尾对齐，如图 9-8 所示。

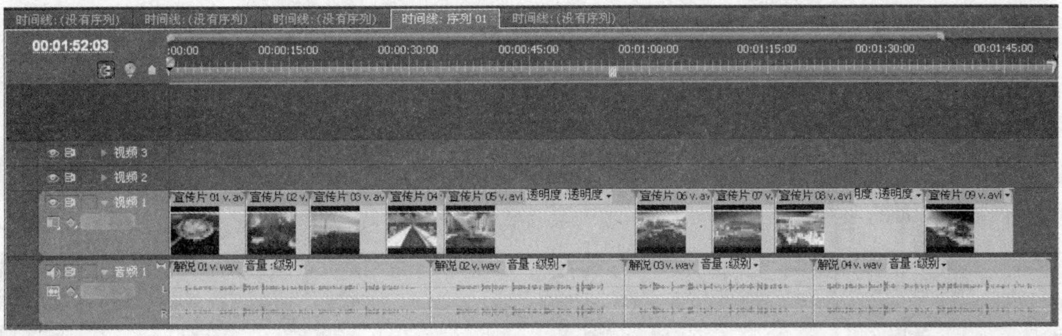

图 9-8　拖入解说音频素材

按空格键，预览一下整段视频，发现解说词之间的间隔太大，需要剪掉多余的留白部分。单击【工具】面板的剃刀工具，如图 9-9 所示。将音频剪辑好，只保留所需要的部分，删掉留白的部分，并将其与视频内容对位。对位好的音频如图 9-10 所示。

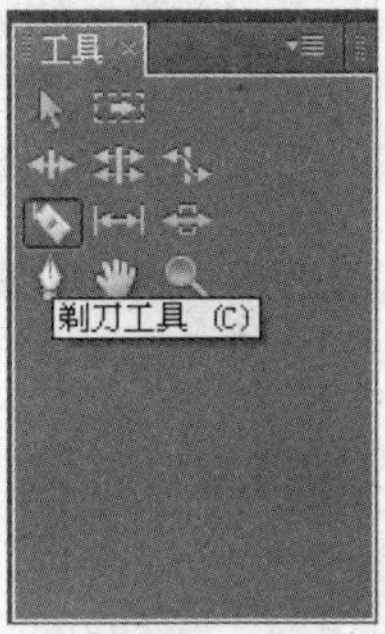

图 9-9　选择剃刀工具

计划将宣传片制作成为一段 2 分钟整的视频，现有的视频素材已经达到 1 分 46 秒，因此为片头和片尾的字母各留下 7 秒，如图 9-10 所示，将视频和解说词部分全选，并拖动到 7 秒的位置，再把片头需要的动态背景文件从【项目】面板拖拽到时间线的视频 2 轨道。

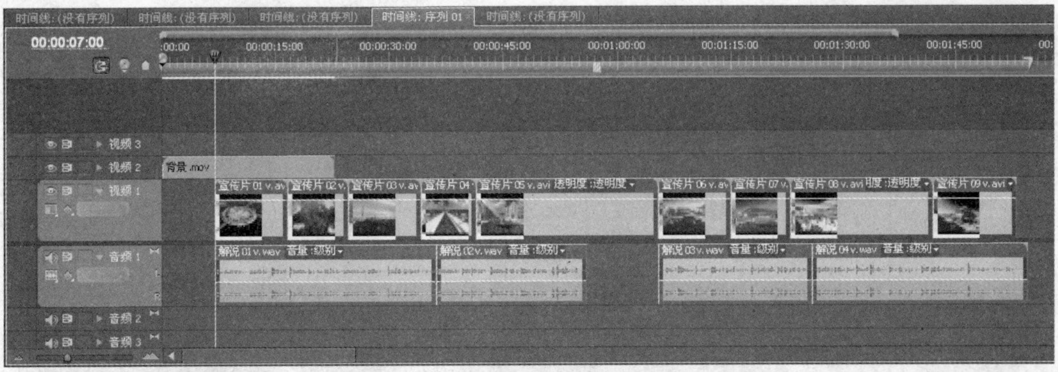

图 9-10　对位效果

然后，再将动态背景剪辑为两段 7 秒的剪辑，分别放到视频 1 轨道的前面和后面。如图 9-11 所示。

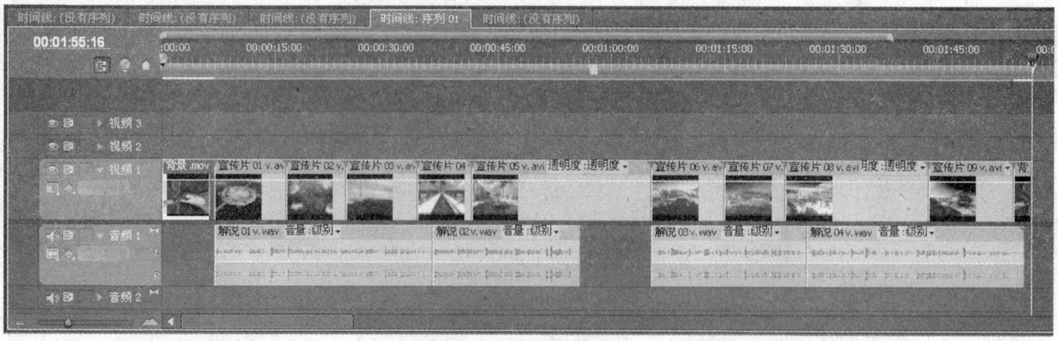

图 9-11　剪辑背景

视频与解说词都对好位后，按空格键预览剪辑。虽然影音已经配合好了，但显得很沉闷，所以应该为片子加上背景音乐。将背景音乐从【项目】窗口拖拽到时间线的音频 2 轨道，将音频的首帧与视频动画的首帧对齐。如图 9-12 所示。再次预览，发现效果比以前好了很多。剪辑是一门影像和音效搭配协作的艺术，缺少了哪一个都将使效果大打折扣，所以在剪辑前一定要准备好这两方面的素材。

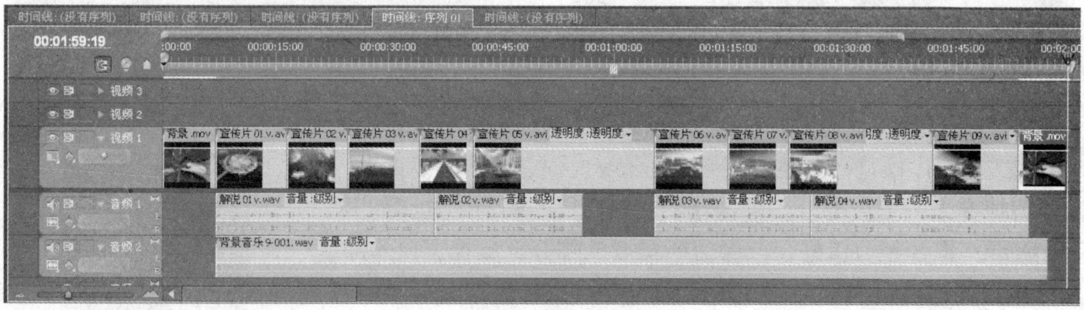

图 9-12　预览剪辑效果

如果感觉背景音乐的声音太大，可以在时间线上选中背景音乐，进入【特效控制台】面板，从级别参数中输入一个更小的数值来降低音量。如图 9-13 所示。

再次预览，发现已经配合得比较完美了，可是有的镜头与镜头之间的衔接比较生硬，因此再为这些生硬的镜头加入过渡。打开【效果】面板的【视频切换】下拉菜单。这里选择了【卷页】分类中的【中心剥落】过渡，如图 9-14 所示。也可以根据对【过渡】效果的感觉选择【视频切换】的方式。

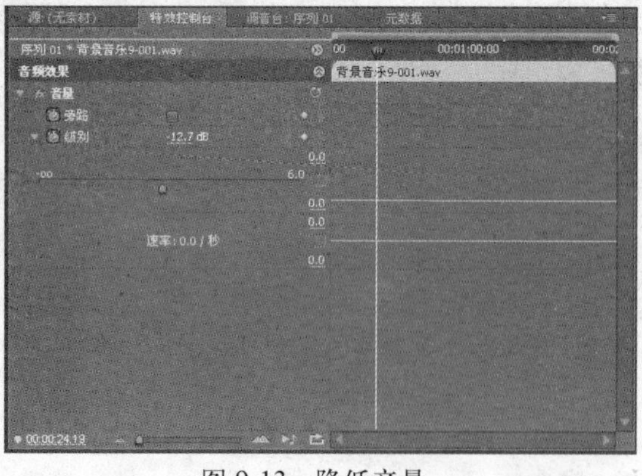

图 9-13　降低音量

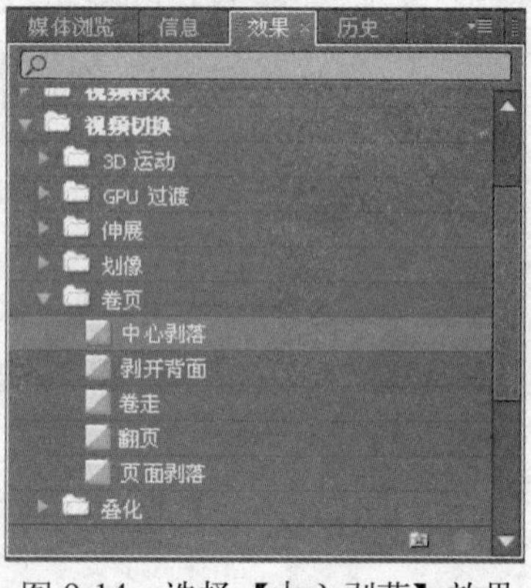

图 9-14　选择【中心剥落】效果

将过渡方式拖拽到背景与第一段视频动画之间，并在【特效控制台】面板的下拉菜单中选择【居中于切点】命令，如图 9-15 所示。

这样从时间线上看，过渡已经植于两端剪辑之间了。如图 9-16 所示。

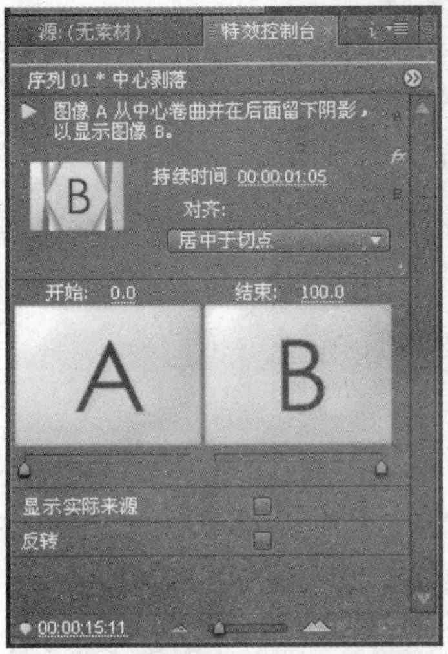

图 9-15　选择【居中于切点】命令

图 9-16　过渡效果

下面继续为镜头衔接得比较生硬的地方加入视频过渡，如图 9-17 所示。

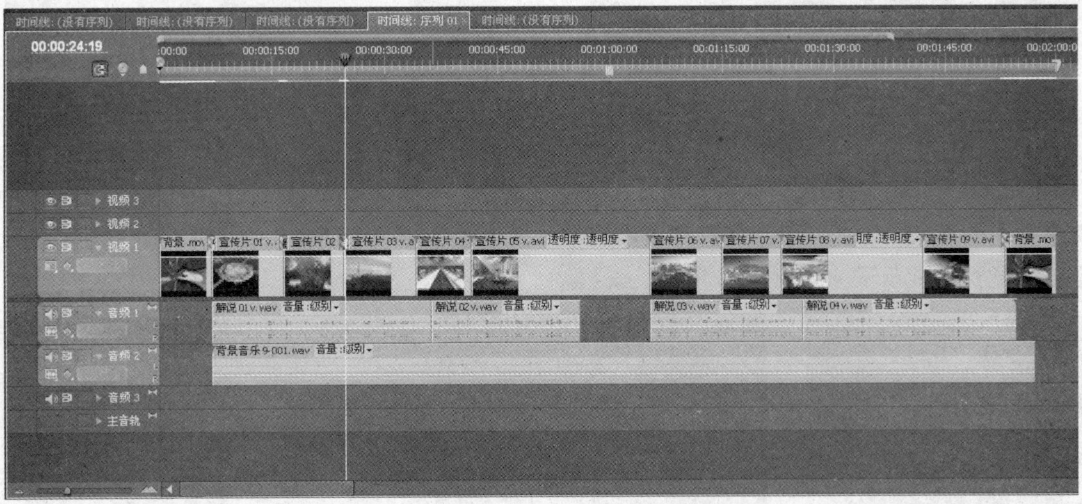

图 9-17　加入视频过渡

如果感觉过渡的时间不够或长了，还可以在【特效控制台】面板内的右侧时间线中拖拽两端素材之间栅格状的时间条，它可以控制过渡的速度和影响范围。如图 9-18 所示。

调整好每一段过渡后，预览一下效果，如图 9-19 和图 9-20 所示，这时可以发现镜头已经完美地结合在一起了。

最后，进入最终环节，为片头和片尾加入字幕。在【项目】面板上右击，从弹出的快捷菜单中选择【新建分项】中的【字幕】命令。如图 9-21 所示。

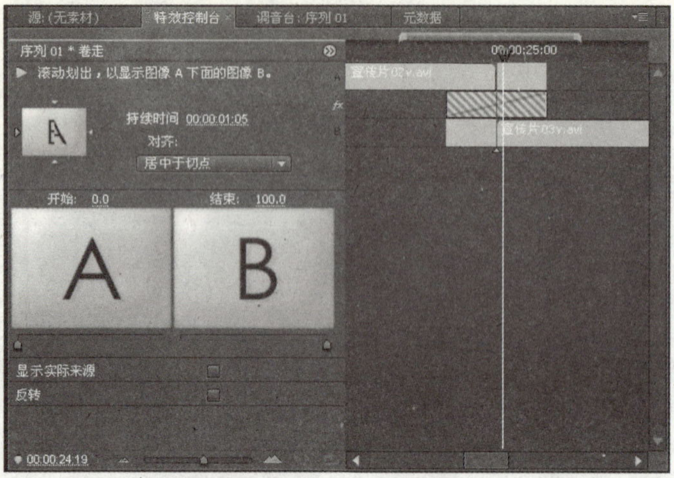

图 9-18　调整过渡时间

图 9-19　过渡效果一

图 9-20　过渡效果二

单击之后会弹出【字幕】对话框，使用字幕工具在画面预览窗口中单击基于当前字幕中的“新建字幕”按钮，并输入“城市宣传片”这几个文字。在新建立字幕时，由于字体原因，有的文字会无法显示，因此在字幕属性面板中的字体选项中选择一个简体中文字体，这样所有的文字就都能正确显示了。如图 9-22 所示。

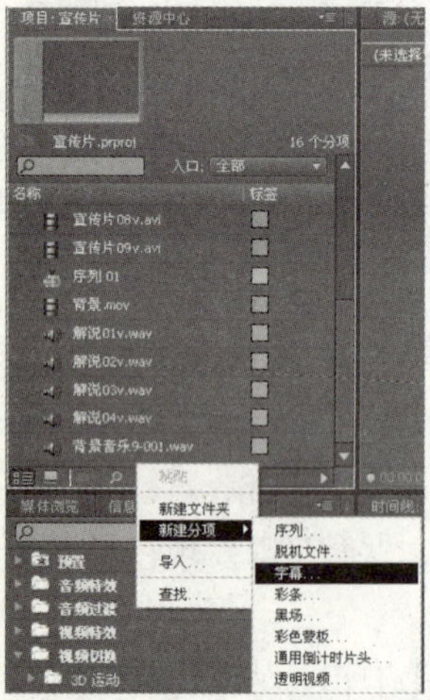

图 9-21　选择【字幕】命令

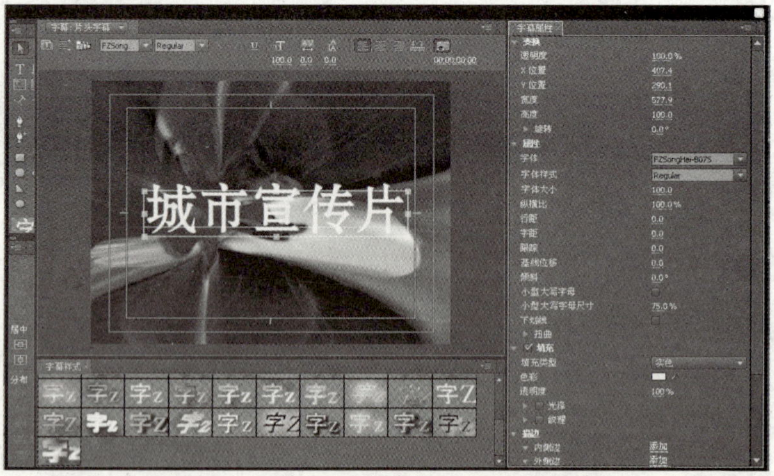

图 9-22　【字幕】面板

为了使字幕能够醒目地显示在背景上，可以为其添加描边或阴影，这里单击【字幕属性】中【描边】选项中的【添加】命令，系统会为字幕加入【描边】效果，如为效果稍微改动一下，将【类型】的下拉菜单改为【凹进】，将【填充类型】改为【4 色渐变】，并将下面的色彩选项卡的颜色调整一下。效果如图 9-23 所示。这样就建立好了一个字幕素材。

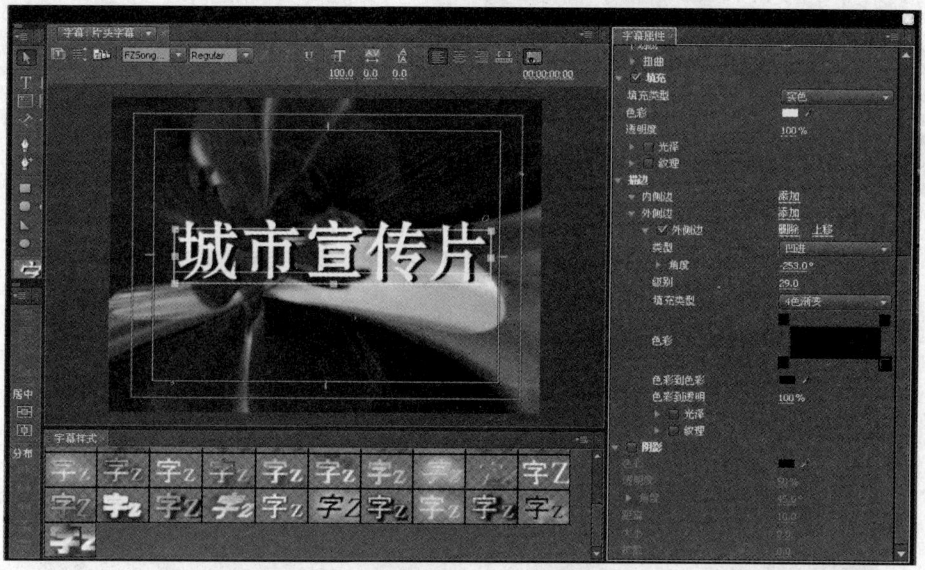

图 9-23　建立字幕素材

将刚建好的字幕素材从【项目】窗口中拖拽到时间线的视频 2 轨道上，并与背景的时间对齐。如图 9-24 所示。

然后为字的结尾加入【中心剥落】过渡。如图 9-25 所示。

图 9-24　字幕与背景对齐

图 9-25　加入【中心剥落】过渡

在【特效控制台】面板的【结束】参数后面输入 50.0。这样字幕卷走的速度就与背景相同了。如图 9-26 所示。

再次打开【新建字幕】，在弹出的对话框中选择时间基准为 25.00fps。如图 9-27 所示。

在预览窗口中输入片尾字幕，并为其添加描边效果。如图 9-28 所示。

图 9-26 输入【结束】参数

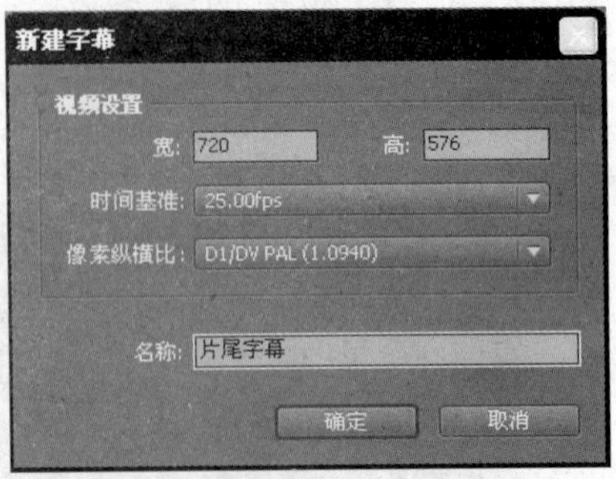

图 9-27 在【新建字幕】中选择参数

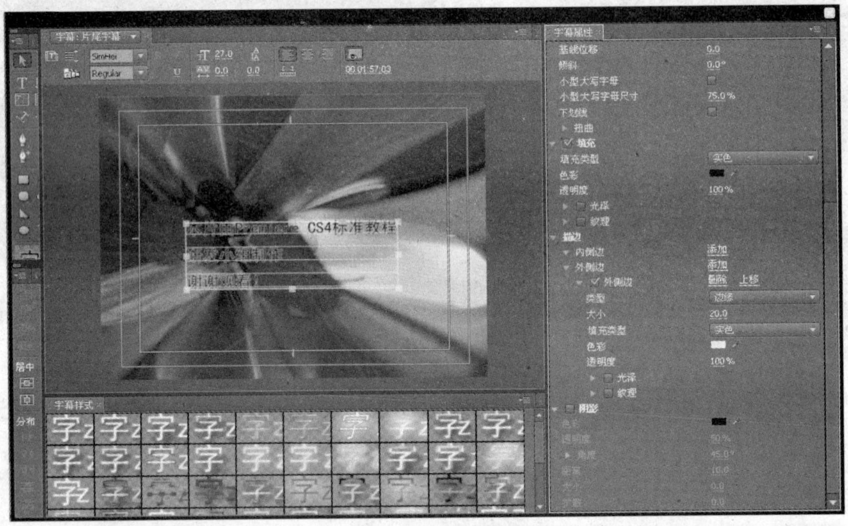

图 9-28 输入片尾字幕

通常，片尾字幕都使用滚动的形式，Premiere Pro CS4 提供了方便的工具，可单击字幕预览窗口中的“滚动/游动选项”图标。如图 9-29 所示。

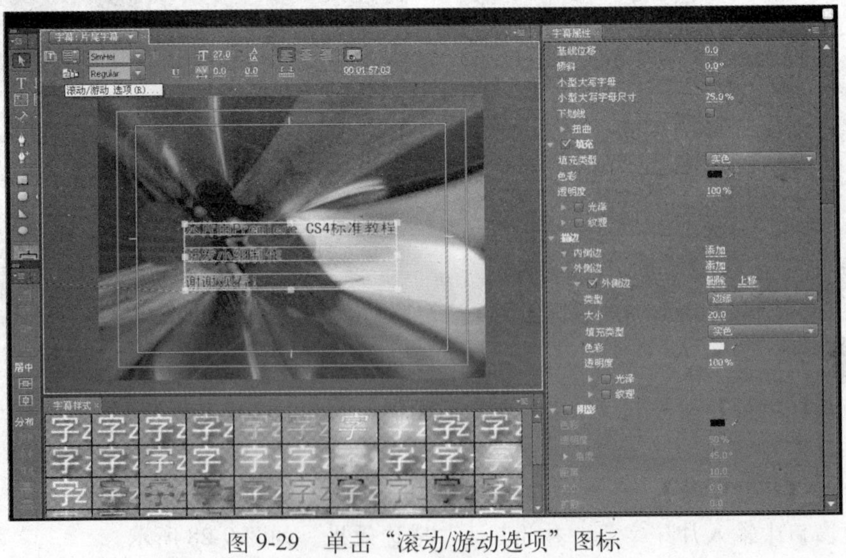

图 9-29 单击“滚动/游动选项”图标

在弹出的对话框中选择【字幕类型】为“滚动”，选中【时间】选项中的【开始于屏幕外】复选框，并在【后卷】参数中输入 120，代表滚动到第 120 帧时将会停止。如图 9-30 所示。单击【确定】按钮建立字幕。并将字幕拖动到时间线结束的位置，与背景对齐。

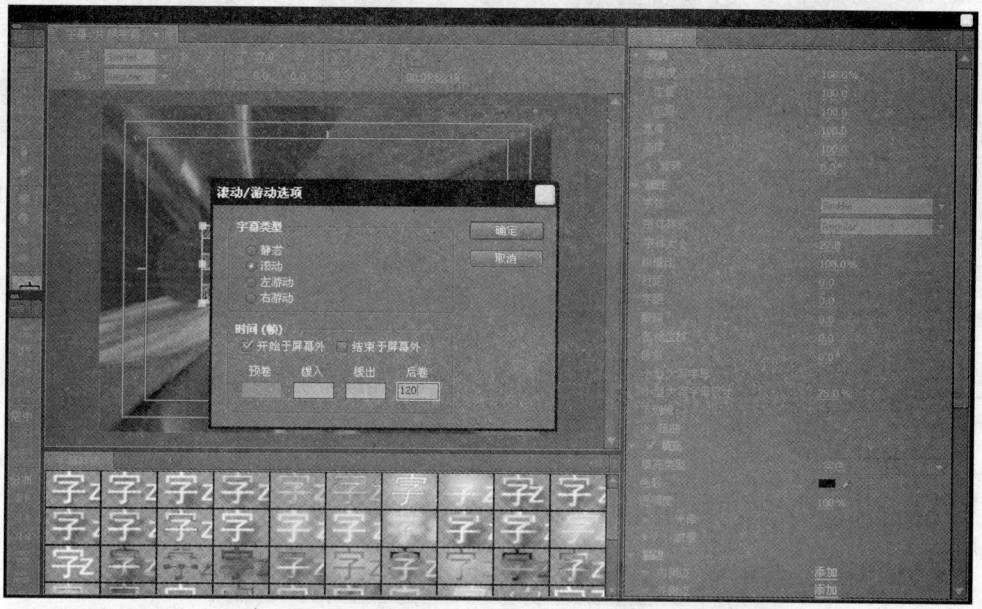

图 9-30　设置滚动参数

预览一下字幕，发现背景对比度过于跳跃，这时应将片尾的背景颜色调得淡一些。在【效果】面板中选择【色彩校正】中的【亮度与对比度】选项，如图 9-31 所示。拖拽到片尾背景的时间条上。

在【特效控制台】面板中将“亮度”值提高为 30.0，这样背景的整体颜色浅了，字幕也就更加突出了。如图 9-32 所示。

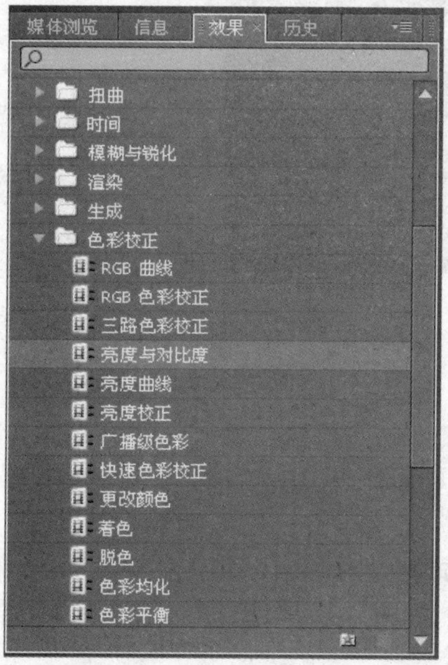

图 9-31　选择【亮度与对比度】选项

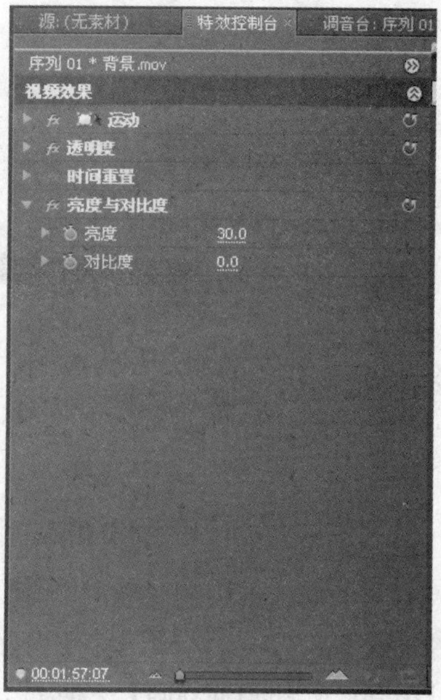

图 9-32　调整【亮度】值

调整后的时间线如图 9-33 所示，按回车键预览一下效果，如果有需要调整的地方，可以根据自己的感觉对剪辑、过渡和音效等进行修改。

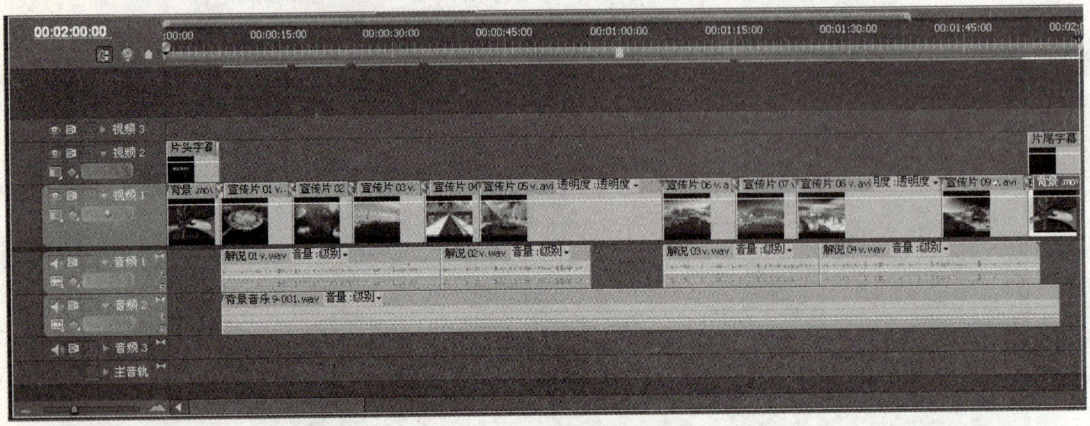

图 9-33　预览效果

修改完成后，进入渲染输出环节。选择菜单栏【文件】→【导出】→【媒体】命令，如图 9-34 所示。

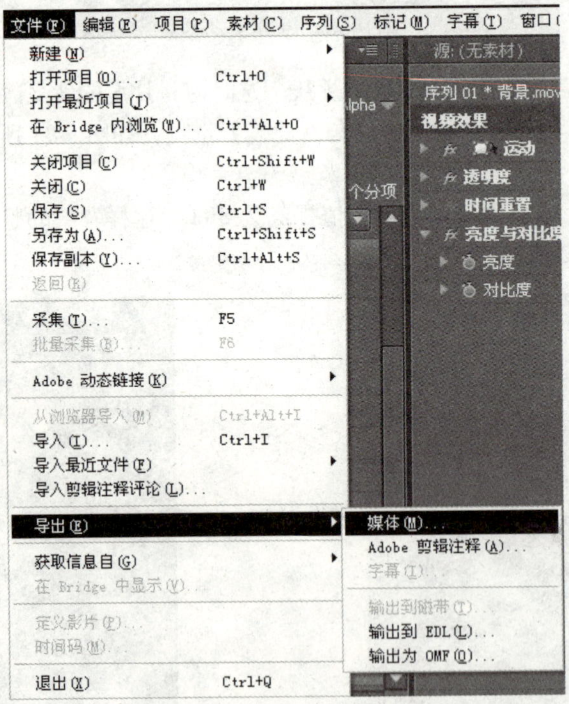

图 9-34　选择【媒体】命令

在弹出的对话框中的【导出设置】面板中将【格式】设为 Microsoft AVI 选项，在【预置】中选择 PAL DV 选项，为输出文件设好目录和文件名。如图 9-35 所示。单击【确定】按钮后会弹出【Adobe Media Encoder】对话框，如图 9-36 所示。

图 9-35　设置参数

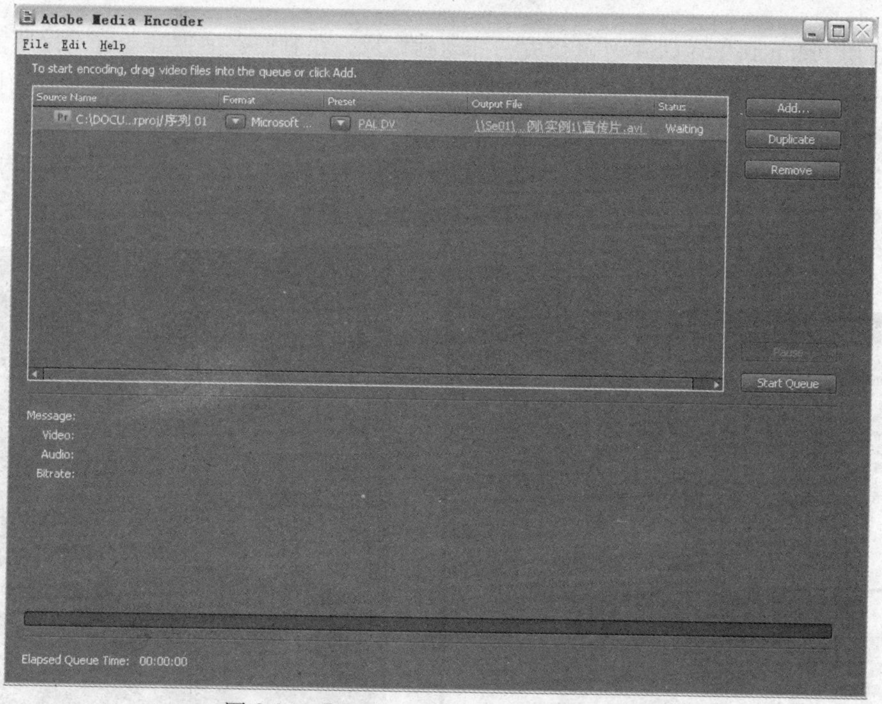

图 9-36　【Adobe Media Encoder】对话框

在【Adobe Media Encoder】对话框中，渲染任务已自动加入到面板中，单击【start Queue】按钮，开始渲染，稍等片刻，就可以在设定好的目录中查看成品了。如图 9-37 所示。

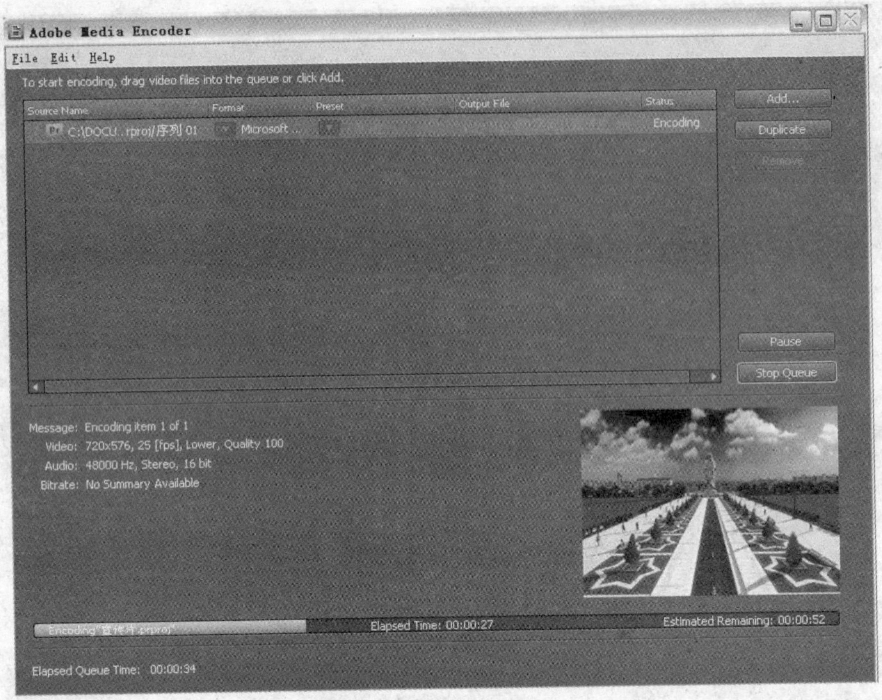

图 9-37 查看成品

9.2 实例 2

下面将用 Premiere Pro CS4 剪辑合成一部动画短片。在制作之前，准备好动画所需要的素材，包括视频和音频两部分，在光盘中/第 9 章 综合实例/实例 2/素材文件目录下可以找到这些文件。动画的分镜头剧本在光盘中/第 9 章 综合实例/实例 2/分镜头剧本中。

打开 Premiere Pro CS4，在默认弹出的窗口中单击【新建项目】图标，如图 9-38 所示。

然后在弹出的对话框中建立目录和文件名称，单击【确定】按钮来创建。如图 9-39 所示。

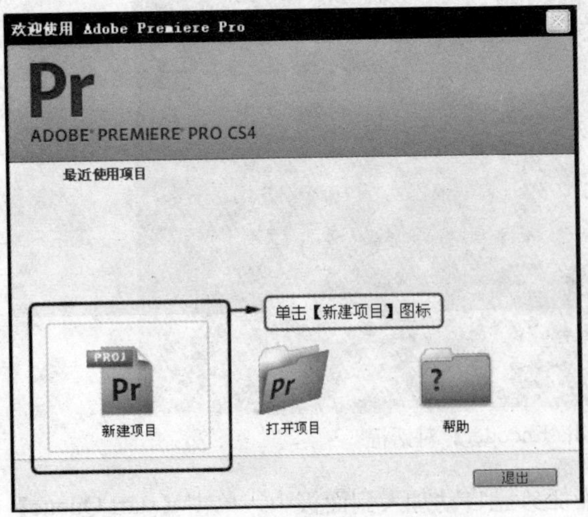

图 9-38 单击【新建项目】图标

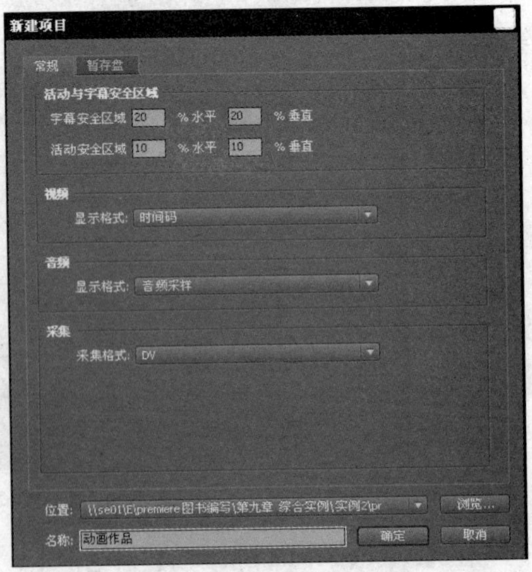

图 9-39 【新建项目】对话框

在弹出的对话框中【序列设置】面板中，选择 DV-PAL 下拉菜单中的【标准 48kHz】选项，如图 9-40 所示。之后单击【确定】按钮，建立项目。

图 9-40　【新建序列】对话框

在制作动画时，要按照分镜头剧本来剪辑镜头，剧本中已标明了画面、时间、声音、镜头景别和内容。如图 9-41 所示。

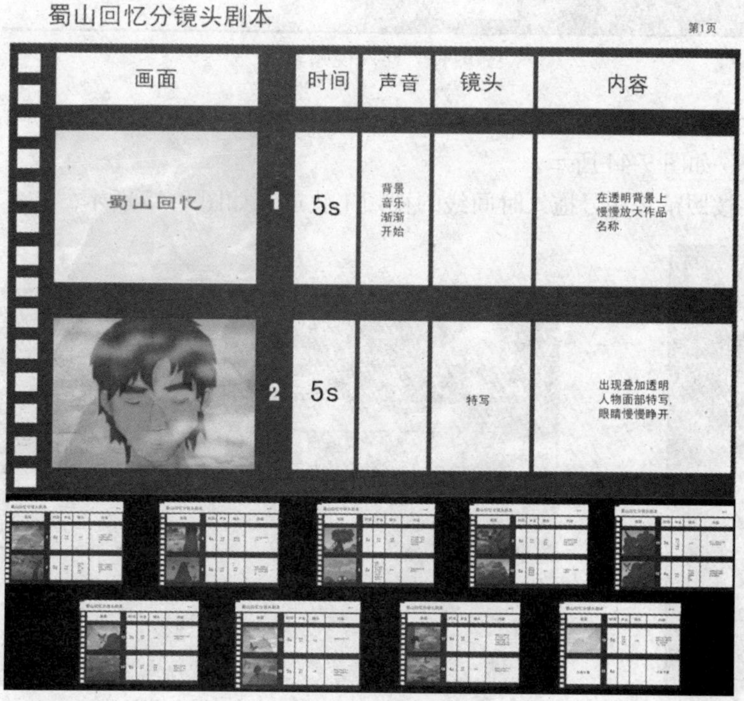

图 9-41　分镜头剧本

Premiere Pro CS4 支持将整个素材文件夹从窗口中拖入【项目】素材窗口，并建立好同样的目录。如图 9-42 和图 9-43 所示。将视频素材和音频素材文件夹拖入【项目】窗口。

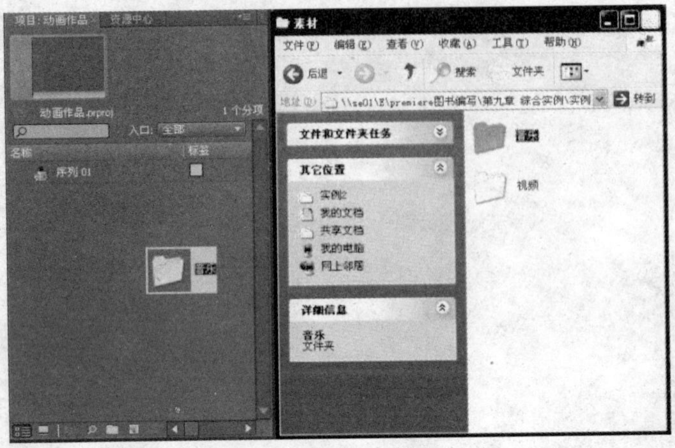

图 9-42　导入素材

图 9-43　导入视频素材

如果素材比较多，只需稍等片刻，【项目】窗口中就出现和原始目录一样的素材文件夹，并按名称排列好。如图 9-44 所示。

将镜头文件按照镜头序号拖入时间线的视频 1 轨道。如图 9-45 所示。

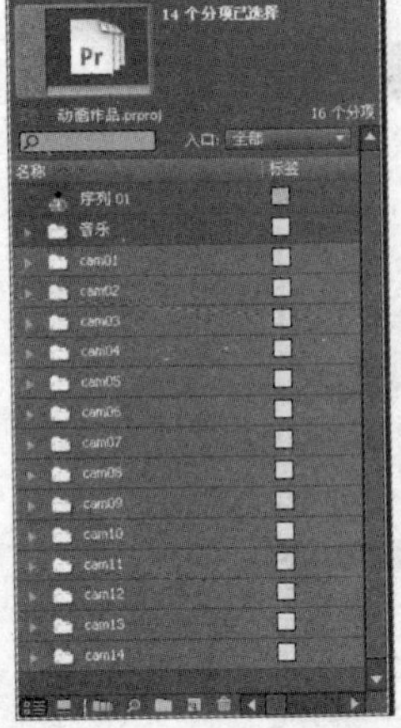

图 9-44 【项目】面板

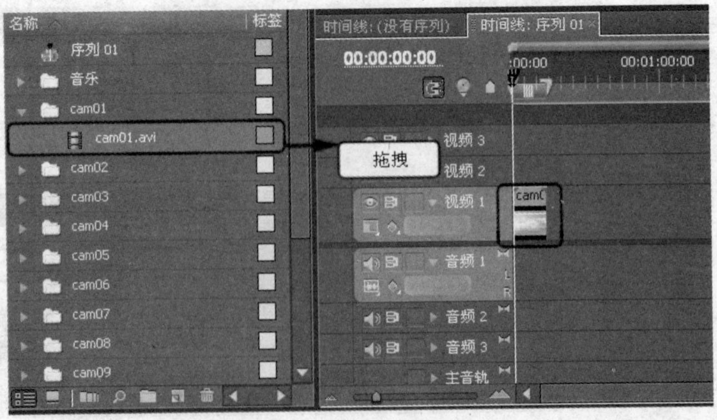

图 9-45　拖入素材

全部拖入后，将其首位对齐，如图 9-46 所示。现在时间上的长度是多于设计稿中的。

图 9-46　素材首尾对齐

下面将音频文件也拖入时间线，按照剧本的要求设置起始点，并放在两条不同的轨道上。如图 9-47 所示。

接下来使用【工具】面板中的“剃刀工具”开始剪辑。如图 9-48 所示。

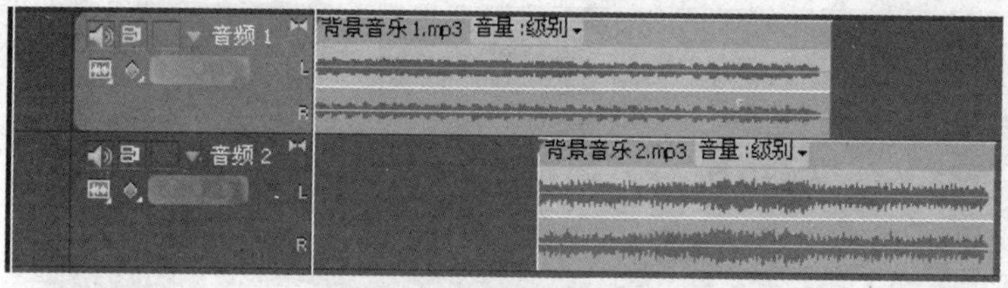

图 9-47　拖入音频素材

图 9-48　使用剃刀工具

根据剧本的要求，对每段素材进行剪辑，去掉不要的部分，并对齐时间线。如图 9-49 所示。

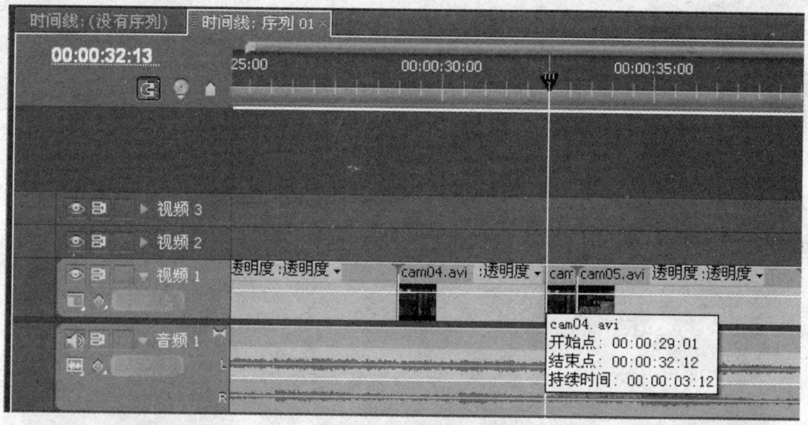

图 9-49　剪辑素材

完成剪辑和对位后，预览一下整段动画，发现有的镜头由于景别太过接近而显得很不舒服，虽然这是前期制作问题，但是利用 Premiere Pro CS4 也能将其改善。例如 cam03 镜头和 cam04 镜头就出现了这样的问题，可以将 camC 镜头从【特效控制台】面板中把该镜头的【缩放比例】和【位置】改变，而与下一个镜头的景别拉开。如图 9-50 所示。

还有的镜头完全没有运动，显得很沉闷，也可以在【特效控制台】面板将其【缩放比例】做关键帧动画，以造成推镜头效果。在 cam07 素材的首帧按下【缩放比例】的【添加关键帧】按钮，然后在结尾将其数值改为 120，软件会自动生成关键帧。这样一段推镜头的效果就做好了。如图 9-51 所示。

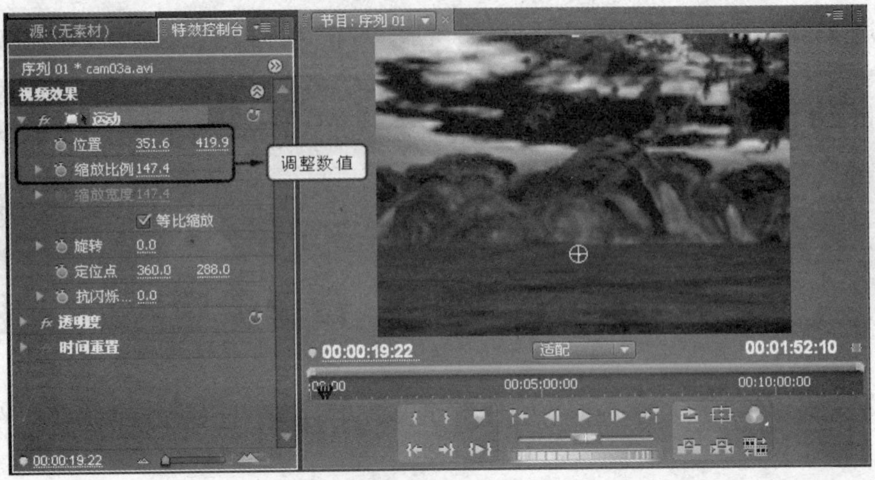

图 9-50　调整位置

图 9-51　推镜头效果

还可以利用工具为镜头变速，比如 cam14 镜头有一个较长的推镜头时间，将为这段匀速的镜头做快慢变化。先将希望变速的地方从整段素材中裁切开。如图 9-52 所示。

图 9-52　裁剪镜头

在【工具】面板中，选择速率伸缩工具，如图 9-53 所示。然后将需要变化的地方向前拖拽，预览效果，得到合适的时间长度。如图 9-54 所示。最后将时间线再次对齐。

图 9-53　选择速率伸缩工具

图 9-54　调整时间长度

接下来调整背景音乐。在【特效控制台】面板中，按照剧本的要求，为音乐做淡出效果，使用将【音量】的“级别”做关键帧动画的方法，让音乐渐渐消失。如图 9-55 所示。

调整好后预览效果，发现虽然影音配合上了，但 cam08 进入黑长的时间有点短，节奏太急。所以应将之后的所有时间调向后移动一段距离，以延长黑长的时间。如图 9-56 所示。观看每一个镜头的衔接，将所有不舒服的镜头调整好，为背景音乐的片尾部分做淡出效果。

因希望片尾的字幕是出现在一个淡蓝色背景上的，所以现在需要一个淡蓝色的蒙板。右击【项目】窗口的空白处，从弹出的快捷菜单中选择【新建分项】中的【彩色蒙板】命令。如图 9-57 所示。

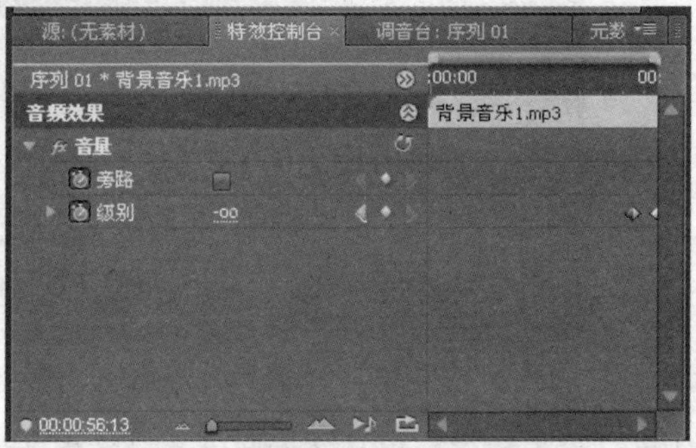

图 9-55　做背景音乐的淡出效果

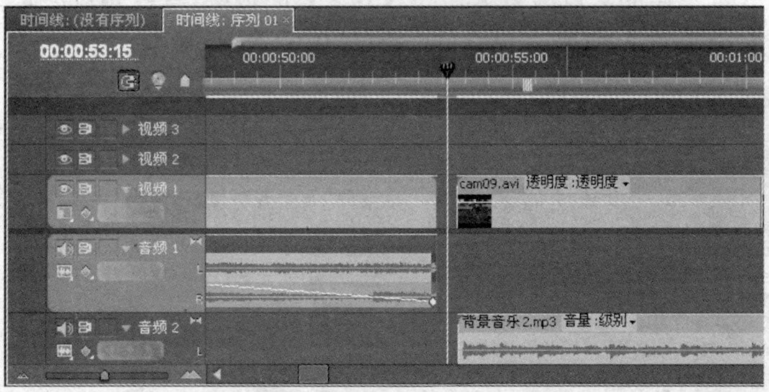

图 9-56　延长黑长时间

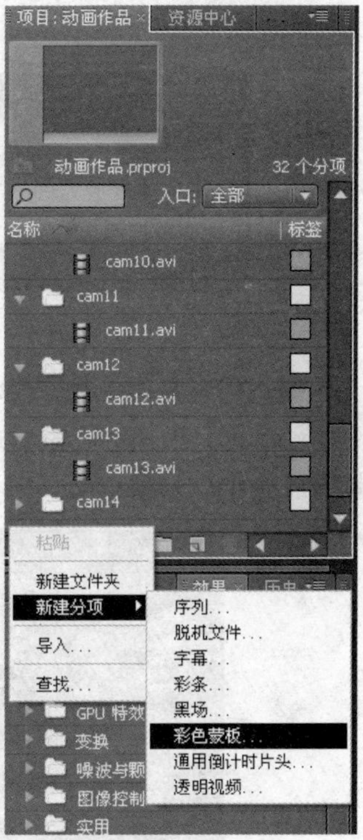

图 9-57　选择【彩色蒙板】命令

在弹出的对话框中进行设置，【时间基准】为 25.00fps，【像素横纵比】为 D1/DV PAL。单击【确定】按钮。如图 9-58 所示。

在弹出的【颜色拾取】对话框中设置一个淡蓝色的背景，如图 9-59 所示。单击【确定】按钮。

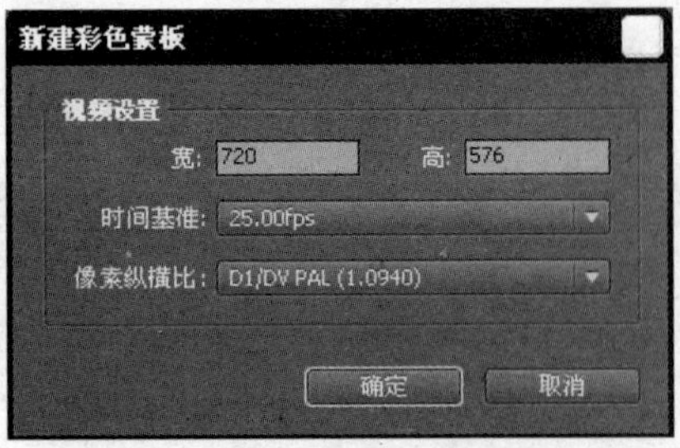

图 9-58 【新建彩色蒙板】对话框

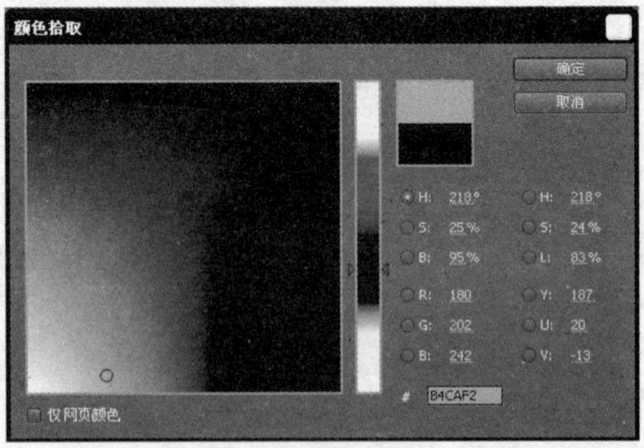

图 9-59 【颜色拾取】对话框

在弹出的对话框中的文本框中填写蒙板名称，单击【确定】按钮，建立蒙板。如图 9-60 所示。将新建立好的彩色蒙板拖入时间线结尾处，与音频素材对齐。如图 9-61 所示。

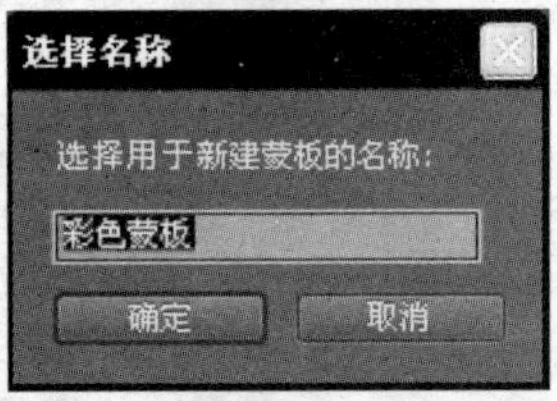

图 9-60 建立蒙板

图 9-61 拖入蒙板并与素材对齐

预览一下整段视频，发现动画的整体效果已经很好了，但是还有些镜头过渡得比较生硬。例如，cam01 和 cam02 素材之间。下面为其加入过渡效果。将【效果】面板中，【视频过渡】菜单的【叠化】分类中的【白场过渡】效果拖入两段素材之间。如图 9-62 所示。

图 9-62 选择【白场过渡】效果

再为其他需要加过渡效果的时间条上加入过渡效果，并调整好过渡时间。如图 9-63 所示。

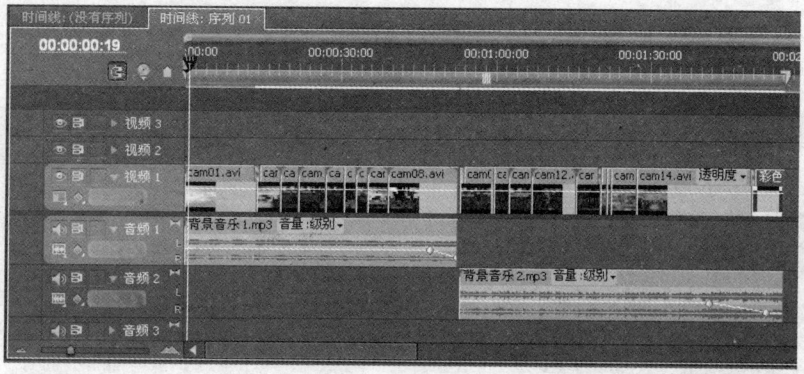

图 9-63　加入过渡效果

最后进入字幕环节，在【项目】窗口的空白处右击，在弹出的快捷菜单中选择【新建分项】中的【字幕】命令。如图 9-64 所示。

在弹出的对话框中输入字幕名称为片名，其他选项默认即可。如图 9-65 所示。

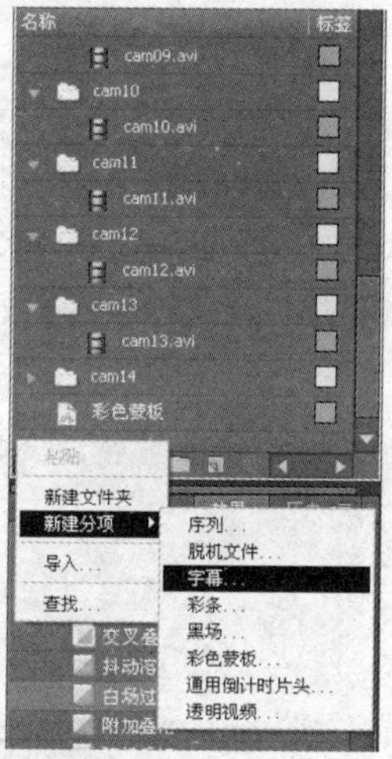

图 9-64　选择【字幕】命令

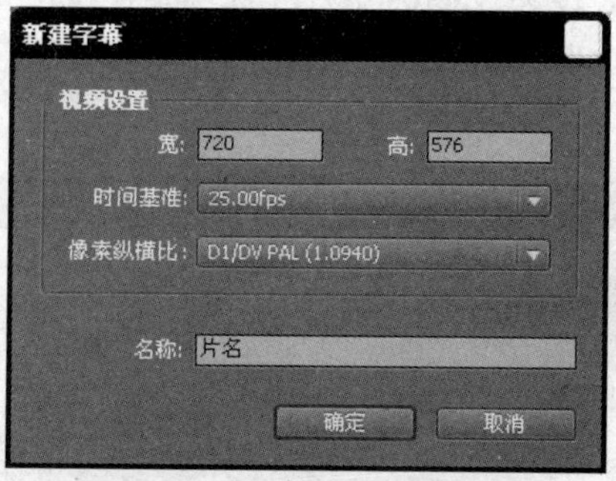

图 9-65　输入字幕名称

在弹出的对话框中建立片名“蜀山回忆”。为其选择古典一些的字体。如图 9-66 所示。

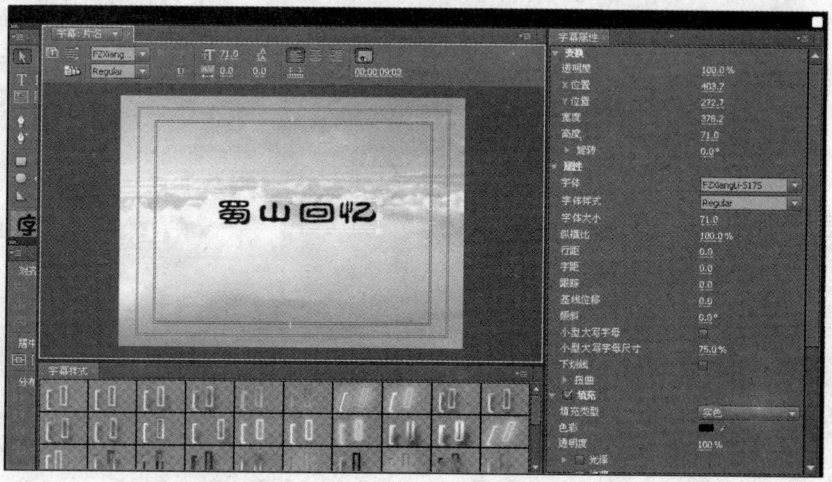

图 9-66　输入片名

同样输入片尾字幕，将两段字幕加入到时间线的视频 2 轨道，对好起始和结束位置，并为字幕设置透明度变化为淡入、淡出效果。如图 9-67 所示。

图 9-67　设置淡入、淡出效果

至此，整个动画制作完毕，可以预览一下效果，如果没有其他问题接下来就可以渲染了。

单击菜单栏【文件】→【导出】→【媒体】命令。在弹出的对话框中的【导出设置】面板中将【格式】设为 Microsoft AVI 选项，在【预置】中选择 PAL DV 选项，为输出文件设好目录和文件名。如图 9-68 所示。单击【确定】按钮后会弹出【Adobe Media Encoder】对话框。如图 9-69 所示。

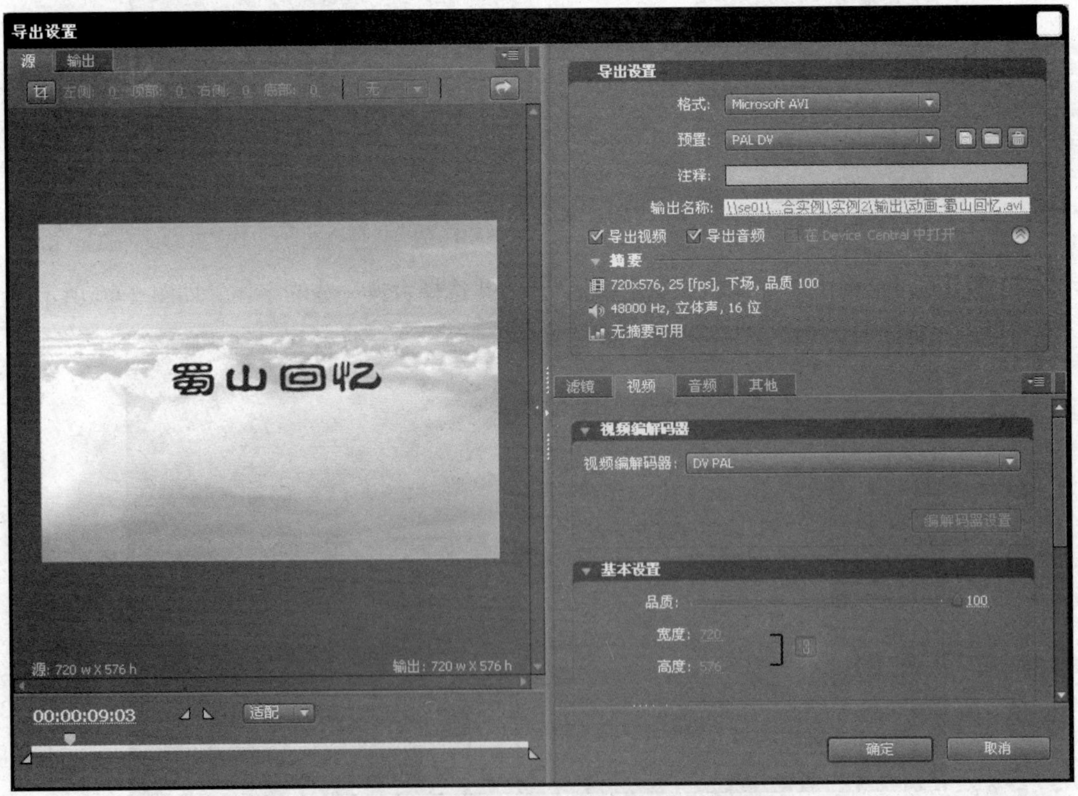

图 9-68　设置输出文件的目录和文件名

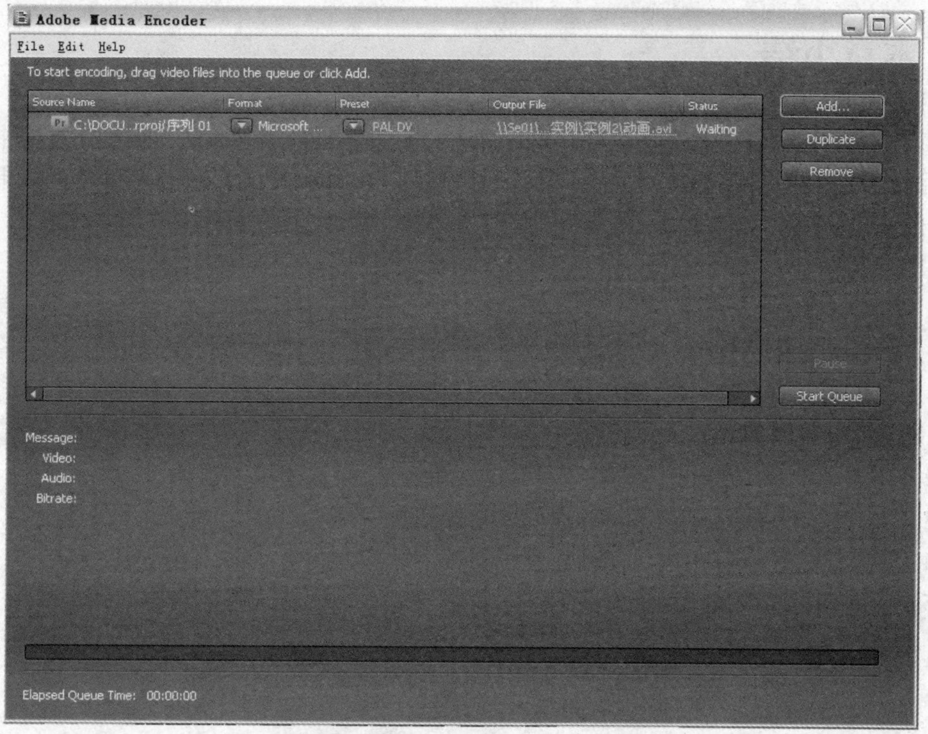

图 9-69　【Adobe Media Encoder】对话框

在【Adobe Media Encoder】对话框中，渲染任务已自动加入到面板中，单击【start Queue】按钮，开始渲染，稍等片刻，就可以在设定好的目录中查看成品了。如图 9-70 所示。

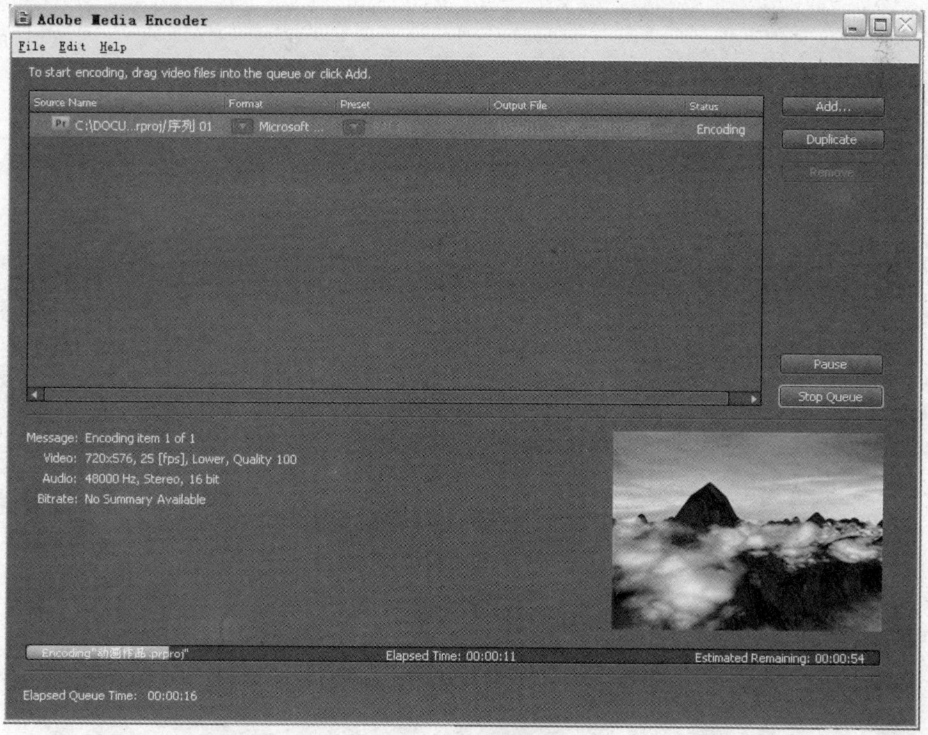

图 9-70　查看渲染结果

9.3 本章小结

学习本章后，了解了具体使用 Premiere Pro CS4 做完整视频的方法。在制作过程中运用了许多过渡方式、特效效果和剪辑手段。不仅可以使用 Premiere Pro CS4 自带的华丽效果将视频完美地衔接在一起，还能利用一些基础功能，把本来不太完美的素材镜头加以改善。

9.4 本章习题

（1）在新建立项目时，按照中国的标清电视标准，应建立____________中的【标准 48kHz】或【标准 32kHz】的预置。

（2）定滚动字幕的停止时间时，应在____________参数中填入数值。

（3）________工具可以使剪辑的速度发生变化。

（4）在__________菜单内可以新建彩色蒙板。

（5）如何调出渲染设置面板？

习题参考答案

第1章

（1）电视台　广告制作　电影剪辑　PC　MAC

（2）完整的视频格式兼容

（3）MP3　MOV　AVI　MPG　WAV

（4）D

（5）C

（6）D

第2章

（1）C

（2）D

（3）ABCDEF

（4）转场

（5）技巧转场　无技巧转场

（6）NTSC 制　PAL 制　SECAM 制

（7）运动镜头

第3章

（1）C

（2）D

（3）D

（4）C

（5）C

（6）项目窗口

（7）素材监视器窗口　节目监视器窗口

（8）媒体类型　当前活动窗口

第4章

一、填空题

（1）满屏，滚动，爬行

（2）显示视频

（3）文字字幕　图形

二、选择题

（1）C

（2）B

（3）C

三、略

第5章

（1）D

（2）B

（3）D

（4）C

（5）D

（6）素材的样式　外观　强度　效果　速度

（7）RGB 颜色

（8）亮度　对比度　色彩平衡

第6章

（1）5.1 声道　立体声道

（2）恒定功率　恒定增益　指数型淡入淡出

（3）延时（Delay）　音频滤镜效果（Filter）反馈（Feedback）立体声通道　选择（Channels）

（4）因为完整的音频未经过剪辑，将音频剪辑后在时间线上首尾对齐，就可以为其添加音频过渡并改变对齐方式了。

（5）该音频滤镜效果可以创造和声效果。它复制一个原始声音并将其做降调处理或将频率稍加偏移形成一个效果声，然后让效果声与原始声音混合播放。

第7章

（1）C

（2）B

（3）D

（4）C

(5) C

(6) A

(7) D

(8) B

第 8 章

(1) C

(2) C

(3) D

(4) 亮度键

(5) 单一的　比较纯的

(6) 电视制作　Key

第 9 章

(1) DV-PAL

(2) 后卷

(3) 速率伸缩工具

(4) 新建分项

(5) 选择菜单【文件】→【导出】→【媒体】命令。

读者回函卡

WISBOOK

亲爱的读者：

感谢您对海洋智慧IT图书出版工程的支持！为了今后能为您及时提供更实用、更精美、更优秀的计算机图书，请您抽出宝贵时间填写这份读者回函卡，然后剪下并邮寄或传真给我们，届时您将享有以下优惠待遇：

- 成为“读者俱乐部”会员，我们将赠送您会员卡，享有购书优惠折扣。
- 不定期抽取幸运读者参加我社举办的技术座谈研讨会。
- 意见中肯的热心读者能及时收到我社最新的免费图书资讯和赠送的图书。

姓 名：________	性 别：□男 □女	年 龄：________
职 业：________	爱 好：________	
联络电话：________	电子邮件：________	
通讯地址：________	邮编：________	

1 您所购买的图书名：________ 购买地点：________

2 您现在对本书所介绍的软件的运用程度是在：□ 初学阶段 □ 进阶／专业

3 本书吸引您的地方是：□ 封面 □ 内容易读 □ 作者 □ 价格 □ 印刷精美

□内容实用 □ 配套光盘内容 其他 ________

4 您从何处得知本书：□ 逛书店 □ 宣传海报 □ 网页 □ 朋友介绍

□ 出版书目 □ 书市 其他 ________

5 您经常阅读哪类图书：

□ 平面设计 □ 网页设计 □ 工业设计 □ Flash 动画 □ 3D 动画 □ 视频编辑

□ DIY □ Linux □ Office □ Windows □ 计算机编程 其他 ________

6 您认为什么样的价位最合适：________

7 请推荐一本您最近见过的最好的计算机图书：

书名：________ 出版社：________

8 您对本书的评价：________

____

9 您还需要哪方面的计算机图书，对所需的图书有哪些要求：

____

社址：北京市海淀区大慧寺路8号 网址：http://www.oceanpress.com.cn

编辑热线：010-62100088 010-62100023 传真：010-62132549

邮局汇款地址：北京市海淀区大慧寺路8号海洋出版社发行中心 邮编：100081

海洋出版社
海洋智慧图书
WISBOOK
欢迎光临本店
登录
注册
查看购物车
商城首页
网站首页
留言板
联系我们
TAG 热门搜索 ： 海洋 科技 养殖 经济 计算机
所有分类
搜索
高级搜索
当前位置：商城首页 > 教育类 > 计算机
您的购物车中有 0 件商品，总计金额 ¥0.00元。
计算机
动漫游戏与数字艺术
精品图书
“十一五”教材
图形图像与平面设计
工业设计
中高职
社会培训
大学教材
英语学习
其他
销售排行 TOP 10
海战史与未来海...
论中国海权
海洋军事
蓝色财富
第八届动画学院...
海洋观教程
中国海洋发展报...
束星北学术论文...
水声对抗技术
同位素海洋学研...
浏览历史
商品列表
显示方式：
按上架时间排序
倒序
GO
五笔字型经典教程
本店价¥28.00元
收藏 | 购买 | 比较
中文版Photoshop...
本店价¥28.00元
收藏 | 购买 | 比较
Office ...
本店价¥35.00元
收藏 | 购买 | 比较
新编中文版Fl...
本店价¥28.00元
收藏 | 购买 | 比较
Altium ...
本店价¥33.00元
收藏 | 购买 | 比较
透视索马里海盗
本店价¥28.00元
收藏 | 购买 | 比较
新编中文版Ph...
本店价¥28.00元
收藏 | 购买 | 比较
中文版Flas...
本店价¥62.00元
收藏 | 购买 | 比较
影视动画技法
本店价¥58.00元
收藏 | 购买 | 比较
新编中文版Il...
本店价¥28.00元
收藏 | 购买 | 比较
建筑与景观模型...
本店价¥35.00元
收藏 | 购买 | 比较
CorelDR...
本店价¥25.00元
收藏 | 购买 | 比较
新编中文版Dr...
本店价¥28.00元
收藏 | 购买 | 比较
光影传奇——3...
本店价¥78.00元
收藏 | 购买 | 比较
影视动画背景绘...
本店价¥49.00元
收藏 | 购买 | 比较
日本动画类型分...
本店价¥39.00元
收藏 | 购买 | 比较
电子商务实训教...
本店价¥20.00元
收藏 | 购买 | 比较
中国漫动力
本店价¥55.00元
收藏 | 购买 | 比较
第八届动画学院...
本店价¥88.00元
收藏 | 购买 | 比较
马克笔环境艺术...
本店价¥49.00元
收藏 | 购买 | 比较
中文版Phot...
本店价¥118.00元
收藏 | 购买 | 比较
中国动画产业年...
本店价¥298.00元
收藏 | 购买 | 比较
现代动画概论
本店价¥39.00元
收藏 | 购买 | 比较
新编中文版In...
本店价¥33.00元
收藏 | 购买 | 比较
影视电脑动画基...
本店价¥58.00元
收藏 | 购买 | 比较
新编中文版Dr...
本店价¥30.00元
收藏 | 购买 | 比较
新编中文版Fl...
本店价¥30.00元
收藏 | 购买 | 比较
网络编辑实用教...
本店价¥49.00元
收藏 | 购买 | 比较
三维动画制作基...
本店价¥58.00元
收藏 | 购买 | 比较
网络组建管理与...
本店价¥39.00元
收藏 | 购买 | 比较